热　学

主　编　刘艳芬　国慧杰　任晓辉

哈尔滨工程大学出版社

Harbin Engineering University Press

内 容 简 介

本书为普通高等学校"热学"课程教学用书。全书共7章,主要包括热力学基础、气体分子动理论和相变三部分内容。本书对惯用的热学教学体系进行了较大的改革,特别是在宏观描述与微观描述的相互结合、强调统计规律的特点以及突出熵的重要地位方面,做了创新性处理。书中讲述了热学的知识体系,包括最基本的事实、概念、规律和重要应用,从现象和实验事实出发,由浅入深、由表及里地突出物理本质,建立物理概念,归纳物理规律。本书解释了热学教学中经常遇到的一些疑难问题,适当融入了一些概念、定理、定律的形成和发展历史背景,以及与热学相关的科学前沿和交叉学科领域的内容。全书每章均附有思考题和习题(含答案),便于学生练习和自测。

本书条理清晰、内容丰富,在知识结构设置上,便于不同任课教师做不同的取舍,不仅可作为高等学校物理专业学生的教材,也可供其他相关专业师生参考。

图书在版编目(CIP)数据

热学/刘艳芬,国慧杰,任晓辉主编. —哈尔滨：
哈尔滨工程大学出版社,2022.4
ISBN 978 – 7 – 5661 – 3434 – 9

Ⅰ. ①热… Ⅱ. ①刘… ②国… ③任… Ⅲ. ①热学 –
高等学校 – 教材 Ⅳ. ①O551

中国版本图书馆 CIP 数据核字(2022)第 050814 号

热学
REXUE

选题策划　雷　霞
责任编辑　张　昕
封面设计　李海波

出版发行　哈尔滨工程大学出版社
社　　址　哈尔滨市南岗区南通大街 145 号
邮政编码　150001
发行电话　0451 – 82519328
传　　真　0451 – 82519699
经　　销　新华书店
印　　刷　北京中石油彩色印刷有限责任公司
开　　本　787 mm×1 092 mm　1/16
印　　张　13.5
字　　数　328 千字
版　　次　2022 年 4 月第 1 版
印　　次　2022 年 4 月第 1 次印刷
定　　价　45.00 元
http://www.hrbeupress.com
E-mail：heupress@ hrbeu. edu. cn

前　言

本书是编者在历年教学过程中使用的热学教材基础上，根据《高等学校物理学本科指导性专业规范》及《普通高等学校本科专业类教学质量国家标准》的要求，参考国内外多部优秀教材编写而成。

本书将知识体系的逻辑性与历史沿革有机结合，方便高中知识与大学知识的衔接、过渡。本书结合教学内容，在绪论和相关章节中适当介绍物理学史的内容，可使学生了解热学这一分支学科的概念、定理、定律的形成和发展历史背景，在掌握教学内容的同时深化辩证唯物主义世界观，对于学生了解热学的相关前沿发展和课题前景也起到了很好的促进作用。

本书根据教学大纲要求，突出基本概念和基本规律的阐述；强调热运动与机械运动的区别，统计规律性与力学规律性的区别，使学生认识物质运动形态的多样性和各自所遵从规律的特殊性。

本书在内容上按照主体内容先阐述宏观理论后阐述微观理论的顺序编排，这也符合学生对事物的认知过程，即从现象到本质；使学生的思维习惯由原有的用宏观观点处理问题转变为用微观观点处理问题。在此基础上，本书对基本内容进行了适当扩展，以"＊"号的形式标注，以确保知识内容的系统性，为学有余力的学生扩大知识面。此外，相关知识点处，利用热学的基本原理联系日常生活现象，以充分体现热学的重要性：如讲解效率问题时强调开源节流，一方面要积极开发新能源，另一方面还要注意节约能源，创造文明和谐的节约型社会，促进可持续发展；在讲解热力学第二定律时，强调热能不可能全部转换为机械能，热能转换效率与温度有关，强调能源的梯级利用可以提高整个系统的能源利用效率，是节能的重要措施。

本书每章附有小结，便于学生快速查找相关章节的主要知识点。每章习题分为三类：一是书中的例题，二是课后思考题，三是课后习题。其中，课后思考题覆盖了相关章节的最基本知识点，便于学生自查掌握情况，课后习题是对知识点应用的检查，以提高学生的运算能力，是学生需在课后完成的最基本练习。

本书绪论和第 1 章、第 3 章、第 4 章由刘艳芬编写；第 2 和第 5 章由国慧杰编写；第 6 和第 7 章由任晓辉编写。郎子锐、王佳丽和刘晨晨对本书进行了审阅。

本书是一本符合高等学校物理专业教学要求的教材，希望通过学校师生的实践，能不断地加以改进、充实和提高，使之成为一本高质量、高水平的教材。

编　者

2021 年 5 月

目　　录

绪　　论

0.1　热学的研究对象和方法

　　热学是热物理学的简称,是研究有关物质的热运动以及与热相联系的各种规律的科学,也就是物质的热运动和热运动与其他运动形态之间相互转化所遵循的客观规律,是物理学的重要组成部分,也是自然科学中一门基础学科。热现象与我们的生活和社会的发展息息相关,小到测量温度的温度计、路面的空隙,大到热机、火箭、飞船飞天等等,热现象几乎无处不在。

　　什么是热现象与热运动呢?

　　通常用温度来表示物体的冷热程度。当物体的温度发生变化时,物体的许多性质也将发生变化,如物体的大小、状态和许多物理性质等。例如:一般物体受热后,温度升高,体积膨胀,遇冷收缩;水冷到一定程度要结冰,水热到一定程度要沸腾而变成水蒸气;钢件经过热处理淬火硬度会发生变化;导体受热后电阻增大……这些与温度有关的物理性质的变化,统称为热现象。宏观物质(由大量微观粒子如分子、原子、离子所组成的系统)以热现象为主要标志的这种运动形态称为热运动。由观察和实验总结出来的热现象规律,构成热现象的宏观理论,称为热力学。微观理论则是从物质的微观结构出发,即从分子、原子的运动及其相互作用出发,去研究热现象的规律。热现象的微观理论称为统计物理学。

　　从宏观上观察到的热现象正是组成物质的大量微观粒子热运动的结果。简单地说,热运动是热现象的微观本质,热现象是微观粒子热运动的宏观表现。就单个粒子来看,它的运动属于机械运动,服从力学的基本规律,但是由于粒子时刻受到周围大量其他粒子的复杂作用,其具体运动过程变化无常,具有很大的偶然性,尽管如此,大量粒子的随机运动在总体上却可以显示出某种确定的规律。以气体为例,就单个气体分子来看,其频繁地与其他分子发生碰撞[在 0 ℃和 1 标准大气压(1 atm)下每秒钟碰撞几十亿次],速度大小和方向各不相同,时时在变,其轨迹是一条无规则的复杂折线;但从总体来看,气体的温度越高,分子运动就越剧烈,平均平动动能就越大。因此物质宏观上温度的高低可以作为组成物质的大量微观粒子无规则热运动的剧烈程度的标志。在一定温度下,分子速度虽有大有小,但在某一速度区间内分子数目占总数的百分比却是确定的,由温度决定。因此,虽然每一微观粒子的运动具有极大的偶然性,但在总体上却存在确定的规律性,这种特点是热运动区别于其他运动形态的一种基本运动形态。

　　在自然界发生的实际过程中,热运动与机械、电磁、化学等其他运动形态之间存在着广泛而深刻的内在联系,在实际过程中不但存在相互影响,还经常发生着各种形态之间的相互转化。例如,在空中高速飞行的炮弹因受空气阻力的作用而逐渐减速,同时,炮弹和飞行路径上空气的温度升高,这是机械运动转化成了热运动;又如,在蒸汽机中,用加热的方法产生蒸汽,靠蒸汽膨胀对外做功而产生机械运动,这是实现了由热运动向机械运动的转化;再如,在电灯中,电流通过灯丝加热到炽热状态而发光,实现了电磁运动向热运动的转化,又进一步由热运动向光的双重转化过程。热运动与其他运动形态之间的相互转化遵循着一定的规律,具有十分重要的实际意义,是热学所研究的一部分基本内容。

综上所述,热现象是一个十分普遍的物理现象,热学就是研究热现象规律的一门科学,是一门以物质的热运动以及热运动与其他运动形态之间的转化规律为研究对象的学科。热学理论曾有力地推动过产业革命,并在实践中获得广泛的应用。在热机和制冷机的研制,化学、化工、冶金工业、气象学的研究及原子核反应堆的设计上,在高温、高压、超高真空、超低温等特殊环境条件的创造等生产和科技方面,都与这些理论有着极其密切的关系,而且热学知识也是学习物理学的其他部分和其他学科的基础,因此学好热学具有十分重要的意义。

0.2　热力学系统的宏观与微观描述

人们在研究物理现象时,通常只关注某一物体或某一系统,并想象把它同周围物体隔离开。在热学中,通常把所研究的宏观物质或物质系统称为热力学系统,简称为系统。在系统边界外部,与系统发生相互作用,从而对系统的状态直接产生影响的物质称为系统的外界。系统根据与外界相互关系的不同,可分为三类:与外界既不交换物质又不交换能量的系统称为孤立系统;与外界不交换物质,但可交换能量的系统称为封闭系统;与外界既交换物质又交换能量的系统称为开放系统。热学的任务就是通过对热力学系统的状态及状态变化进行分析研究来寻求热现象的规律。

在物理学中,通常根据物质层次的不同而把物理现象分为宏观现象和微观现象。

宏观现象一般是指由大量微观粒子组成的系统总体上表现出来的现象,如气体的膨胀、物质聚集态的转变等;微观现象一般是指原子、分子等微观粒子所发生的现象,如分子的运动、分子间的碰撞等。宏观现象与微观现象是紧密联系着的。从宏观上看,热力学系统是连续分布的物质。系统的宏观状态可由实验直接观测的宏观量来描述。例如,一定质量的某种气体的状态,可以用体积、压强、温度、密度等宏观可观测量来描述,这就是热力学系统的宏观描述。从微观上看,热力学系统是由大量的处于不停运动之中的微观粒子组成的体系。每个微观粒子的状态都可用它的空间坐标、速度、动能、动量等微观量来描述。这种从微观的角度来描述热力学系统状态的方法称为微观描述。

0.3　热学的发展逻辑与历史

热学的发展逻辑与历史体现了物理学家的思维方式与科学精神,传承科学方法、科学精神以及科学知识是本节的主要目标,而这也是探索未知、创新应用的基础。

　　热现象是人类生活中最早接触的现象之一。人类很早就已经学会了取火和用火,还用火制造出陶器、铜器和铁器,在生产和生活中接触到许多热现象,人们逐渐认识了许多热、冷现象本身。但是,由于古代和中世纪的生产发展比较缓慢,人们积累的知识还不够丰富,因而,直到17世纪末还不能正确区分温度和热量这两个基本概念的本质,热学还不能作为一门系统的科学建立起来,人们对于热的本质只有一些不成熟的想法。

　　在古希腊,对于热的本质曾有过两种不同的看法。一种看法是以所谓的五行(水、火、木、金、土)、阴阳和四元素(土、水、火、气)等学说为代表,认为万物是由五行或四元素在数量上不同比例的配合组成的,热现象是基本要素火与其他要素相生相克的表现;或者认为万物是由阴阳二气化成的,而火是阳气的一种表现。在这些学说里都把火当作自然界的一个独立的基本要素。另一种看法则是把火看作一种物质运动的表现形式,而一切物质都是由不可分割的硬粒子(即原子)组成,这是根据摩擦生热的现象,由古希腊的柏拉图提出来的。

　　14世纪之前,世界各国都处于奴隶社会和封建社会时期,由于生产力水平低下,热现象的应用还不够广泛,人们对热现象的认识长期停留于上述臆想和空论阶段。

　　14—16世纪,资本主义开始在欧洲萌芽发展,生产力的解放和发展为自然科学的形成积累了许多知识,同时提出了许多关于自然界的新课题。但由于缺乏必要的实验基础,人们对热现象的研究一直未能形成一门系统的科学。

　　17世纪以后,欧洲航海和对外贸易发展迅速,逐渐形成机器工业,蒸汽机成了工业生产的主动力,从此,关于热现象的探讨成为社会实践的需要。

　　18世纪中叶以后,系统的计温学和量热学的建立,为热现象的研究开拓了实验科学的途径,使热现象的研究走上实验科学的道路,并逐渐形成了一门系统的科学——热学。当时,由于各种物理现象的相互联系尚未被揭示出来,还由于化学的发展程度以及形而上学思想的影响,大多数物理学家以孤立的、片面的观点看待事物。在关于热的本质研究和争论中,出现了把热看成一种没有质量、能够流动的物质的理论,即所谓的"热质说"。持原子论观点的法国学者伽桑迪认为,冷热现象是由"热原子"和"冷原子"这两种非常细小的、能够渗透到一切物体中的原子所造成的,这便是"热质说"。"热质说"可以解释当时所知的大部分热现象,如:物体的温度变化是吸收或放出热质所引起的;热传导是热质在物体间的流动;热辐射是热质的向外散播;物体受热膨胀是由热质相互排斥所致;摩擦或碰撞生热是潜藏的热质被挤压出来的缘故……"热质说"因此令许多学者深信不疑。由于"热质说"根据热质守恒的假设成功地说明了有关热传导和量热学的一些实验结果,因此在整个18世纪十分流行,占有统治地位。在当时流行的"热质说"统治下,人们误认为物体的温度高是由于储存的"热质"数量多。1709—1714年华氏温标和1742—1745年摄氏温标的建立,才使测温有了公认的标准。量热技术也随后发展起来,为科学地观测热现象提供了测试手段,使热学走上了近代实验科学的道路。1798年,汤普森(伦福德)观察到用钻头钻炮筒时,虽然没有钻下什么碎屑,但是消耗机械功的结果使钻头和筒身都升温而使大量的冷水沸腾。1799年,戴维用两块冰相互摩擦致使冰表面融化,这显然无法用"热质说"进行解释,因此,他对"热质说"进行了反驳。1842年,德国医生迈尔在一篇论文中提出了能量守恒理论,认定热是能的一种形式,可与机械能互相转化,并且从空气的定压热容与定容热容之差计算出热功当量。

19世纪以后,英国物理学家焦耳在1843—1878年间做过400多次实验,用不同方式测定了热功当量。他走过了艰难的历程,工作得到学术界的承认,这说明焦耳是追求完美的实验大师,是追求精益求精的典范。1850年,焦耳的实验结果已使科学界彻底抛弃了"热质说",公认能量守恒,而且能的形式可以互换的热力学第一定律成为客观的自然规律。从此以后,自然界的普遍法则之一——能量守恒与转化定律,即热力学第一定律得到了真正的确立。

热力学的形成与当时生产实践迫切要求寻找合理的大型、高效热机有关。1824年,法国青年工程师卡诺提出著名的卡诺定理,指明工作在给定温度范围的热机所能达到的效率极限。1848年,英国工程师开尔文根据卡诺定理制定了热力学温标。德国的克劳修斯(1850年)和开尔文(1851年)重新分析了卡诺的工作,先后独立地提出了热力学第二定律。热力学第二定律是反映能量传递和转化方向规律的基本定律,说明的是热过程的不可逆性,它在实用中的重要意义在于寻求可能获得的热机效率的最大值。

热力学两个基本定律建立之后,热力学的进一步发展主要在于把它们应用到各种具体问题中去,在应用中找到反映物质各种性质的热力学函数,其中直接反映热力学第二定律的是熵。1850—1854年,克劳修斯根据卡诺定理提出并发展了"熵",它所表征的事实是,一个绝热过程总是朝着熵增加的方向进行。热力学第一定律和第二定律的确认,对两类"永动机"的不可能实现做出了科学的最后结论,正式形成了热现象的宏观理论热力学。与此同时,在应用热力学理论研究物质性质的过程中,人们还发展了热力学的数学理论,找到了反映物质各种性质的相应热力学函数,研究了物质在相变、化学反应和溶液特性方面所遵循的各种规律。1906年,德国的能斯脱在观察低温现象和化学反应中发现了热定理。1912年,这个定理被修成热力学第三定律的表述形式,即绝对零度不能达到原理。20世纪初以来,关于超高压、超高温水蒸气等物性和极低温度的研究不断获得新成果。随着对能源问题的逐渐重视,人们对与节能有关的复合循环、新型的复合工质(包括制冷剂或冷媒)的研究产生了很大兴趣。

热力学是热现象的宏观理论,关于热的本质问题,它只能回答热是一种能量,却无法说明热是一种什么运动的表现。因此在研究热的本质过程中,在热现象宏观理论发展的同时,热现象的微观理论也得到了发展。其中做出最重要贡献的是克劳修斯、麦克斯韦和玻尔兹曼,他们是分子动理论的主要奠基者。克劳修斯运用统计方法正确地导出了玻意耳定律,得到了气体的压强和分子的平均平动动能成正比,而分子的平均平动动能又正比于绝对温度等基本认识。他还首先引进分子运动自由程的概念。1859年,麦克斯韦最先得到了分子速度分布律,称为麦克斯韦分子速度分布律。1868年,玻尔兹曼则进一步在麦克斯韦分子速度分布律中引入重力场,并认识到统计概念有原则性的意义,他给出了热力学第二定律的统计解释。

在分子动理论的发展过程中,一个新的观念,即对概率的考虑在物理学中出现了。人们逐渐认识到,任何关于测定单个分子运动的企图都是困难的和没有意义的,因为压强、温度等宏观性质都是大量分子杂乱运动的宏观表现,所以需要考虑的是这些分子运动的平均性质。1857年,克劳修斯发表了有实验依据的气体分子运动论。不久,麦克斯韦和玻尔兹曼先后在热力学中引入统计方法和概率的概念，补充和完善了分子运动论的有关内容，并给出热力学第二定律的统计解释。1870 年后，麦克斯韦－玻尔兹曼统计法建立。1902 年，英国物理学家吉布斯推广了麦克斯韦－玻尔兹曼统计法，把它发展成对固体、液体、气体以及任何微观粒子体系都适用的统计力学。统计力学理论使热力学过程的不可逆性失去了绝对的意义，它指出任何宏观平衡态都必然伴随着永不停息的微小涨落，这种涨落说明了布朗在 1827 年发现的悬浮在液体中的花粉粒子持续的无规则运动（布朗运动）。20 世纪初，斯莫卢霍夫斯基和爱因斯坦几乎同时提出和完成了关于布朗运动的统计理论。可见，分子动理论是统计力学的前身，气体分子运动论、统计力学以及涨落理论都是热现象的微观理论，三者组成了一门新的学科——统计物理学。

1900 年，德国物理学家普朗克在解决热辐射的规律问题时，提出振动的能量不连续变化，它只能是一个最小单位的整数倍的量子假说。能量的量子化正确解释了气体比热容和固体比热容随温度变化的规律。随后的一系列研究证明，量子性是微观世界的普遍规律。1924—1926 年间，量子论逐渐发展成为一门解决微观粒子运动规律的新学科——量子力学。与此相应，统计物理学也由建立在牛顿力学基础上的经典统计物理学发展成建立在量子力学基础上的量子统计物理学。量子统计物理学对固体、液体（统称为凝聚态）和等离子体中各种物理现象的研究起到了主导作用，如航空和航天技术所需要的高强度金属材料，原子能技术所需要的特殊材料等，都逐渐由过去盲目摸索状态走向理论指导下有计划的研制阶段。

20 世纪 50 年代以后，非平衡态热力学和统计物理学理论得到迅速发展；60 年代末，以比利时物理学家普里戈金为代表所创立的关于非平衡态系统自组织现象的理论，在解决物理学、化学、生物学、人体科学、生态学、天体物理学等领域的各种问题中取得很大成功。这一理论把旧的热学理论从平衡态和近平衡态推到远离平衡态的领域，为寻找从无序到有序转化的途径提供了新的思想和新的概念。但是相对于平衡态理论，非平衡态理论还很不完善，有待继续研究和发展。

热学的发展简史充分说明，一切自然科学都是在生产力发展的推动下发展起来的，而自然科学的发展反过来又推动生产力的进一步发展，二者紧密关联又互相促进。热学在今天仍占有非常重要的地位。热学中的许多分支学科，像非平衡态热力学、量子统计、工程热力学、热传学等，它们的理论和方法已经广泛应用于气象学、低温物理、固体物理、表面物理、等离子体、物质结构、空间科学等尖端科学的研究之中。

第1章　热学的基本概念

本章主要介绍热学中几个最重要的基本概念,包括热力学平衡态、温度、热、统计规律性。对于热学来说,主要研究的是热现象的规律。热现象指的是组成物体的大量微观粒子热运动的宏观表现。因为热运动中包含着机械运动,所以在研究热现象时,需要以力学的基本概念和规律为基础,同时引入新的基本概念,从而探索有关热现象的客观规律。

1.1　热力学系统　热力学平衡态　状态参量

1.1.1　热力学系统

在热学中,人们常把作为研究对象的物质或物质系统称为热力学系统,简称"系统";把处于系统以外的物质或物质系统称为外界。例如,当研究汽缸内的气体的行为时,这部分气体就是系统,而汽缸壁、活塞及大气等则属于外界(图1-1)。

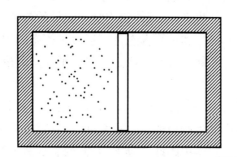

图1-1　系统与外界

如前所述,根据系统与外界相互作用的情况,系统可分为开放系统、封闭系统和孤立系统。可以与外界交换物质和能量的系统,称为开放系统。如敞口容器中的液体可视为开放系统。可以与外界通过做功或传热交换能量,但不交换物质的系统,称为封闭系统。如密闭容器中的气体可视为封闭系统。与外界既无物质交换又无能量交换的系统,称为孤立系统。严格说来,自然界并不真正存在孤立系统,但当系统与外界的相互作用小到可以忽略不计时,可将其近似看成孤立系统。

1.1.2　热力学平衡态

一定的热力学系统在一定的条件下总处于某种状态,称为热力学状态。热力学状态可分为热力学平衡态和非平衡态。在不受外界影响（即与外界没有物质和能量交换）的条件下，系统所有的宏观性质不随时间变化的热力学状态，称为热力学平衡态，简称"平衡态"，否则称为非平衡态。例如，将水装在开口的容器中，则水将不断蒸发，但如果把容器密封（图 1 - 2），则经过一段时间，蒸发现象将停止，即水蒸气达到饱和状态。这时如果没有外界影响，系统的宏观性质将不再发生变化，系统所处的状态就是热力学平衡态。

值得注意的是，如果有外界影响，即使系统处于宏观性质不随时间变化的稳定状态，也不是热力学平衡态。例如，将金属杆的一端浸在开水中，另一端浸在冰水中。在开水和冰水的维持下，杆上各处的冷热程度有不随时间改变的稳定分布。但这时金属杆并不处于平衡态，因为杆与开水及冰水之间有热交换，热量持续不断地从杆的一端传到另一端，如图 1 - 3 所示。

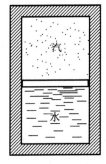

图 1 - 2　饱和水蒸气与水处于热力学平衡态　　　图 1 - 3　传热金属杆不处于热力学平衡态

关于热力学平衡态，还需要说明以下三点：第一，一个系统处于热力学平衡态时，首先必须处于力学平衡，即系统内部各部分间不发生宏观的相对运动；其次必须处于热平衡，即系统同外界及系统内部各部分间没有发生热交换；再次，对于多相系统（如图 1 - 2 所示的水与水蒸气组成的二相系统），还必须是相平衡的；对于含有几种化学成分的系统，还必须是化学平衡的。因此，热力学平衡是比力学平衡更为广义的平衡。第二，热力学平衡态是指系统的宏观性质不随时间变化，从微观角度看，组成系统的分子仍在不停地运动，只是运动的平均效果不随时间变化，宏观上表现为系统达到了平衡态。因而，热力学平衡是一种动态平衡，通常也把这种平衡称为热动平衡。第三，由于实际的系统完全不受外界的影响是不可能的，所以，热力学平衡态只是一种理想的概念。

1.1.3　状态参量

当系统处于热力学平衡态时，其宏观性质不再随时间变化，因而就可以用一组具有确定数值的宏观物理量来表征它的特性。系统处于不同的热力学平衡态时，这些宏观物理量的数值一般也不相同，称为状态参量。

状态参量根据隶属性质，可以分为热学参量、几何参量、力学参量、化学参量和电磁参量等，它们分别从热学、几何、力学、化学和电磁学等不同的侧面去描述系统的热力学平衡态的性质。例如，对于处在外电场中且密闭在有一定体积的容器中的化学纯的气体系统，

可以用气体的温度 T（热学参量）、体积 V（几何参量）、压强 p（力学参量）、物质的量（化学参量）和电场强度 E（电磁参量）等去描述该气体系统的热力学平衡态。至于究竟用哪几个参量才能对系统的平衡态进行完整的描述,则要由系统本身的性质和所要研究问题的要求来确定。

1.2　温度　温标

上节已经指出,温度是描述系统平衡态的热学性质的重要参量。在初等物理中,温度被定义为表示物体冷热程度的物理量。生活中,人们通常通过触觉来比较温度的高低。显然,只凭人的主观感觉不但不能定量地表示温度,有时还会得出错误的结论。因此要使温度成为客观的、定量的科学概念,必须为它建立严格的、科学的定义,并确定一个客观、可以用数值表示的量度方法。

1.2.1　温度

温度的科学定义及测量是以热平衡的概念为基础的。假设有两个热力学系统,原来各处在一定的平衡态,现使这两个系统互相接触,并且让它们之间能够传热（这种接触称为热接触）。实验证明,接触后两个系统的状态都发生了变化,但经过一段时间后,两个系统的状态便不再变化,这反映出两个系统最后达到了一个共同的平衡态。由于这种平衡态是两个系统在发生传热的条件下达到的,所以称为热平衡。

实验证明,如果系统 A 和系统 B 都与系统 C 处于热平衡,则系统 A 和系统 B 也必定处于热平衡。这个结论称为热平衡定律或热力学第零定律。由热力学第零定律可知,处于同一热平衡状态的所有热力学系统应当具有某种共同的宏观性质。这种表征共同宏观性质的物理量定义为温度。也就是说,温度是决定一系统同其他系统是否处于热平衡的物理量,它的特征在于一切互为热平衡的系统都具有相同的温度。

实验也证明,当几个系统相互热接触达到共同的热平衡状态后,如果再将它们分开,它们将保持这个状态不变。这说明每个系统在热平衡时的温度只取决于系统本身的状态,热接触只不过为热平衡的建立创造了条件。由后面的介绍可知,温度反映了组成系统的大量分子的无规则运动的剧烈程度。

热力学第零定律不仅确立了温度的科学概念,而且指出了用温度计来比较和测量温度的可能性:在温度计同被测物体达到热平衡后,温度计的温度就是被测物体的温度;若用温度计分别同不相接触的几个物体接触,看它们是否达到同一热平衡态,就能判定这些被测物体的温度是否相同。因而,热力学第零定律也是温度测量的科学依据。因此,热力学第零定律像第一、第二定律一样也是热力学的基本实验定律,其重要性不亚于后两者。由于人们是在充分认识到热力学第一、第二定律之后才发现了这条定律的重要性,所以英国物理学家福勒称之为热力学第零定律。

1.2.2 温标

以上关于温度的定义是不够完整的,完整的定义还应包括温度的数值表示法。为了以数值来表示温度的高低所确定的温度标尺称为温标。下面以水银温度计为例来说明如何确定温标。

水银温度计(图1-4)是根据水银体积随温度的变化来测量温度的,即它是用水银体积的大小来表示温度高低的。摄氏温标规定,冰点温度(1标准大气压下,纯水和纯冰平衡共存时的温度)为0 ℃,汽点温度(纯水和水蒸气在1标准大气压下平衡共存时的温度)为100 ℃。这样,当温度计在冰点时的水银体积V_0就代表0 ℃;当温度计在汽点时的水银体积V_{100}就代表100 ℃。设当温度计在温度t_x时,水银的体积为V_x,并假设水银的体积与温度有线性关系:

$$\frac{V_x - V_0}{V_{100} - V_0} = \frac{t_x - 0}{100 - 0} \tag{1-1}$$

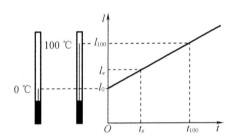

图1-4 水银温度计

即

$$t_x = 100 \times \frac{V_x - V_0}{V_{100} - V_0} \tag{1-2}$$

用S表示水银温度计毛细管部分的截面积,由图1-4可以看出:

$$V_x - V_0 = S(l_x - l_0), V_{100} - V_0 = S(l_{100} - l_0) \tag{1-3}$$

由此可以得到

$$t_x = 100 \times \frac{l_x - l_0}{l_{100} - l_0} \tag{1-4}$$

在实际制作温度计时,只要在l_0处刻上0 ℃,在l_{100}处刻上100 ℃,中间再等分成100格即可。至于低于0 ℃和高于100 ℃的温度,可按与0~100 ℃中的每1 ℃间隔相同的标准刻度。

从上述例子可以看出,温标的建立必须经过以下几个步骤:

(1)选择测温物质和测温属性。上例选择水银为测温物质,选择随温度变化的水银的体积作为测温属性。只要某种物质的某个属性能随温度发生单调的、显著的变化,就都可选择来标识温度。如,定容气体温度计用气体的压强标识温度;定压气体温度计用气体的体积标识温度;铂电阻温度计用铂丝的电阻标识温度;等等。图1-5给出了几种温度计。

（2）规定测温关系式，即规定表征测温属性的物理量（称测温参量）随温度的变化关系。通常规定测温参量随温度线性变化。假设温度为 $t(x)$ 时，测温参量的值为 x，那么这种线性关系可写成

$$t(x) = ax + b \qquad (1-5)$$

或

$$t(x) = \alpha x \qquad (1-6)$$

第一种线性关系式要用两个已知温度的固定点来确定两个待定常数 a 和 b（如上述的水银温度计就是这样，读者可自行计算出 a 和 b 的值）。第二种线性关系式只要用一个固定点的温度就可确定待定常数 α。

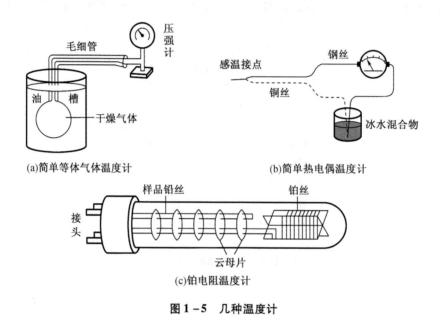

(a)简单等体气体温度计　　　　　　　(b)简单热电偶温度计

(c)铂电阻温度计

图 1 - 5　几种温度计

（3）选定标准温度点并规定其数值。所选定的标准温度点要易于复现。对于摄氏温标，选水的冰点和汽点作为标准温度点，并规定其温度分别为 0 ℃ 和 100 ℃。

除摄氏温标外，目前世界上还流行使用华氏温标和绝对温标。

华氏温标是德国物理学家华伦海特于 1724 年确立的。他采用两个固定点，这两个固定点在历史上几经变化。现在的华氏温标规定，水的冰点温度为 32 ℉，水的汽点温度为 212 ℉，中间等分 180 格，每格为 1 ℉，按线性关系式（1 - 5），华氏温度 t_F 与摄氏温度 t 的换算关系为

$$t_F = \frac{9}{5}t + 32 \qquad (1-7)$$

或

$$t = \frac{5}{9}(t_F - 32) \qquad (1-8)$$

绝对温标是英国物理学家开尔文于 1848 年创立的。他采用只需一个固定点的测温关系式（1 - 6）。1960 年第十一次国际计量会议决定选用这种单固定点的温标，并规定以水的

三相点(水、冰、水蒸气三相平衡共存的状态)为标准温度点。为与摄氏温标的温度间隔一致,规定水的三相点的绝对温度为 273.16 K。摄氏温度 t 与绝对温度 T 的换算关系为

$$t = T - 273.16 \qquad (1-9)$$

摄氏温度、华氏温度和绝对温标三种温度标度法的对应关系如图 1-6 所示。

上述依赖于具体的测温物质和测温属性所建立起来的温标统称为经验温标。实践证明,经验温标有严重的缺陷。当采用不同的测温物质或相同的测温物质而不同的测温属性时,即使采用相同的固定点和分度法,除了固定点温度读数相同外,测得的其他温度并不严格一致。例如,用定容氢气温度计测量,温度为 60 ℃,但用定容空气温度计和水银温度计去测量同一温度,结果却分别为 59.990 ℃和 60.008 6 ℃。这些差异表明,不同测温物质的测温属性随温度变化的关系不同,如果在规定某种物质的某种测温属性随温度线性变化情况下建立温标,则其他测温属性一般就不再与温度呈严格的线性关系了。

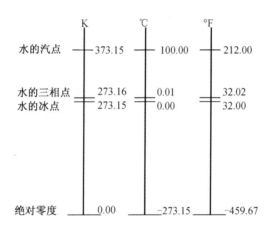

图 1-6　三种温度标度法的对应关系

1.2.3　标准气体温标

经验温标的缺陷和科学测温的需要,迫使人们去建立一种很少依赖甚至完全不依赖具体测温属性的温标——标准温标,用以校正各种温度计温标。

实践表明,用低气压的气体温度计建立的气体温标可以较好地充当标准温标的角色。

气体温度计有定容和定压两种。定容气体温度计用体积不变时气体的压强随温度的变化作为温度的标志,即测温参量是气体的压强。定容气体温度计的结构如图 1-7 所示,测

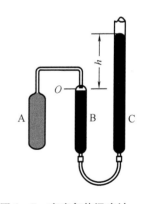

图 1-7　定容气体温度计

温泡 A(用玻璃、石英、铂或铂铱合金等制成)内存储有一定量的稀薄气体,经细管与水银压强计左臂 B 相连。测量时使测温泡与待测系统良好地热接触,上下移动水银存储器 C 使压强计左臂水银面始终保持在同一位置 O 处,以保持气体的体积不变。不同待测温度使气体有不同的压强,其数值可由压强计两臂水银面的高度差 h

和大气压强 p_0 算出。设待测温度为 $T(p)$ 时,对应的气体压强为 p,测温关系采用线性关系式(1-6),则

$$T(p) = \alpha p \qquad (1-10)$$

待定常数 α 由水三相点时的温度值 $T_{tr} = 273.16$ K 和相应的气体压强值 p_{tr} 定出:

$$\alpha = \frac{T_{tr}}{p_{tr}} = \frac{273.16}{p_{tr}} \qquad (1-11)$$

于是式(1-10)变为

$$T(p) = 273.16 \frac{p}{p_{tr}} \qquad (1-12)$$

利用上式即可从气体的压强 p 换算出待测温度 $T(p)$。

气体温度计中常用的气体有氢气、氦气、氮气、氧气和空气等。实验表明,用不同气体的定容气体温度计测量同一温度(如水的汽点温度),其读数虽然十分接近,但仍将随气体的不同和气体在水三相点时的压强 p_{tr} 不同而有微小的差别。若把装有同一气体但 p_{tr} 不同的定容气体温度计对汽点的测温值 $T(p_s)$ 随 p_{tr} 的变化画成曲线,则发现不同气体的 $T(p_s)$ - p_{tr} 曲线沿着 p_{tr} 减小的方向逐渐靠近。若把它们继续向左延伸,则发现它们会相交于 $T(p_s)$ 轴上(与 $p_{tr} = 0$ 对应)的同一点(即相交于 $T = 373.15$ K 的一点),如图1-8所示。这个结果表明,当 $p_{tr} \to 0$ (即气体无限稀薄)时,各种定容气体温度计读数都趋于共同的极限值。

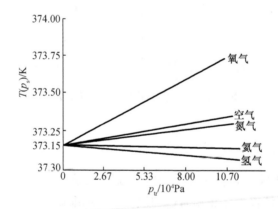

图1-8 不同气体温度计的读数 $T(p)$ 随 p_{tr} 的变化情况

定压气体温度计用压强不变时气体的体积 V 随温度 T 的变化作为温度的标志,其测温关系式为

$$T(V) = 273.16 \frac{V}{V_{tr}} \qquad (1-13)$$

式中,V_{tr} 为压强不变时气体在水三相点温度时的体积。实验结果同样表明,当气体无限稀薄时,用不同气体制成的各种定压气体温度计的读数也趋于与定容气体温度计读数相同的极限值。

上述结果说明,在压强无限低的极限情况下,气体温标只取决于气体的共同性质,而与具体气体的特性无关。根据气体在压强趋于零的极限情况下所遵循的普遍规律建立的温

标称为理想气体温标,通常用 T 表示,其定义式为

$$T = \lim_{p_{tr} \to 0} 273.16 \frac{p}{p_{tr}} \quad (\text{定容时}) \qquad (1-14a)$$

或

$$T = \lim_{p_{rt} \to 0} 273.16 \frac{V}{V_{tr}} \quad (\text{定压时}) \qquad (1-14b)$$

由于理想气体温标不依赖于具体气体的特性,比一般的经验温标优越,因此可以作为一种标准温标。但是,它毕竟还离不开气体的共性(气态),测温质一定要是气体,这就限制了它的适用范围,即其对极低温度(气体的液化点以下)和高温(气体分子已电离)都不适用。1848 年,开尔文在热力学第二定律的基础上建立了一种与测温质完全无关的温标,称为热力学温标,后来被国际上确定为标准温标。可以证明,在理想气体温标适用的范围内,热力学温标与理想气体温标完全一致。虽然热力学温标只是一种理想温标,但是,我们可通过理想气体温标与热力学温标的这种关系来实现它。

1.3　热　热容　热传递

1.3.1　热

日常经验告诉人们,当温度高的物体甲和温度低的物体乙接触时,甲物体的温度要降低,乙物体的温度要升高,最后达到温度相同的热平衡态。对于这一过程,人们常使用"有热从物体甲传到物体乙"的说法。这热究竟是什么? 在 18 世纪时,大多数科学家都认为,热是一种没有质量的流体。这种流体称为"热质",它可透入一切物体之中,不生也不灭,自然界的热质总量是守恒的;一个物体的冷热完全取决于它所含热质的多少,当冷热不同的两物体接触时,热质会从较热物体自动流入较冷物体。这就是历史上的"热质说"。在"热质说"流行的时代,研究者们在实验上发展了量热学方法,这些方法在今天仍然十分有用。

"热质说"虽然在传热和量热方面取得了一定的成功,但在解释摩擦生热现象中却暴露出了它致命的弱点。18 世纪末,德国的汤普森和英国的戴维先后用实验事实驳斥"热质说",指出热只能是一种运动,不可能是物质。19 世纪中叶,德国医生迈尔和英国著名物理学家焦耳分别从理论和精确的实验角度明确证明热是能量的一种形式,并测出了热与其他形式能转化时数量间的关系,即

$$1 \text{卡}_{\langle 15\,℃ \rangle} (\text{cal}) = 4.186\,8 \text{焦耳}(\text{J}) \qquad (1-15)$$

这就是所谓的热功当量。热功当量的精确测定为能量守恒与转化定律的建立奠定了基础。热是能量的一种形式,这一观点不但能解释"热质说"所能解释的各种现象,而且能解释"热质说"所不能解释的摩擦生热现象,"热质说"从此被抛弃。

"热量"原是"热质说"中的概念,在继续使用时,应对它有新的理解。按照热是能量的一种形式的观点,热量是在仅有温度差引起的热传递过程中被传递的能量,即只有在发生能量传递过程时,才能使用"热量"这一概念,说物体含有多少热量是错误的。热量的单位

就是能量的单位,新的国际单位制规定,用能量的单位焦耳(J)作为热量的单位。

1.3.2　热容

实验证明,不同系统在同一过程中升高相同温度时,所需吸收的热量是不同的。这里引入热容来表征系统的这一性质。若在一无限小的过程中,系统从外界吸收热量 dQ,温度升高 dT,则系统在该过程中的热容定义为

$$C = \frac{dQ}{dT} \qquad (1-16)$$

热容的单位为 $J \cdot K^{-1}$。

实验还证明,系统的热容与系统的物质种类及质量有关;同一种物质构成的系统,其热容与质量成正比。为了反映物质的这种热学性质,这里引入物质的比热容的概念。某物质的比热容 c 被定义为:该物质构成的系统,从外界吸收的微量热 dQ,与系统因此发生的微小温度变化 dT 和系统质量 m 乘积之比,即

$$c = \frac{dQ}{mdT} \qquad (1-17)$$

其单位为 $J \cdot kg^{-1} \cdot K^{-1}$。

从式(1-16)和式(1-17)可以看出,系统的热容 C 和组成系统物质的比热容 c 有如下关系:

$$C = mc \qquad (1-18)$$

表1-1列出了几种物质的比热容。

表1-1　几种物质的比热容

物质	$c/(J \cdot kg^{-1} \cdot K^{-1})$	温度/℃
铜	390	15～100
铝	921	20～100
纯铁(钢)	448	20
铅	128	20
汞	139	20
银	234	20
黄铜	384	20～100
金刚石	502	20
石墨	712	20
普通玻璃	832	19～100
木材	1 760	25
冰	2 110	-20～0

表1-1(续)

物质	$c/(\text{J} \cdot \text{kg}^{-1} \cdot \text{K}^{-1})$	温度/℃
水	4 186	-6 ~ 140
乙醇	2 430	25
煤油	2 140	21 ~ 58

本书后面还将引入含有1摩尔(1 mol)物质的系统所具有的热容——摩尔热容的概念。

由式(1-17)可知,质量为 m 的系统,在某个过程中,其温度从 T_1 变化到 T_2 时,所需的总热量是

$$Q = m\int_{T_1}^{T_2} c\,\mathrm{d}T \tag{1-19}$$

实验证明,一切物质的比热容随温度的不同都略有变化,因此,为了计算积分必须将比热容 c 表示为温度 T 的函数。但是,在温度变化不大时,c 的差异往往可以忽略,而把 c 当作常量,这时式(1-19)变成

$$Q = mc(T_2 - T_1) \tag{1-20}$$

根据式(1-20),可以方便地计算出由某种物质组成的系统在温度变化时,所要吸收或放出的热。

1.3.3 热传递

当物体间或物体的各部分之间温度不同时,将发生热的传递。热传递有热传导、热对流和热辐射三种基本方式。实际中的热传递一般比较复杂,但都可以归结为这三种基本方式的组合。

1. 热传导

将铁火钳的一端插入炉火里,很快就会感到手拿着的一端也热起来了。这说明热由火钳的高温端向低温端进行了传递。这种在物体没有宏观流动的情况下,在物体内或相互接触的物体间进行的传热方式称为热传导。

实验表明,只有存在温度差时,热传导才能发生,而且热总是从高温区向低温区传导。单位时间内通过一个物体传导的热称为热流。若在 $\mathrm{d}t$ 时间内通过物体传导的热为 $\mathrm{d}Q$,则热流 $q = \mathrm{d}Q/\mathrm{d}t$,为了定量地研究热传导的规律,考虑如图 1-9 所示的均匀物体中的稳定热流。实验发现,热流 q 与物体垂直于传热方向的截面积 S 及物体两边的温度差($T_2 - T_1$)成正比,与物体的长度 L 成反比,即

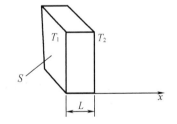

图1-9 均匀物体中的热传导

$$q = \kappa S \frac{T_2 - T_1}{L} \tag{1-21}$$

式中,κ 为一比例常数,称为热导率(或导热系数),它依赖于物体的材料特性。在一些情况下(如当 κ 或 S 不能视为常数时),必须考虑厚度为 $\mathrm{d}x$ 的无限薄片,该薄片两侧的温度差为 $\mathrm{d}T$,这时,式(1-21)变成

$$q = -\kappa S \frac{\mathrm{d}T}{\mathrm{d}x} \tag{1-22}$$

式中,$\mathrm{d}T/\mathrm{d}x$ 表示温度梯度,负号表示温度梯度方向和热流方向相反。式(1-22)所反映的热传导宏观规律称为傅里叶定律。

一般地,固体的热导率最大,液体的其次,气体的最小。表1-2 给出了几种物质的热导率。κ 值大的物质导热快,称为热的良导体(如金属);反之,称为热的不良导体(如空气)。衣服的保暖性来源于空气的隔热性质。衣服使人感到暖和是因为衣服中包含了很多空气,主要是这些不流动的空气而不是布料本身起隔热作用。软木塞有良好的隔热性质也是同样的道理。

表1-2　几种物质的热导率

物质		$\kappa/(\mathrm{J} \cdot \mathrm{s}^{-1} \cdot \mathrm{m}^{-1} \cdot \mathrm{K}^{-1})$
金属	铝	205
	黄铜	109
	铜	385
	铅	34.7
	银	406
	钢	50.2
	水银	8.3
非金属	混凝土	0.8
	玻璃	0.8
	红砖	0.6
	软木	0.04
	棉花	0.17
	水	0.59
	空气	0.024

例题 1-1　如图1-10所示,将热导率分别为 κ_1 和 κ_2 的两块板重叠放置,令外表面 A 和 C 的温度保持不变,分别为 T_1 和 T_2 ($T_1 < T_2$)。试求接触面 B 的温度 T 和通过单位面积的热流。

解　当温度稳定不变时,通过 A、B 和 C 面的热流应相等,各板中的温度梯度也应该是常数,方向与板面垂直。取 $A \rightarrow C$ 为正方向,根据式(1-22)有

$$\frac{q}{S} = -\kappa_1 \frac{T - T_1}{d_1}$$

$$\frac{q}{S} = -\kappa_2 \frac{T_2 - T}{d_2}$$

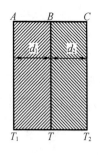

图1-10　例题1-1图

由此两式可以求出 B 接触面的温度：

$$T = \dfrac{\dfrac{\kappa_1}{d_1}T_1 + \dfrac{\kappa_2}{d_2}T_2}{\dfrac{\kappa_1}{d_1} + \dfrac{\kappa_2}{d_2}}$$

则通过单位面积的热流为

$$\dfrac{q}{S} = \dfrac{T_1 - T_2}{\dfrac{d_1}{\kappa_1} + \dfrac{d_2}{\kappa_2}}$$

2. 热对流

一盆冷水放在炉上加热(图 1 – 11)，水很快沸腾起来。热是怎样从盆底附近的水传到其余部分的呢？若在盆中加少许锯末，通过锯末的运动可以发现，盆底附近被加热的水向上流动，而水面附近较冷的水则向下流动，形成循环流动。这样整盆水很快就热起来了。这种在流体内靠流体的相对流动引起的传热方式称为对流。对流只能在流体中发生，是流体的主要传热方式。

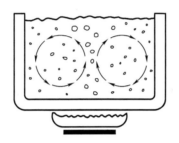

图 1 – 11　加热时水的对流

若流体的流动是由冷热流体的密度差引起的，则称这种流动为自然对流。如上例中，盆底的水受热密度变小而上升；上方较冷的水因密度大而下降，于是形成自然对流。大气对流、海洋洋流是自然界中常见的自然对流现象。

若流体的流动是由外力作用引起的，则称这种流动为强迫对流。在工程技术上，常采用这种方法来达到快速传热的目的。例如，冬季供暖系统就是将锅炉里的热水用泵抽出来，使它流经各个房间的散热器，水变冷后又流回锅炉。通过水的不断循环，热从锅炉传到各个房间。电风扇、空调、冰箱等都是利用这种强迫对流的方法达到传热的目的。

3. 热辐射

人站在太阳下、火炉旁会感到热，其主要原因不是热对流，也不是热传导，而是热辐射在起作用。所谓热辐射，就是依靠物体表面发射电磁波来直接向周围传热。这种传热方式不需要介质作为传热媒介，而且传热速度极快(光速)。

实验证明，任何物体，在任何温度下都可以向周围空间辐射能量。物体在单位时间内辐射的能量 q 与热力学温度 T 的四次方及物体表面积 S 成正比，即

$$q = e\sigma ST^4 \tag{1 – 23}$$

该式称为斯特藩定律,式中 σ 称为斯特藩 – 玻尔兹曼常数,其值为

$$\sigma = 5.67 \times 10^{-8} \text{ W} \cdot \text{m}^{-2} \cdot \text{K}^{-4}$$

而 e 称为物体表面的辐射率,其值在 0 和 1 之间,具体取决于物体表面的特性。粗糙黑色表面(如木炭)的辐射率接近于 1($e = 1$ 的物体称为黑体);光滑洁白表面的辐射率近乎为 0。e 的值与温度也有一定的关系。

实验还证明,任何物体在向外辐射能量的同时,也吸收环境物体辐射来的能量。当辐射和吸收的能量相等时,物体与环境达到热平衡。在相同的温度条件下,辐射率大的物体,其吸收能力也强;辐射率小的物体,其吸收能力也弱。这就是为什么冬季人们喜欢穿深色衣服,而夏季人们却喜欢穿浅色衣服的原因。

日常生活中使用的保温瓶(又称"杜瓦瓶")是一个综合运用热传导、热对流和热辐射特性的实例。为了防止热传导,瓶胆用双层玻璃制成,中间抽成真空;为了防止热对流和热传导,盖以瓶塞;为了减弱热辐射和热吸收,夹层玻璃上镀成光洁的镜面。因而保温瓶是一个较好的恒温装置。

1.4　热力学第零定律

1.4.1　热平衡定律与热力学第零定律

假设有两个热力学系统,原来各处在一定的平衡态,现使这两个系统互相接触,使它们之间能发生传热(这种接触称为热接触)。实验证明,一般说来,热接触后两个系统的状态都将发生变化,但经过一段时间后,两个系统的状态便不再变化,这反映出两个系统最后达到一个共同的平衡态。由于这种平衡态是两个系统在发生传热的条件下达到的,所以称为热平衡。

一种特殊的情形是热接触后两个系统的状态都不发生变化,这说明两个系统在刚接触时就已达到了热平衡。即如果使这两个系统热接触,则它们在原来状态都不发生变化的情况下就可达到热平衡。根据这个事实,还可把热平衡的概念用于两个相互间不发生热接触的系统。

现在进一步取三个热力学系统 A、B、C 做实验。将 B 和 C 互相隔绝开,但使它们同时与 A 热接触,经过一段时间后,A 和 B 以及 A 和 C 都将达到热平衡。这时,如果再使 B 和 C 热接触,则可发现 B 和 C 的状态都不发生变化。这说明,B 和 C 也是处于热平衡的。由此可以得到结论:如果两个热力学系统中的每一个都与第三个热力学系统处于热平衡,则它们彼此也必定处于热平衡。这个结论通常称为热平衡定律。

热平衡定律为建立温度的概念提供了实验基础。这个定律反映出,处在同一热平衡状态的所有的热力学系统都具有共同的宏观性质。这个决定系统热平衡的宏观性质即定义为温度。也就是说,温度是决定系统是否与其他系统处于热平衡的宏观性质,它的特征就在于一切互为热平衡的系统都具有相同的温度。

实验证明,当几个系统作为一个整体已达到热平衡后,如果再把它们分开,并不会改变

每个系统本身的热平衡状态。这说明,热接触只是为热平衡的建立创造了条件,每个系统在热平衡时的温度仅仅取决于系统内部的热运动状态。换句话说,温度反映了系统本身内部热运动状态的特征。以后我们会看到,温度反映了组成系统的大量分子的无规则运动的剧烈程度。

应当指出,以上关于温度的定义与人们日常对温度的理解(温度表示物体的冷热程度)是一致的。根据日常经验,当两个冷热程度不同的物体相接触时,热的变冷,冷的变热,人们凭直觉认为最终两物体的冷热程度相同。

一切互为热平衡的物体都具有相同的温度,这是用温度计测量温度的依据。我们可以选择适当的系统为标准,用作温度计。测量时使温度计与待测系统接触,只要经过一段时间等二者达到热平衡后,温度计的温度就等于待测系统的温度。而温度计的温度则可通过它的某一个状态参量标识出来。例如,用液体(水银或酒精)温度计测量室温时,温度计指示的是它与室内空气热平衡时自身的温度,而这个温度则由液体的体积来标识,并通过液面的位置对应的数值显示出来。

热平衡定律是热力学中的一条基本实验定律,其重要意义在于它是科学定义温度概念的基础,是用温度计测量温度的依据。后面我们将见到,在热力学中,温度、内能和熵是三个基本的状态函数,内能是由热力学第一定律确定的;熵是由热力学第二定律确定的;而温度则是由热平衡定律确定的。

1.4.2　热力学第零定律与温度

热力学第零定律指出,如果两个热力学系统(例如 B 和 C)中的每一个都与第三个热力学系统(例如 A)处于热平衡,则它们(B 和 C)彼此也处于热平衡。从这个定律可以推证,互为热平衡的热力学系统具有一个数值相等的状态函数(即平衡态状态参量的函数)。这个状态函数可定义为温度。

为了使讨论简单,假设三个系统都是质量一定而且化学成分单一的气体。这种系统的平衡态可以用两个独立的状态参量——压强 p 和体积 V 完全确定。既然系统 A 和系统 B 处于热平衡,则描述它们的状态参量就不完全是独立的,而要被一定的函数关系所制约,也就是说,热平衡条件为

$$F_{AB}(p_A, V_A; p_B, V_B) = 0 \qquad (1-24)$$

式中,p 和 V 脚注表示参量所属的系统。系统 A 和系统 C 也处于热平衡,同样有

$$F_{AC}(p_A, V_A; p_C, V_C) = 0 \qquad (1-25)$$

根据热力学第零定律,系统 B 和系统 C 也必定处于热平衡,因而有

$$F_{BC}(p_B, V_B; p_C, V_C) = 0 \qquad (1-26)$$

式(1-24)和式(1-25)中都含有 p_A,如果把它抽出来移到等式另一边,则两式可写作

$$p_A = \phi_{AB}(p_B, V_A, V_B) \qquad (1-27)$$

$$p_A = \phi_{AC}(p_C, V_A, V_C) \qquad (1-28)$$

由式(1-27)和式(1-28)得到

$$\phi_{AB}(p_B, V_A, V_B) = \phi_{AC}(p_C, V_A, V_C) \qquad (1-29)$$

式(1–19)必然与式(1–26)是等效的。既然两式等效,而式(1–26)中不包含 V_A,式(1–29)等号两边都包含 V_A,则要求函数中 ϕ_{AB} 和 ϕ_{AC} 具有这样的形式:

$$\phi_{AB} = \psi(V_A)\big[g(V_A) + f_B(p_B, V_B)\big] \tag{1–30}$$

$$\phi_{AC} = \psi(V_A)\big[g(V_A) + f_C(p_C, V_C)\big] \tag{1–31}$$

这样,从式(1–30)和式(1–31)就可得到式(1–26)的形式。在式(1–30)中引入的 f_B 完全由 p_B 和 V_B 决定,是系统 B 的状态函数。式(1–31)中的 f_C 和下面将引入的 f_A 有同样的意义。

将式(1–30)和式(1–31)代入式(1–29),可得

$$f_B(p_B, V_B) = f_C(p_C, V_C) \tag{1–32}$$

将式(1–31)代入式(1–28)有

$$p_A = \phi_{AC} = \psi(V_A)\big[g(V_A) + f_C(p_C, V_C)\big] \tag{1–33}$$

或

$$f_C(p_C, V_C) = \frac{p_A}{\psi(V_A)} - g(V_A) \tag{1–34}$$

上式右端只包含 p_A、V_A,所以可用 $f_A(p_A, V_A)$ 去代替它,即

$$f_C(p_C, V_C) = f_A(p_A, V_A) \tag{1–35}$$

联合式(1–32)和式(1–35),就得到

$$f_A(p_A, V_A) = f_B(p_B, V_B) = f_C(p_C, V_C) \tag{1–36}$$

这是由热力学第零定律得到的结果。它说明,互为热平衡的系统具有一个数值相等的状态函数。这个决定系统热平衡的状态函数,定义为温度。如果用 T 表示温度,则上面所考虑的系统 A、B、C 的温度分别为

$$T_A = f_A(p_A, V_A) \tag{1–37}$$

$$T_B = f_B(p_B, V_B) \tag{1–38}$$

$$T_C = f_C(p_C, V_C) \tag{1–39}$$

因此,热力学第零定律是引入温度概念的实验基础。

1.5　气体的物态方程

第1.1节中曾经讲过,热力学系统的平衡态可以用几何参量、力学参量、化学参量和电磁参量来描述,在一定的平衡态,这四类参量都具有一定的数值。在上一节中我们又看到,在一定的平衡态,热力学系统具有确定的温度。由此可知,温度与上述四类参量之间必然存在着一定的联系,或者说,温度一定是其他状态参量的函数。对于一定质量的气体,可以用压强 p 和体积 V 来描述它的平衡态,所以温度 T 就是 p 和 V 的函数,这种函数关系可写作

$$T = f(p, V) \tag{1–40}$$

或

$$F(T, p, V) = 0 \tag{1–41}$$

这个关系称为气体的物态方程,它的具体形式需要由实验确定。

1.5.1 玻意耳定律 理想气体的物态方程

现在讨论如何根据实验结果来确定气体的物态方程。

1. 玻意耳定律

实验证明,当一定质量气体的温度保持不变时,它的压强和体积的乘积是一个常量:

$$pV = C \qquad (1-42)$$

常量 C 在不同的温度时有不同的数值。这个关系称为玻意耳定律,有时也称为玻意耳 – 马略特定律,因为玻意耳和法国物理学家马略特曾经独立地发现了这个定律。

大量的实验结果表明:不论何种气体,只要它的压强不太高、温度不太低,都近似地遵从玻意耳定律;气体的压强越低,它遵从玻意耳定律的准确程度越高。

2. 理想气体的物态方程

现在根据玻意耳定律和理想气体温标的定义来确定式(1-42)中的常量 C 与温度 T 的关系。设常量 C 在水的三相点时的数值为 C_{tr},假定用定压气体温度计测温,温度计中气体在水的三相点时的压强和体积分别为 p_{tr} 和 V_{tr},在任一温度时体积为 V,则根据式(1-42)有

$$p_{tr}V_{tr} = C_{tr} \qquad (1-43)$$

$$p_{tr}V = C \qquad (1-44)$$

代入定压气体温标的定义式(1-14b),可得

$$T(V) = 273.16\frac{V}{V_{tr}} = 273.16\frac{p_{tr}V}{p_{tr}V_{tr}} = 273.16\frac{C}{C_{tr}} \qquad (1-45)$$

再代入式(1-42),即得

$$\qquad (1-46)$$

$$pV = \frac{C_{tr}}{273.16}T(V) \qquad (1-47)$$

式(1-47)是气体的物态方程,其中的温度 $T(V)$ 是用这种气体的定压温度计测定的。前面曾提到,实验证明,不论用什么气体,不论是定压还是定容,所建立的温标在气体压强趋于零时都趋于一个共同的极限值——理想气体温标 T。因此,在气体压强趋于零的极限情形下,我们可用 T 代替上面的 $T(V)$,并把式(1-47)改写为

$$pV = \frac{C_{tr}}{273.16}T \qquad (1-48)$$

在一定的温度和压强下,气体的体积与其质量 m 或物质的量 ν($\nu = M/m$,M 为气体的摩尔质量)成正比。如果用 V_m 表示 1 mol 气体的体积,则 $V = \nu V_m$,而

$$C_{tr} = p_{tr}V_{tr} = \nu p_{tr}V_{m,tr} \qquad (1-49)$$

这样,式(1-48)就可以进一步写作

$$pV = \nu\frac{p_{tr}V_{m,tr}}{273.16}T \qquad (1-50)$$

根据阿伏伽德罗定律,在气体压强趋于零的极限情形下,在相同的温度和压强下,1 mol 的任何气体所占的体积都相同。因此,在气体压强趋于零的极限情形下,式(1-50)中的 $p_{tr}V_m$, tr/273.16 的数值对各种气体都是一样的,所以称之为普适气体常量,并用 R 表示,即

令

$$R = \frac{p_{tr}V_{m,tr}}{273.16} \tag{1-51}$$

代入式(1-50),即得

$$pV = \nu RT = \frac{m}{M}RT \tag{1-52}$$

物态方程式(1-52)是根据玻意耳定律、理想气体温标的定义和阿伏伽德罗定律求得的,而这三者所反映的都是气体在压强趋于零时的极限性质。因此,在通常的压强(几个标准大气压)下,各种气体都只近似地遵从式(1-52),压强越低,近似程度越高,在压强趋于零的极限情形下,一切气体都严格地遵从它。

总结以上讨论可见,一切气体在压强、体积和温度的变化关系上都具有共性,这表现在它们都近似地遵从式(1-52)(当然,不同的气体还有不同的个性,这表现在它们遵从这个方程的准确程度不同)。不同气体表现出共同的性质并不是偶然的,而是反映了气体的一定的内在规律性。为了概括并研究气体的这一共同规律,我们引入理想气体的概念,并称严格遵从式(1-52)的气体为理想气体,称式(1-52)为理想气体物态方程。理想气体是一个理想模型,在通常的压强下,可以近似地用这个模型来概括实际气体,压强越低,这种概括的精确度就越高。

3. 普适气体常量 R

按照式(1-51),普适气体常量为

$$R = \frac{p_{tr}V_{m,tr}}{273.16}$$

它的数值可以由 1 mol 理想气体在水的三相点($T_{tr} = 273.16$ K)及 1 标准大气压(令上式中的 $p_{tr} = 101\,325$ Pa)下的体积 $V_{m,tr}$ 推算出来。根据式(1-52),若设 1 mol 理想气体在冰点($T_0 = 273.15$ K)时的压强和体积分别为 p_0 和 $V_{m,0}$ 则有

$$R = \frac{p_{tr}V_{m,tr}}{273.16} = \frac{p_0 V_{m,0}}{273.15} \tag{1-53}$$

因此,R 的数值也可以由 1 mol 理想气体在冰点及 1 标准大气压(令 $p_0 = 101\,325$ Pa)下的体积 $V_{m,0}$ 来推算。实际上,目前一般是用 $V_{m,0}$ 来推算 R 的,因为 $V_{m,0}$ 的值已根据实验结果求得,比较准确。1 mol 理想气体在 273.15 K 及 1 标准大气压下的体积为

$$V_{m,0} = 22.413\,996 \times 10^{-3} \text{ m}^3 \cdot \text{mol}^{-1} \tag{1-54}$$

由此可算出

$$R = 8.314\,472 \text{ J} \cdot \text{mol}^{-1} \cdot \text{K}^{-1} \tag{1-55}$$

例题 1-2 用一打气筒给一自行车内胎打气,每次可打进 4.00×10^{-4} m³ 空气,要使车胎在 318 K 时与地面的接触面积为 2.00×10^{-4} m²,须打几次气?已知车轮的负荷为 50.0 kg,内胎容积为 1.60×10^{-3} m³,空气温度为 270 K,气压为 1.01×10^5 Pa。设胎内原来无气,外胎可看成是柔软的。

解 以 p_1、T_1、V_1、μ 表示每次打进空气的压强、温度、体积和摩尔质量,则根据理想气体物态方程,每次打进空气的质量为

$$M_1 = \frac{\mu p_1 V_1}{R T_1}$$

为承受给定的负荷,打气终了胎中气体压强应为

$$p_2 = \frac{50.0 \times 9.8}{2.00 \times 10^{-4}} = 2.45 \times 10^6 \text{ Pa}$$

此时胎内气体质量为

$$M_2 = \frac{\mu p_2 V_2}{R T_2}$$

故打气次数为

$$n = \frac{M_2}{M_1} = \frac{p_2 V_2 T_2}{p_1 V_1 T_1} = \frac{2.45 \times 10^6 \times 1.60 \times 10^{-3} \times 270}{1.01 \times 10^5 \times 4.00 \times 318} = 82 \text{ 次}$$

例题 1 – 3　如图 1 – 12 所示,两个容积各为 10^{-3} m³ 和 10^{-4} m³ 的气体容器以细长的管子相连,其中贮有空气。整个容器置于冰水槽中,这时空气压强为 1.34×10^5 Pa。如令小容器伸出冰水槽而浸入沸水中,那么当小容器的温度升到 373 K 时有多少空气流出? 请将答案用此空气在标准状态 $(1.015 \times 10^5$ Pa,273 K) 下的体积表示。

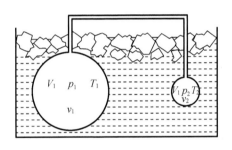

图 1 – 12　例题 1 – 3 图

解　根据题意,细管中的气体可以忽略,只需考虑大小容器中气体由初态到终态的状态变化。现以 p_1、T_1、V_1 和 p_2、T_2、V_2 分别表示大、小容器中气体处于初态时的各量,以带"撇"的符号表示终态的各个相应量,则由于两容器始终以细管相连,其初态和终态的压强应分别相等,故由题设条件可写出各量如下:

$$V_1 = 10^{-3} \text{ m}^3, V_2 = 10^{-4} \text{ m}^3$$

$$p_1 = p_2 = p = 1.34 \times 10^5 \text{ Pa}, p_1' = p_2' = p'$$

$$T_1 = T_2 = T = 273 \text{ K}, T_1' = T = 273 \text{ K}, T_2' = T' = 373 \text{ K}$$

在小容器中气体升温前后,两容器内气体的总物质的量应不变,故可由此关系列等式。

由初态计算总物质的量为

$$\nu_1 + \nu_2 = \frac{p(V_1 + V_2)}{RT}$$

由终态计算总物质的量为

$$\nu_1' + \nu_2' = \frac{p' V_1}{RT} + \frac{p' V_2}{RT'}$$

二者相等,故有

$$\frac{p(V_1+V_2)}{RT}=\frac{p'V_1}{RT}+\frac{p'V_2}{RT'}$$

消去 R,代入已知量,则

$$\frac{1.34\times10^5\times(1+1.01)\times10^{-3}}{273}=p'\left(\frac{1}{273}+\frac{0.1}{373}\right)\times10^{-3}$$

解得终态压强为

$$p'\approx1.37\times10^5\ Pa$$

为计算从小容器中流出的空气的体积,按题意要求须将初、终两态下小容器中气体的体积换算为标准状态下的体积。初态下小容器中气体在标准状态下的体积为

$$V_{20}=\frac{T_0pV_2}{p_0T}=\frac{273\times1.34\times10^5\times10^{-4}}{1.013\times10^5\times273}=1.32\times10^{-4}\ m^3$$

终态下小容器中气体在标准状态下的体积为

$$V'_{20}=\frac{T_0p'V_2}{p_0T'_2}=\frac{273\times1.37\times10^5\times10^{-4}}{1.013\times10^5\times373}=0.99\times10^{-4}\ m^3$$

所以,从小容器流出的空气体积为

$$\Delta V_2=V_{20}-V'_{20}=(1.32-0.99)\times10^{-4}=3.3\times10^{-5}\ m^3$$

4.混合理想气体的物态方程

上面的讨论只限于化学成分单纯的气体,但在许多实际问题中,往往遇到包含几种不同化学组分的混合气体。

在处理混合气体问题时,需要用到一条实验定律——道尔顿分压定律。根据这个定律,混合气体的压强等于各组分的分压强之和。所谓某组分的分压强,是指这个组分单独存在时(即在与混合气体的温度和体积相同,并且与混合气体中所包含的这个组分的物质的量相等的条件下,以化学纯的状态存在时)的压强。道尔顿分压定律也只在混合气体的压强较低时才准确地成立,即它也只适用于理想气体。如果用 p 表示混合气体的压强,用 $p_1,p_2,\cdots,p_n$ 分别表示各组分的分压强,则道尔顿分压定律可用下式表示:

$$p=p_1+p_2+\cdots+p_n \tag{1-56}$$

根据理想气体物态方程式(1-52)和道尔顿分压定律,可以导出适用于混合理想气体的物态方程。把式(1-52)分别用于各组分,列出各组分的物态方程,并将所有的方程相加,则得

$$(p_1+p_2+\cdots+p_n)V=\left(\frac{m_1}{M_1}+\frac{m_2}{M_2}+\cdots+\frac{m_n}{M_n}\right)RT \tag{1-57}$$

根据式(1-56),等式左端的括号为混合理想气体的压强 p;右端的括号为混合气体的物质的量,用 ν 表示,即令

$$\nu=\frac{m_1}{M_1}+\frac{m_2}{M_2}+\cdots+\frac{m_n}{M_n} \tag{1-58}$$

则式(1-57)可写作

$$pV=\nu RT \tag{1-59}$$

这就是适用于混合理想气体的物态方程。

由式(1-59)看出,混合理想气体的物态方程完全类似于化学成分单纯的理想气体的物态方程,物质的量即等于各组分的物质的量之和。混合气体也具有一定的摩尔质量 M,通常称为平均摩尔质量,它由下式确定:

$$M = \frac{m}{\nu} \qquad (1-60)$$

式中,m 是各组分气体的质量之和。式(1-60)可以计算空气的平均摩尔质量。按质量百分比来说,空气中含有:氮气 76.9%、氧气 23.1%。由于 $M_{N_2} = 28.0 \times 10^{-3}$ kg·mol^{-1},$M_{O_2} = 32.0 \times 10^{-3}$ kg·mol^{-1},所以可求出空气的平均摩尔质量为 $M = 28.9 \times 10^{-3}$ kg·mol^{-1},也可认为空气的平均相对分子质量为 28.9。

引入平均摩尔质量后,混合理想气体的物态方程可以写作:

$$pV = \frac{m}{M}RT \qquad (1-61)$$

例题 1-4 通常,混合气体中各组分的体积百分比是指每种组分单独处在与混合气体相同的压强及温度的状态下,其体积占混合气体体积 V 的百分比。已知空气中几种主要组分的体积百分比是:氮气 78%、氧气 21%、氩气 1%,求在标准状态(1.01×10^5 Pa, 0 ℃)下空气中各组分的分压强和密度以及空气的密度。已知氮气的相对分子质量是 28.0,氧气的相对分子质量是 32.0,氩气的相对分子质量是 39.9。

解 用下标 1,2,3 分别表示氮气、氧气、氩气的标准状态下的体积、压强和摩尔质量,则它们的体积分别为

$$V_1 = 0.78V, V_2 = 0.21V, V_3 = 0.01V$$

将三种气体混合成标准状态的空气后,它们的状态变化如下:

氮气 $\quad p、V_1、T \rightarrow p_1、V、T$

氧气 $\quad p、V_2、T \rightarrow p_2、V、T$

氩气 $\quad p、V_3、T \rightarrow p_3、V、T$

其中 $p = 1.01 \times 10^5$ Pa,为混合气体在标准状态下的压强,$p_1、p_2、p_3$ 分别为三种组分的分压强。由于温度不变,所以根据玻意耳-马略特定律有,$pV_1 = p_1 V, pV_2 = p_2 V, pV_3 = p_3 V$,因此

$$p_1 = \frac{V_1}{V}p = 0.78p = 7.90 \times 10^4 \text{ Pa}$$

$$p_2 = \frac{V_2}{V}p = 0.21p = 2.12 \times 10^4 \text{ Pa}$$

$$p_3 = \frac{V_3}{V}p = 0.01p = 1.01 \times 10^3 \text{ Pa}$$

由混合理想气体物态方程式(1-61),可以导出混合理想气体的密度为

$$\rho = \frac{m}{V} = \frac{pM}{RT}$$

因此,在标准状态下空气中各组分的密度分别为

$$\rho_1 = \frac{p_1 M_1}{RT} = \frac{7.90 \times 10^4 \text{ Pa} \times 28.0 \times 10^{-3} \text{ kg} \cdot \text{mol}^{-1}}{8.31 \text{ J} \cdot \text{mol}^{-1} \cdot \text{K}^{-1} \times 273 \text{ K}} = 0.98 \times 10^{-3} \text{ kg} \cdot \text{L}^{-1}$$

$$\rho_2 = \frac{p_2 M_2}{RT} = \frac{2.12 \times 10^4 \text{ Pa} \times 32.0 \times 10^{-3} \text{ kg} \cdot \text{mol}^{-1}}{8.31 \text{ J} \cdot \text{mol}^{-1} \cdot \text{K}^{-1} \times 273 \text{ K}} = 0.30 \times 10^{-3} \text{ kg} \cdot \text{L}^{-1}$$

$$\rho_3 = \frac{p_3 M_3}{RT} = \frac{1.01 \times 10^4 \text{ Pa} \times 39.9 \times 10^{-3} \text{ kg} \cdot \text{mol}^{-1}}{8.31 \text{ J} \cdot \text{mol}^{-1} \cdot \text{K}^{-1} \times 273 \text{ K}} = 0.02 \times 10^{-3} \text{ kg} \cdot \text{L}^{-1}$$

所以,空气在标准状态下的密度为

$$\rho = \rho_1 + \rho_2 + \rho_3 = 1.30 \times 10^{-3} \text{ kg} \cdot \text{L}^{-1}$$

1.5.2　非理想气体的物态方程

在通常的压强和温度下,可以近似地用理想气体物态方程来处理实际问题。但是,在近代科研和工程技术中,经常需要处理高压或低温条件下的气体问题,例如:气体凝结为液体或固体的过程一般需在低温或高压下进行;现代化大型蒸汽涡轮机中,都采用高温、高压蒸汽作为工作物质。在这些情形下,理想气体物态方程就不适用了。

为了建立非理想气体的物态方程,人们进行了许多理论和实验的研究工作,目前已积累起非常多的资料,导出了大量的物态方程,所有的物态方程可分为两类。一类是对气体的结构做一些简化假设后推导出来的。虽然这类方程中的一些参量仍需要由实验来确定,多少带有一些半经验的性质,但其基本出发点仍是物质结构的微观理论。这类方程的特点是形式简单,物理意义清楚,具有一定的普遍性和概括性,但在实际应用时,所得的结果常常不够精确。另一类是为数极多的经验和半经验的物态方程。它们在形式上照例是复杂的,而且每个方程只在某一特定的较狭小的压强和温度范围内适用于某种特定的气体或蒸汽。也正因为如此,它们才具有较高的准确性,在实际工作中主要靠这类方程来计算。下面对这两类方程各举一例略加介绍。

1. 范德瓦耳斯方程

第一类方程中最简单、最有代表性的是范德瓦耳斯方程。它是荷兰物理学家范德瓦耳斯和克劳修斯考虑到气体分子间吸力和斥力的作用,把理想气体物态方程加以修正而得到的。对于 1 mol 理想气体,范德瓦耳斯方程为

$$\left(p + \frac{a}{V_m^2}\right)(V_m - b) = RT \tag{1-62}$$

式中,a 和 b 对于一定的气体来说都是常量,可由实验测定。

测定 a 和 b 的方法很多,最简单的方法是,在一定的温度下,测定与两个已知压强对应的 V_m 值,代入式(1-62),就可求出 a 和 b。表 1-3 中列出了一些气体的范德瓦耳斯常量 a 和 b 的实验值。

表 1-3   一些气体的范德瓦耳斯常量 a 和 b 的实验值

气体	$a/(\text{atm} \cdot \text{L}^2 \cdot \text{mol}^{-2})$	$b/(\text{L} \cdot \text{mol}^{-1})$
氩气	1.345 00	0.032 19
二氧化碳	3.592 00	0.042 67
氯气	6.493 00	0.056 22
氦气	0.034 12	0.023 70
氢气	0.191 00	0.021 80
汞蒸气	8.093 00	0.016 96
氖气	0.210 70	0.017 09
氮气	1.390 00	0.039 13
氧气	1.360 00	0.031 83
水蒸气	5.464 00	0.030 49

为了说明范德瓦耳斯方程的准确程度,表 1-4 中列出了 1 mol 氢气在 0 ℃时的实验数据。表的第一、第二栏中分别给出了氢气的压强 p 和相应的摩尔体积 V_m 的实验值;表的第三、第四栏中分别给出 pV_m 和 $(p + a/V_m^2)(V_m - b)$ 的值。在温度恒定的条件下,理想气体的 pV_m 应为常量,若第三栏中 pV_m 偏离这个常量越多,则说明氢气的性质与理想气体模型相差越远。同样,在温度恒定的条件下,如果氢气准确地遵从范德瓦耳斯方程,则 $(p + a/V_m^2) \cdot (V_m - b)$ 应是常量,因此,若第四栏内的数值偏离这个常量越远,则说明范德瓦耳斯方程距真实情况越远。

表 1-4   在 0 ℃时,1 mol 氢气在不同压强下的 V_m、pV_m 和 $(p + a/V_m^2)(V_m - b)$ 的值

p/atm	V_m/L	$pV_m/(\text{atm} \cdot \text{L})$	$(p + a/V_m^2)(V_m - b)/(\text{atm} \cdot \text{L})$
1	22.410 00	22.41	22.41
100	0.240 00	24.00	22.60
500	0.061 70	30.85	22.00
1 000	0.038 55	38.55	18.90

由表 1-4 可以看出,0 ℃时,在 100 atm 以下,理想气体物态方程和范德瓦耳斯方程都能较好地反映氢气的性质,超过 100 atm 理想气体物态方程就偏离实际情况较远,而直到 1 000 atm 范德瓦耳斯方程所引起的误差还不过大。实验表明,对于二氧化碳,在 10 atm 量级时理想气体物态方程就已不再适用,超过 100 atm 量级时范德瓦耳斯方程也不能很好地反映实际情况。在实际应用中,如果需要较高的精确度,即使在较低的压强下范德瓦耳斯方程也不适用。

以上只讨论了 1 mol 气体的情况,如果气体的质量为 m,摩尔质量为 M,则它的体积 $V = mV_m/M$,即 $V_m = MV/m$。把这个关系代入式(1-62),就得到适用于任意质量气体的范德瓦耳斯方程:

$$\left(p + \frac{m^2 a}{M^2 V^2}\right)\left(V - \frac{m}{M}b\right) = \frac{m}{M}RT \qquad (1-63)$$

例题 1-5 试用范德瓦耳斯方程计算,温度为 0 ℃,摩尔体积为 0.55 L·mol^{-1} 的二氧化碳的压强,并将结果与用理想气体物态方程计算的结果相比较。

解 范德瓦耳斯方程式(1-62)可写作

$$p = \frac{RT}{V_m - b} - \frac{a}{V_m^2}$$

已知 $T = 273$ K,$V_m = 0.55$ L·mol^{-1},由表 1-3 查出对于二氧化碳,$a = 3.592$ atm·L^2·mol^{-2},$b = 0.042\,67$ L·mol^{-1}。将这些数据代入上式,即得

$$p = \frac{8.21 \times 10^{-2} \times 273}{0.55 - 0.042\,67} \text{ atm} - \frac{3.592}{0.55^2} \text{ atm} \approx 44 \text{ atm} - 12 \text{ atm} = 32 \text{ atm}$$

如把二氧化碳看作理想气体,则

$$p = \frac{RT}{V_m} = \frac{8.21 \times 10^{-2} \times 273}{0.55} \text{ atm} \approx 41 \text{ atm}$$

由计算结果可见,温度为 0℃、摩尔体积为 0.55 L·mol^{-1} 的二氧化碳,其压强在两种计算方式下结果不同,相差 9 atm。

2. 昂内斯方程

第二类方程中最有代表性的是昂内斯提出的用级数表示的气体物态方程。这种方程常用的形式是

$$pV_m = A + Bp + Cp^2 + Dp^3 + \cdots \qquad (1-64)$$

或

$$pV_m = A(1 + B'p + C'p^2 + D'p^3 + \cdots) \qquad (1-65)$$

上列两式中的 $A, B, C, D, \cdots$ 或 $A, B', C', D', \cdots$ 都是温度的函数,并与气体的性质有关,分别称为第一、第二、第三、第四⋯⋯位力系数。当压强趋近于零时,式(1-64)和式(1-65)应变为理想气体物态方程 $pV_m = RT$,所以第一位力系数 $A = RT$。其他的位力系数则需在不同的温度下用气体做压缩实验来确定。表 1-5 中列出了不同温度下氮气的位力系数的实验值。由表可以看出,B'、C'、D' 的数量级减小得很快。这说明方程中的前几项较为重要,所以在实际应用上往往只取前两项或前三项就够了。

表 1-5 不同温度下氮气的位力系数的实验值

温度 T/K	$B'/(10^{-3}$ atm$^{-1})$	$C'/(10^{-6}$ atm$^{-2})$	$D'/(10^{-9}$ atm$^{-3})$
100	−17.951	−348.700 0	−216.630
200	−2.125	−0.080 1	+57.270
300	−0.183	+2.080 0	+2.980
400	+0.279	+1.140 0	−0.970
500	+0.408	+0.623 0	−0.890

昂内斯方程还常用下列形式来表示:

$$pV_{\mathrm{m}} = A + \frac{B''}{V_{\mathrm{m}}} + \frac{C''}{V_{\mathrm{m}}^2} + \frac{D''}{V_{\mathrm{m}}^3} + \cdots \tag{1-66}$$

式中,$A,B'',C'',D'',\cdots$也都是温度的函数,并与气体的性质有关。它们和$A,B,C,D,\cdots$一样,也称为位力系数。这两组位力系数的关系是

$$B'' = AB, C'' = A^2 C + AB^2, D'' = A^3 D + 3A^2 BC + AB^3 \tag{1-67}$$

这些关系留给读者自行证明。

昂内斯方程不仅适应性强,在实际计算中广泛使用,而且有重要的理论意义。从物质结构的微观理论导出的物态方程通常也可用式(1-67)的级数形式来表示。例如,范德瓦耳斯方程可写作

$$pV_{\mathrm{m}} = RT\left(1 - \frac{b}{V_{\mathrm{m}}}\right)^{-1} - \frac{a}{V_{\mathrm{m}}} \tag{1-68}$$

根据二项式定理:

$$\left(1 - \frac{b}{V_{\mathrm{m}}}\right)^{-1} = 1 + \frac{b}{V_{\mathrm{m}}} + \frac{b^2}{V_{\mathrm{m}}^2} + \cdots \tag{1-69}$$

式(1-69)代入式(1-68)即得

$$pV_{\mathrm{m}} = RT + \frac{(RTb - a)}{V_{\mathrm{m}}} + \frac{RTb^2}{V_{\mathrm{m}}^2} \tag{1-70}$$

可见,对于范德瓦耳斯气体有

$$A = RT, B'' = RTb - a, C'' = RTb^2, \cdots \tag{1-71}$$

本 章 小 结

本章介绍了热学中最主要的几个基本概念:热力学平衡态、温度、热、物态方程等。

1. 热力学平衡态

热力学中所研究的物质或物质系统称为热力学系统。一定的热力学系统在一定的条件下总处于某种状态,称之为热力学状态。热力学状态可分为热力学平衡态和非平衡态。在不受外界影响(即与外界没有物质和能量交换)的条件下,系统所有的宏观性质不随时间变化的热力学状态,称为热力学平衡态,简称"平衡态"。处于热力学平衡态的热力学系统的宏观性质,可以用一组由实验确定的宏观物理量来完全描述,这些物理量称为状态参量。可分为几何参量、力学参量、化学参量、电磁参量及温度。

2. 温度

仅仅由于传热的结果达到的平衡态称为热平衡。若两个系统同时与第三个系统达到热平衡,则这两个系统也必处于热平衡。这说明处于同一平衡的所有系统必定具有某种共同的宏观性质,表征这种性质的物理量为温度。因此,热平衡的条件是温度相等。为了以数值来表示温度的高低所确定的温度标尺称为温标。

3. 热

热或热量是指在仅由温度差引起的热传递过程中被传递的能量,因此是过程量。热总

是自发地由高温物体传递到低温物体,最后达到温度相同的热平衡状态,由于传热过程中能量守恒,因此有吸收热量与放出热量相等,吸收和放出的热量可根据物质比热容、质量和温度变化按照下式计算:

$$Q = mc(T_2 - T_1)$$

4. 理想气体的物态方程

严格遵守气体三定律的气体称为理想气体,它是真实气体在压强趋于零时的极限情况,因此是个理想的模型。理想气体的物态方程为

$$pV = \frac{m}{M}RT$$

它是由实验总结出来的气体三定律和阿伏伽德罗定律推导出来的。

思 考 题

1.1　若热力学系统处于非平衡态,温度概念能否适用?

1.2　什么是热力学平衡态? 若一系统的宏观状态不随时间变化,该系统是否一定处于热力学平衡态? 试举例说明。

1.3　系统 A 和 B 原来各自处在平衡态,现使它们互相接触,则在下列情况下,两系统接触部分是绝热的还是透热(可传递热量)的,或两者都有可能?

(1)当 V_A 保持不变,p_A 增大时,V_B 和 p_B 都不发生变化;

(2)当 V_A 保持不变,p_A 增大时,p_B 不变而 V_B 增大;

(3)当 V_A 减少时,p_A 增大时,V_B 和 p_B 均不变。

1.4　在建立温标时是否必须规定热的物体具有较高的温度,冷的物体具有较低的温度? 是否可做相反的规定? 在建立温标时,是否须规定测温属性一定随温度线性变化?

1.5　冰的正常熔点是多少? 纯水的三相点温度是多少?

1.6　太阳中心温度为 10^7 K,太阳表面温度为 6 000 K,太阳内部不断发生热核反应,所产生的热量以恒定不变的热产生率从太阳表面向周围散发。试问太阳是否处于平衡态。

1.7　做匀加速直线运动的车厢中放一相对于车厢静止的匣子,匣子中的气体是否处于平衡态? 从地面上看,匣子内气体形成粒子流,则匣子内气体的密度是否处处相等?

1.8　气体在平衡态时有何特征? 气体的平衡态与力学中的平衡态有何不同?

1.9　人坐在橡皮艇里,艇浸入水中一定深度。夜晚时温度降低,但大气压强不变,则艇浸入水中深度将怎样变化?

1.10　夏天和冬天的大气压强一般差别不大,为什么在冬天空气的密度比较大?

1.11　给汽车车胎打气,使其达到所需的压强。在夏天和冬天打入车胎内的空气的质量是否相同?

1.12　两筒温度相同的压缩氧气,由压强计指示的压强不相同,如何判断哪一筒氧气的密度大?

1.13　氢气球可因球外压强变化而使球的体积发生相应改变。随着气球不断升高,大

气压强不断减小,氢气不断膨胀。如果忽略大气温度及空气平均分子质量随高度的变化,那么气球在上升过程中所受浮力是否变化? 说明理由。

1.14　理想气体物态方程是如何从实验定律推导出来的? 利用理想气体物态方程解决实际气体问题受到什么限制,为什么?

1.15　为什么范德瓦耳斯方程中的修正量仅考虑气体分子间的作用力而不考虑容器壁分子对气体分子的作用力?

习　　题

1.1　在什么温度下,下列每两种温标(指不同的标度法)会给出相同的读数:

(1)华氏温标和摄氏温标;

(2)华氏温标和热力学温标;

(3)摄氏温标和热力学温标。

1.2　定容气体温度计的测温泡浸在水的三相点槽内时,其中气体的压强为 50 mmHg。

(1)用温度计测量 300 K 的温度时,气体的压强是多少?

(2)当气体的压强为 68 mmHg 时,待测温度是多少?

1.3　用定容气体温度计测得冰点的理想气体温度为 273.15 K,试求温度计内的气体在冰点时的压强与水的三相点时压强之比的极限值。

1.4　用定容气体温度计测量某种物质的沸点。原来测温泡在水的三相点时,其中气体的压强 $p_{tr} = 500$ mmHg;当测温泡浸入待测物质中时,测得的压强值为 $p = 734$ mmHg,当从测温泡中抽出一些气体,使 p_{tr} 减为 200 mmHg 时,重新测得 $p = 293.4$ mmHg,当再抽出一些气体使 p_{tr} 减为 100 mmHg 时,测得 $p = 146.68$ mmHg。试确定待测沸点的理想气体温度。

1.5　铂电阻温度计的测量泡浸在水的三相点管内时,铂电阻的阻值为 90.35 Ω。当温度计的测温泡与待测物体接触时,铂电阻的阻值为 90.28 Ω。试求待测物体的温度,假设温度与铂电阻的阻值成正比,并规定水的三相点温度为 273.16K。

1.6　在历史上,对摄氏温标是这样规定的:假设测温属性 X 随温度 t 线性变化 $t = aX + b$,并规定冰点温度为 $t = 0$ ℃,汽化点温度为 $t = 100$ ℃。设 X_i 和 X_j 分别表示冰点和汽化点时 X 的值,试求上式中的常数 a 和 b。

1.7　水银温度计浸在冰水中时,水银柱的长度为 4.0 cm,浸在沸水中时,水银柱的长度为 24.0 cm。

(1)在室温 22.0 ℃时,水银柱的长度为多少?

(2)温度计浸在某种沸腾的化学溶液中时,水银柱的长度为 25.4 cm,溶液的温度为多少?

1.8　设一定容气体温度计是按摄氏温标刻度的,它在冰点和汽化点时,气体的压强分别为 0.400 atm 和 0.546 atm。

(1)当气体的压强为 0.100 atm 时,待测温度是多少?

(2)当温度计在沸腾的硫中时(硫的沸点为 444.60 ℃),气体的压强是多少?

1.9　当热电偶的一个触点保持在冰点,另一个触点保持在任一摄氏温度 t 时,其热电动势由下式确定:

$$\varepsilon = \alpha t + \beta t^2$$

式中

$$\alpha = 0.20 \text{ mV} \cdot ℃^{-1}, \quad \beta = -5.0 \times 10^{-4} \text{ mV} \cdot ℃^{-1}$$

(1)试计算当 t 为 -100 ℃、200 ℃、400 ℃和 500 ℃时热电动势 ε 的值,并在此范围内画出 $\varepsilon - t$ 图。

(2)设 ε 为测温属性,用下列线性方程来定义温标 t':$t' = a\varepsilon + b$,并规定冰点为 $t' = 0$,汽化点为 $t' = 100$ ℃。试求出 a 和 b 的值,并画出 $\varepsilon - t'$ 图。

(3)求出与 t 为 -100 ℃、200 ℃、400 ℃和 500 ℃对应的 t' 值,并画出 $t - t'$ 图。

(4)试比较温标 t 和温标 t'。

1.10　用 L 表示液体温度计中液柱的长度。定义温标 t' 与 L 之间的关系为 $t' = a\ln L + b$,a、b 为常数。规定冰点 $t' = 0$,汽化点 $t' = 100$ ℃。设在冰点时液柱的长度 $L_i = 5.0$ cm,在汽化点时液柱的长度 $L_s = 25.0$ cm。试求 $t' = 0$ 到 $t' = 100$ ℃ 之间液柱长度差以及 $t' = 90$ ℃到 $t' = 100$ ℃ 之间液柱的长度差。

1.11　定义温标 t' 与测温属性 X 之间的关系为 $t' = \ln(KX)$,其中 K 为常数。

(1)设 X 为定容稀薄气体的压强,并假定在水的三相点 $t' = 273.16$ ℃,试确定温标 t' 与热力学温标之间的关系。

(2)在温标 t' 中,冰点和汽化点各为多少?

(3)在温标 t' 中,是否存在 0 ℃?

1.12　一立方体容器,每边长 20 cm,其中贮有 1.0 atm、300 K 的气体,当把气体加热到 400 K 时,容器每个壁所受到的压力为多少?

1.13　一定质量的气体在压强保持不变的情况下,温度由 50 ℃升到 100 ℃时,其体积将改变百分之几?

1.14　一氧气瓶的容积是 32 L,其中氧气的压强是 130 atm,规定瓶内氧气压强降到 10 atm 时就得充气,以免混入其他气体而需洗瓶。今有一玻璃室,每天需用 1.0 atm 氧气 400 L,则一瓶氧气能用几天?

1.15　如图 1 - 13 所示为一粗细均匀的 J 形管,其左端是封闭的,右侧和大气相通。已知大气压强为 75 cmHg,$h_1 = 20$ cm,$h_2 = 200$ cm。今从 J 形管右侧灌入水银,则当右侧灌满水银时,左侧水银柱有多高?设温度保持不变,空气可看作理想气体。

1.16　如图 1 - 14 所示,两个截面相同的连通管,一个为开管,一个为闭管,原来开管内水银下降了 h,则闭管内水银面下降了多少?设原来闭管内水银面上空气柱的高度 k 和大气压强为 p_0 是已知的。

1.17　一端封闭的玻璃管长 $l = 70.0$ cm,贮有空气,气体上面有一段长为 $h = 20.0$ cm 的水银柱,将气柱封住,水银面与管口对齐。今将玻璃管的开口端用玻璃片盖住,轻轻倒转后再除去玻璃片,使一部分水银漏出。当大气压强为 75 cmHg 时,在管内的水银柱高度为多少?

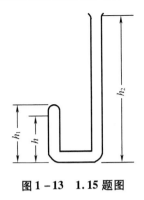

图 1-13　1.15 题图

图 1-14　1.16 题图

1.18　求氧气在压强为 10.0 atm，温度为 27 ℃时的密度。

1.19　容积为 10 L 的瓶内贮有氢气，瓶因开关损坏而漏气，在温度为 7.0 ℃时，气压计的读数为 50 atm。过段时间，温度上升为 17 ℃，气压计的读数未变，则漏了多少质量的氢气？

1.20　一打气筒，每打一次气可将原来压强 $p_0 = 1.0$ atm，温度 $t_0 = -3.0$ ℃，体积 $V_0 = 4.0$ L 的空气压缩到容器内。设容器的容积为 $V = 1.5 \times 10^3$ L。需要打几次气，才能使容器内的空气温度 $t = 45$ ℃，压强 $p_0 = 2.0$ atm？

1.21　一汽缸内贮有理想气体，气体的压强、摩尔体积和温度分别为 p_1、V_1 和 T_1，现将汽缸加热，使气体的压强和体积同时增大。设在这过程中，气体的压强 p 和摩尔体积 V_1 满足下列关系式：$p = kV_1$，其中 k 为常数。

（1）求常数 k，将结果用 p_1、T_1 和普适气体常量 R 表示。

（2）设 $T_1 = 200$ K，当摩尔体积增大到 $2V_1$ 时，气体的温度是多少？

1.22　一抽气机转速 $\Omega = 400$ r·min^{-1}，抽气机每分钟能够抽出气体 20 L，设容器的容积 $V = 2.0$ L。问经过多长时间才能使容器的压强由 $p_0 = 760$ mmHg 降到 $p_t = 1.0$ mmHg。

1.23　按质量百分比计，空气是由 76% 的氮气、23% 的氧气和约 1% 的氩气组成的（其余成分很少，可以忽略）。计算空气的平均分子量及在标准状态下的密度。

1.24　把 20 ℃、1.0 atm、500 cm^3 的氮气压入一容积为 200 cm^3 的容器，容器中原来已充满同温同压的氧气。试求混合气体的压强和各种气体的分压强。（假定容器中的温度保持不变）

1.25　1 mol 氧气，压强为 1 000 atm，体积为 0.050 L，其温度是多少？

1.26　试计算压强为 100 atm，密度为 100 g·L^{-1} 的氧气的温度。已知氧气的范德瓦耳斯常数为 $a = 1.36$ atm·L^2·mol^{-2}，$b = 0.031$ 8 L·mol^{-1}。

第2章 热力学第一定律

本章将介绍热学的基本概念。本章的主要内容是研究热现象基本规律的宏观观点和方法。首先介绍热力学过程,然后介绍热力学过程中功、内能和热三个重要物理量,并讨论任意热力学系统内能变化的过程以及功与热的定量关系,从而推导出热力学第一定律;其次讨论内能的概念、理想气体的能量、热容和焓,研究热力学第一定律在理想气体准静态过程中的应用;最后,通过对热机和制冷机循环过程的理论研究,揭示决定热机效率的基本因素,为下一章的教学奠定基础。

2.1 热力学过程

第1章讨论了处于平衡状态的热力学系统的性质,即在不受任何外界影响的条件下,状态参数不随时间变化。在引入热传递之后系统与外界发生了相互作用。因此,系统的平衡状态将被破坏,从而系统状态将发生变化。热力学过程是由一系列性质相近的状态相继发生而构成的。过程就意味着变化,构成过程的中间状态必定是非平衡态。作为中间状态的非平衡状态通常不用状态参数来描述。严格来说,在过程中上述每一时刻系统的状态都不是平衡状态,系统从非平衡态到达平衡态所需的时间称为弛豫时间。这种从非平衡态到平衡态的转变称为弛豫。弛豫时间的长短取决于弛豫过程的类型(例如,压强趋于均匀时的弛豫时间比温度趋于均匀时的弛豫时间短)和系统的尺度(系统越大,弛豫时间越长)。

下面举两个具体的例子来说明。先举一个非静态过程的例子,如图 2 - 1 所示,有一个装有活塞的容器,里面有一个储气罐,与外界处于热平衡状态的气体保持相同的环境温度 T_0,气体状态参数用 T_0、p_0 表示。当将活塞快速抬起时,气体体积膨胀,活塞停止运动时破坏了原来的平衡状态,经过足够长的时间,气体将达到新的平衡状态,具有均匀的压强 p_0 和温度 T_0。但在活塞迅速抬起的过程中,一般来说,气体的温度和压强始终是不均匀的,即气体在每个时刻都处于非平衡状态,在活塞内和靠近活塞处的气体压强明显小于远离活塞处的气体压强,而要使各处的压强达到平衡,需要一定的时间,如果抬起活塞极快,气体就往往来不及使各处压强趋于均匀。还应注意,即使在同一系统中,不同的物理量达到平衡所需的时间不同,通常使气体压强达到平衡比使温度达到平衡速度更快。也就是说,系统压强的弛豫时间比温度的弛豫时间短。

我们再举一个准静态过程的例子。使用与图 2 -1 所示相同的系统,假设活塞和器壁之间没有摩擦。控制外界压强,使之每一时刻都略微大于系统内的气体压强,如果每一步慢慢压缩(气体体积减小微少量 ΔV)所经过的时间都比弛豫时间长,则在压缩过程中,系统几乎随时都接近平衡状态,而所谓的准静态过程就是这种无限缓慢的理想极限过程。在这个过程中,系统内部的压强都等于系统外部的压强,这个极限实际上并没有完全达到,但可以无限接近。这里需要注意的是,不存在没有摩擦阻力的理想条件。在有摩擦阻力的情况下,气体压缩仍然可以无限缓慢地进行,从而使每一个小过程都可看作平衡过程。但是,外部压强不等于系统内部平衡状态参数的压强。本书所说的准静态过程均指无摩擦的准静态过程。

对于一定量的气体,状态参量 p、V 和 T 中存在两个参数是独立的,因此给定任意两个参数的值,就可以确定平衡状态。例如,如果以 p 为纵坐标,V 为横坐标,那么 p-V 图上的任意一点都对应一个平衡状态(非平衡状态无法在图上表示,因为没有统一确定的参数)。图中的任何一条线都代表一个准静态。图 2-2 所示的曲线代表一个准静态过程,曲线上的每个点都对应一个平衡状态。

实际过程当然都是在有限的时间内进行的,不可能是无限缓慢的。但是,在许多情况下可近似地把实际过程当作准静态过程来处理。以后讨论的过程一般都是指准静态过程。准静态过程是理想化的过程,理想化是对事物的各个物理因素加以分析,忽略与问题无关或影响较小的因素,突出对问题起作用较大的主要因素,从而把问题简化。但不能一概而论,要有严谨的科学态度,具体问题具体分析。把实际过程当作准静态过程来处理是存在误差的,当要求的精确度较高时,还需将所得的结果做进一步的修正,如果过程进行得很快(如爆炸过程)就不能看作准静态过程。

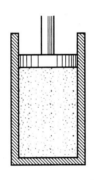
图 2-1　非静态过程的例子

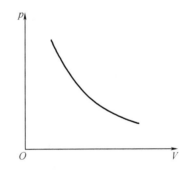
图 2-2　准静态过程曲线

2.2　准静态过程的功

在力学中,外界与物体之间发生能量交换,从而可以使系统的能量发生改变。这种相互作用一般分为两种:做功和热传递。这两种方式的共同点是都使系统的状态和能量发生变化。但力学中我们讨论的只限于外力对质点或刚体的做功情况,即限于机械功情况。其实,功的含义是非常深刻而又极为广泛的,除机械功之外,还有电场力做功、磁场力做功等其他类型的功。本节着重讨论系统在准静态过程中因体积变化而做的功(有时简称"体积功")。

这里以图 2-3(a)所示装置为例研究密封在汽缸内的气体的做功情况。汽缸内的气体时刻受到活塞施加的外力 F_e 的作用,当活塞发生无限小位移 dx 时,气体的体积相应变化了 dV。在该过程中外界对气体所做的元功 dA 可以利用功的定义得出:

$$dA_e = F_e dx = -p_e S dx = -p_e dV$$

式中　p_e——通过活塞作用在气体上的压强(外压强);

　　　S——活塞面积。

假如活塞运动得无限缓慢,气体所经历的过程是准静态过程,那么气体在任何时刻都有均匀的压强,与活塞对气体的压强也必定相等。于是,在这一准静态过程中,外界对气体做的元功为

$$dA_e = -p_e dV = -p dV \tag{2-1}$$

而气体对外界做的元功为

$$dA = -dA_e = p dV \tag{2-2}$$

式中　p——气体的压强;

　　　dV——气体在该瞬间的体积变化。

显然,式(2-1)和式(2-2)适用于任意系统的任一准静态过程。但是,必须注意,只有在准静态过程中,才能用描述系统平衡态的状态参量,通过式(2-2),把系统所做的功定量表示出来。由式(2-2)可知,当系统膨胀时,$dV > 0$,表示系统对外界做功;当系统被压缩时,$dV < 0$,表示外界对系统做功。在一个准静态的有限过程中,为了计算系统的体积由 V_1 变为 V_2 时,系统对外界所做的总功 A,必须清楚在这个过程中压强如何随体积变化。系统的压强与体积的函数关系式(2-1)用描写系统平衡态的参量定量地表示出了准静态过程的元功,因而在具体计算准静态过程的总功时,就可以根据过程特点把 A 表示为 V 的函数,然后以体积的变化范围为上、下限进行积分,即可得出系统在体积由 V_1 变到 V_2 的有限过程中对外所做的总功:

$$A = \int_{V_1}^{V_2} p dV \tag{2-3}$$

这个结果具有普遍性。对于任意系统,只要做功是通过体积变化实现的,而且所进行的过程是准静态过程,其过程的元功和有限过程的总功都可以分别用式(2-2)和式(2-3)表示。

上一节讲过,任一准静态过程可以用 $p-V$ 图上的一条曲线表示[图2-3(b)],曲线下画斜线的小长方形面积为 $-dA = p dV$,而曲线 $p_1 p_2$ 下的总面积等于 $-A$,即等于外界在这个过程中对系统所做功的负值,或者说等于系统在该过程中对外界所做的功。

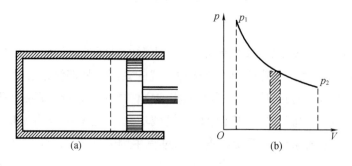

图 2-3　准静态过程的功

例题 2 - 1　在定压 p 下气体的体积从 V_1 被压缩到 V_2。

(1)设过程为准静态过程,试计算外界所做的功;

(2)若过程为非静态过程,则结果如何?

解　(1)由于在压缩过程中,使气体的压强保持不变,所以由式(2 - 3)可得

$$A = -\int_{V_1}^{V_2} p\mathrm{d}V = -p\int_{V_1}^{V_2} \mathrm{d}V = -p(V_2 - V_1)$$

因 V_2 小于 V_1,所以在这过程中 $A > 0$,即外界对系统做正功。

(2)对于非静态过程,式(2 - 2)和式(2 - 3)一般不适用,但对于第(2)问,若是静态过程中外界的压强保持不变,那么只需将 p 理解为外界的定压,上面的推导依然成立。

例题 2 - 2　在 $T = 273.15$ K 的恒温下,对 1.00 g 的铜加压,压强从 $p_1 = 1.013 \times 10^5$ Pa 增到 $p_2 = 1.013 \times 10^8$ Pa。设过程可看作准静态过程,求外界对铜所做的功。

解　通常用等温压缩率来确定液体和固体在恒温下体积随压强的变化。等温压缩率的定义是,在等温压缩物体时,每单位压强(如 1.013×10^5 Pa)所引起的物体体积变化的百分比,其数学表达式可写为

$$K_T = -\frac{1}{V}\left(\frac{\partial V}{\partial p}\right)_T$$

K_T 需通过实验测定,它的倒数称为体积弹性模。根据 K_T 的定义,在恒温下有

$$\mathrm{d}V = -V_{K_T}\mathrm{d}p$$

该式代入式(2 - 3)可得

$$A = -\int_{V_1}^{V_2} p\mathrm{d}V = \int_{p_1}^{p_2} V_{K_T} p\mathrm{d}p = \frac{1}{2}V_{K_T}(p_2^2 - p_1^2)$$

对于铜,$T = 273.15$ K 时,实验测得密度 $\rho = 8.93 \times 10^3$ kg $\cdot$ m^{-3},$K_T = 7.63 \times 10^{-12}$ m$^2 \cdot$ N^{-1}。将这些数据代入上式即得

$$A = \frac{1}{2} \times \frac{1.00 \times 10^{-3}}{8.93 \times 10^3} \times 7.63 \times 10^{-12}\left[(1.013 \times 10^8)^2 - (1.013 \times 10^5)^2\right] = 0.004\ 36 \text{ J}$$

由上例可见,系统做功的数值不仅与初始、终了两个状态有关,而且与过程的途径有关,即与一切中间状态有关。所以功不是系统的状态函数,而是一个与系统状态变化过程有关的量,即功是过程量。任何类型的功,都有这种特性。因此我们不能说"处于某状态的系统有多少功",只能说"系统经历了某一过程做了多少功"。功的物理过程也可以映射到我们生活中,成功不是一蹴而就的,过程决定着最后的结果。

功与能量具有相同的单位和量纲,在国际单位制中单位为焦耳(J)。在上例中,为方便起见,也采用大气压·升(atm·L)作为单位,换算关系是

$$1 \text{ atm} \cdot \text{L} = 1.013\ 25 \times 10^5 \text{ Pa} \times 10^{-3} \text{ m}^3 = 101.325 \text{ J}$$

2.3　热量　内能

2.3.1　热量

上节讲到做功是热力学系统间相互作用的一种方式,外界对系统做功会使系统的状态发生变化。热力学系统相互作用的另一种方式是热传递。如图2-4所示,温度不同的两个物体 A 和 B 互相接触后,热的物体温度降低,冷的物体温度升高,最后达到热平衡状态,具有相同的温度 T。对于这种现象,人们很早就引入了热量的概念,认为在这个过程中有热量从高温物体传递给低温物体,两系统的热运动状态都因为热传递过程而发生变化,但这里没有做功。做功和热传递是系统间相互作用的两种方式,每一种方式都可使系统的宏观状态发生变化。

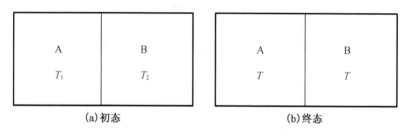

(a)初态　　　　　　　　　　　　(b)终态

图 2-4　热传递

热量的本质是什么? 这曾是历史上长期争论过的问题,在 17 世纪,一些自然哲学家,如培根、玻意耳、胡克和牛顿等都认为热是物体微粒的机械运动。然而到 18 世纪,随着化学、计温学和量热学的发展,人们提出了"热质说",这种学说认为热是一种看不见的没有质量的物质,称为热质,热的物体含有较多的热质,冷的物体含有较少的热质;热质既不能产生也不能消灭,只能从较热的物体传到较冷的物体,在热传递过程中热质量守恒是物质量守恒的表现。按照"热质说",把固体熔化和液体蒸发都看成是热质与固体和液体物质间发生化学反应的结果。

1798 年,汤普森用实验事实揭示热质并不守恒,他观察了用钻头加热炮筒时摩擦生热现象,按照"热质说"的解释,当金属被钻头切削成碎屑时,放出了一部分热质,因而有热量产生。这样看来,被切削成屑的金属量越多,产生的热量就越多。但是,汤普森发现用钝钻头加工炮筒比用锐利的钻头能产生更多的热量,同时切削出的金属碎屑却反而少,这显然和"热质说"相矛盾。另外,所产生的热量看来是取之不尽的,而若设想能从物体中取出无穷无尽的热质是不可思议的。所以汤普森认为热并不是一种物质,这么多的热量只能来自钻头克服金属摩擦力所做的机械功。他还用具体的实验数据表明,摩擦所产生的热近似地与钻孔机做的机械功成正比。

焦耳深信热是物体中大量微粒机械运动的宏观表现,他认为应以大量确凿的科学实验为基础来建立这一新理论。1843—1878 年,焦耳进行了大量实验,在实验中精确得出功和热量互相转化的数值关系。焦耳改进了摩擦生热的实验方法,从而能精确测量所做机械功与所产生的热量。焦耳的实验装置如图 2 - 5 所示,重物下落做功(从而使重物的重力位能减少)带动许多叶片转动,这些叶片搅拌水摩擦生热使水温升高,盛水的容器与外界没有热量交换。焦耳用这种装置经过大量实验后证实,对于 55 ~ 60 ℉的水而言,在曼彻斯特(北纬53.27°)地点,使 1 磅水(0.453 6 kg)升高 1 ℉"总是需要 772 磅的功。"

焦耳还用其他类型的装置做了实验。实验是用电功使水温升高,图 2 - 6 所示把水和电阻器 R 作为热力学系统并与外界绝热,通过电源对系统做电功来升高水温。实验结果发现使水升高同样温度所需的电功,在实验误差范围内和前面装置的测量值相一致。焦耳做的其他类型的测热功当量的实验还有:用叶片搅拌容器中的水银,使其摩擦生热而升温;在水银中使两铁环互相摩擦生热;压缩或膨胀空气而做功等。所有的实验都在误差范围内得到一致的结果。

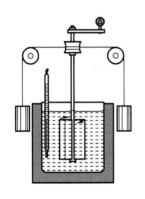
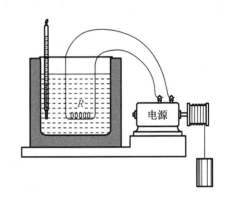

图 2 - 5　机械功使水温升高　　　　图 2 - 6　电功使水温升高

焦耳的实验工作以大量确凿的证据否定了"热质说"。一定热量的产生(或消失)总是伴随着等量的其他形式能量(如机械能、电能)的消失(或产生)。这说明,并不存在什么单独守恒的热质,事实是热与机械能、电能等合在一起是守恒的。这将导致下边要讲的能量守恒与转化定律的建立。综上所述,热量不是传递着的热质,而是传递能量的做功与传热,是使系统能量发生变化的两种不同的方式,做功与系统在广义力作用下产生的广义位移相联系,而传热则是基于各部分温度不一致而发生的能量的传递。

如上节所述,外力对系统做功,可以引起系统机械运动状态的变化,即改变系统的机械能,所以从力学观点来看,功是系统机械能改变的量度。在上节中我们又指出,做功还可以引起系统热运动状态的改变。所以,做功还会改变系统另一种形式的能量,这是在热力学中所要研究的一种新的能量形式——内能。

2.3.2　内能

我们通过系统在绝热过程中做功来确立内能概念。所谓绝热过程是指系统在被绝热壁与外界隔绝的情况下与外界发生相互作用的过程,在这个过程中,系统只以做功的方式与外界交换能量。只能以做功的方式与外界交换能量的系统称为绝热系统。

焦耳通过实验揭示了绝热功的特点,为内能的引入奠定了坚实的实验基础。大量实验结果表明,在绝热情况下不同的做功过程中,当系统的状态从态 1 变化到态 2 时,实验测得的功的数值都相同。也就是说,绝热过程功的数值与实施绝热过程的途径无关,即与中间经过什么状态无关,而只由系统的初、终两态决定。

力学中曾指出,物体在重力场中由一个位置移动到另一个位置,重力所做的功仅由物体的起点和终点位置决定,而与物体运动所通过的路径(过程)无关。这个实验事实使人们认识到:在重力场中存在着一个位置坐标的函数 E,当物体由起点位置移动到终点位置时,这个函数的增量等于将物体沿任意路径由起点移动到终点时克服重力所做的功,这个函数称为重力势能。现在,热力学实验结果表明,在绝热条件下,系统从一个状态变到另一个状态,功的数值也仅由初、终两态决定,而不依赖于系统怎样从初态变化到终态的具体过程。由此我们认识到,任何一个热力学系统,都存在只依赖于内部运动状态的态函数,当系统从平衡态 1 经过一个绝热过程到达平衡态 2 时,这个函数的增量等于外界对系统所做的绝热功,这个态函数称为系统的内能,以 U 表示,即

$$U_2 - U_1 = -A_a \qquad (2-4)$$

式中　A_a——系统对外所做的绝热功;

U_1、U_2——系统在初态和终态的内能,由状态参量单值确定,所以内能是态函数。

右端负号表明:如内能增量为正值,则 A_a 本身为负,即外界对系统做功。

从式(2-4)可以看出,根据系统从一个态过渡到另一个态时所消耗的绝热功,只能确定两个态的内能差,而不能把任一态内能完全确定,因为内能函数中还包含了一个任意的相加常数。这一情况与力学中的重力势能相似,当选定了某一参考点的重力势能值时,其他位置的重力势能才能完全确定。同样,内能函数中的相加常数就是某一被选定为标准态(或称参考态)的内能,其值可以任意选择或规定为零。在实际应用中,重要的只是两态间的内能差,即内能的变化。

从微观结构来看,系统的内能包括:系统内所有分子各种形式的无规则运动动能、分子内原子间振动势能、分子间的相互作用势能以及原子和原子核内能量的总和,但要注意,内能是由系统内部状态所决定的能量,它并不包括系统整体宏观机械运动的动能以及系统在外场中的势能。

概括地说,内能就是由热力学系统内部状态所决定的一种能量,它是系统状态的单值函数,当系统经过一热过程发生状态改变时,内能的增量等于外界对系统所做的功。这就是从宏观角度对内能所下的定义。

2.4　热力学第一定律内容

一般来说,自然界实际发生的热力学过程,往往同时存在两种相互作用,即系统与外界之间既通过做功交能量,又通过传热传递能量。设经过某一过程系统从平衡态 1 变到平衡态 2,在这个过程中外界对系统做功为 $-A$,系统自外界吸收热量为 Q,系统的内能由 U_1 变为 U_2,则大量的实验表明,系统内能的增量 $\Delta U = U_2 - U_1$ 由下式决定:

$$\Delta U = Q + (-A) \quad \text{即} \quad \Delta U = Q - A \tag{2-5a}$$

或

$$Q = \Delta U + A \tag{2-5b}$$

这就是热力学第一定律的数学表达式,它表明当热力学系统由某状态经过任一过程到达另一状态时,系统内能的增量等于在这个过程中外界对系统所做的功和系统所吸收的热量的总和。或者说系统在任一过程中所吸收的热量等于系统内能的增量和系统对外界所做的功之和。

热力学第一定律表达了内能、热量和功三者之间的数量关系,它适用于自然界中在平衡态之间发生的任何过程。在应用式(2-5a)或式(2-5b)时,只要求初态 1 和终态 2 是平衡态,至于变化过程中的热量,其一部分使系统内能增加,另一部分消耗子系统对外做功。在计算时应注意符号规则,当系统从外界吸收热量时 Q 为正;当系统向外界放出热量时 Q 为负。系统对外界做功时 A 为正;外界对系统做功时 A 为负(即系统对外界做负功)。系统内能增加时,$\Delta U = U_2 - U_1$ 为正;系统内能减少时,$\Delta U = U_2 - U_1$ 为负。这三个量都应该用同一单位,在国际单位制中,它们都以焦耳为单位(在历史上,曾采用卡作为热量的单位,标准卡的定义为 1 卡 = 4.186 8 焦耳)。由于功和热量都是能量变化的量度,1948 年国际计量会议决定,废除过去使用的卡,而以焦耳作为热量和功的统一单位。

在无限小的元过程中,系统只做无限小的功和吸收无限小的热量,其内能的变化也为无限小,这时热力学第一定律可以表示成如下形式:

$$đQ = dU + đA \tag{2-6}$$

这里,由于内能 U 是态函数,所以 dU 表示无限接近的初、终两态的内能差,即内能的无穷小增量;而功 A 和热量 Q 不是态函数,都与过程有关,所以 dA 和 dQ 不表示态函数的无穷小增量,只表示在无限小过程中的无穷小的量,所以用"d"上加一横的符号"đ"来表示,以与"d"相区别。

热力学第一定律是能量守恒与转化定律在涉及热现象的过程中的具体形式,因为它所说的状态是指系统的热力学状态,它所说的能量是指系统的内能。如果考察的是所有形式的能量(机械能内能、电磁能等),热力学第一定律就推广为能量守恒定律。这个定律指出:自然界中各种不同形式的能量都能够从一种形式转化为另一种形式,由一个系统传递给另一个系统,在转化和传递过程中总能量守恒。能量守恒定律是自然界中各种形态的运动相互转化时所遵从的普遍法则。世界是物质的,而能量守恒与转化定律是自然界中各种物质运动形态所共同遵循的基本规律之一,而热力学第一定律本质上是包括热现象在内的能量守恒与转化定律,是马克思主义物质观的具体体现之一。

假如在一变化过程中,系统的内能和其他形式的能量都可能发生变化,仍以 U 表示内能,而以 E 表示除内能外的其他形式能量,那么能量守恒与转化定律可表示成

$$\Delta U + \Delta E = Q + A \tag{2 - 7}$$

式中　A——外界对系统所做的各种形式的功(若 ΔE 已包含系统势能的变化,则 A 就不包括保守力的功);

　　　　Q——外界传递给系统的热量。

对于孤立系统,A 和 Q 都为零,那么 $\Delta U + \Delta E = 0$,系统的总能量保持不变,这就是普遍的能量守恒原理:孤立系统的总能量是不变的。

总之,自然界物质的能量具有各种形式,并能够从一种形式转换为另一种形式,由一个系统传递给另一个系统,而在传递和转换过程中总能量保持不变。这就是自然界物质的各种运动形式相互转化时必须遵循的普遍法则——能量守恒与转化定律。到目前为止,所有新的科学实践都不断地证实着这个定律是正确的,不断地丰富该定律所包含的内容,发现和确立能量守恒与转化定律不仅具有重大的理论价值,而且具有深远的实践意义;不仅有力地论证了物质运动的不灭性、多样性和统一性,而且为人们利用自然、改造自然指明了方向。它告诫人们:不需要任何动力,也不要供给任何能量却能连续不断地对外做功的机器(称为第一类永动机)是不可能存在的。这使当时众多的第一类永动机的设计者终止了徒劳无益的工作,结束了幻想。第一类永动机是不可能实现的,这是热力学第一定律的能量守恒与转化定律的又一种通俗表述。

例题 2 - 3　如图 2 - 7 所示,一定质量的气体从状态 1 沿 1→a→2 过程到达状态 2,它对外界做功 1.5×10^4 J,从外界吸收热量 8.5×10^4。图中 $p_1 = 1 \times 10^5$ Pa,$p_2 = 5 \times 10^5$ Pa,$V_1 = 2 \times 10^{-2}$ m³,$V_2 = 6 \times 10^2$ m³。该气体从状态 2 经由 2→b→1 过程回到状态 1 的过程中,系统从外界吸收了多少热量?

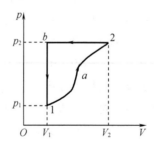

图 2 - 7　例题 2 - 3 图

解　在 1→a→2 过程中,外界对气体做的功 $A = -1.5 \times 10^4$ J,气体从外界吸收热量 $Q = 8.5 \times 10^4$ J,由此可求得状态 2 与状态 1 的内能差为

$$U_2 - U_1 = Q_a + A_a = 8.5 \times 10^4 - 1.5 \times 10^4 = 7.0 \times 10^4 \text{ J}$$

在 2→b→1 过程中,2→b,气体经历等压压缩过程,气体对外界做的功为

$$A_b = p_2(V_b - V_2) = 5 \times 10^5 \times (2 - 6) \times 10^{-2} = -2.0 \times 10^4 \text{ J}$$

b→1,气体经历等体降压过程,由于气体体积不变,外界不对气体做功,因而 A 就是 2→

$b \to 1$ 过程中外界对气体所做的功。因为内能是态函数,由以上计算得知,这一过程中气体内能的增量为

$$U_1 - U_2 = -(U_2 - U_1) = -7.0 \times 10^4 \text{ J}$$

因而这个过程中气体从外界吸收的热量为

$$Q_b = U_1 - U_2 + A_b = -7.0 \times 10^4 - 2.0 \times 10^4 = -9.0 \times 10^4 \text{ J}$$

Q_b 为负值表示在 $2 \to b \to 1$ 过程中气体向外界放出了 $9.0 \times 10^4 \text{ J}$ 的热量。

2.5 理想气体的内能、热容和焓

为了应用热力学第一定律分析理想气体在各种变化过程中的能量转化情况,我们先来研究理想气体的内能和热容,并引进一个新的态函数——焓。

2.5.1 理想气体的内能

为了研究气体的内能是否与体积有关,1845 年焦耳设计了如图 2 - 8 所示的装置,用于完成气体向真空自由膨胀的实验。容器 A 内充以压强为 $2.2 \times 10^6 \text{ Pa}$ 的气体,容器 B 内为真空,A、B 用活门 C 隔开,整个装置浸入一个有绝热包壳的盛水容器中。打开活门 C,气体迅速向 B 膨胀,最后充满整个容器。焦耳测量了膨胀前后气体和水的热平衡温度,没有发现改变。在这个过程中,气体不受外界阻力,膨胀是完全自由的,又由于过程迅速进行,气体来不及和外界交换热量,可近似看作绝热的,所以这是一个绝热自由膨胀过程,向真空自由膨胀的过程系统对外界不做功,$A = 0$,又因过程是绝热的,$Q = 0$,根据热力学第一定律得出 $\Delta U = 0$。由此可知,绝热自由膨胀过程是一个内能不变的过程。对于这个过程焦耳没有发现温度的改变,这说明气体绝热自由膨胀过程温度不变(因为如果温度有改变,虽然膨胀过程中气体来不及与水交换热量,但膨胀停止后仍可与水交换热量而使所测温度发生改变)。焦耳实验结果,提供了有关内能和其他状态参量之间的关系的重要判据。上述实验是一个气体体积改变而内能保持不变的过程,实验结果又表明此过程中气体温度并未改变,这就说明气体的内能只与温度有关而与体积无关。同理,也说明气体内能与压强无关。

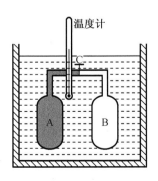

图 2 - 8 焦耳实验装置

焦耳实验是比较粗糙的,因为由汽缸内气体膨胀所产生的微小的温度变化而引起的汽

缸周围水(其热容很大)温的变化,是很难精确测定的。而且当时使用的温度计只精确到 0.01 ℃,所以测不出温度的变化。进一步精确的实验表明,实际气体的内能除了与温度有关外,还与体积有关,但当压强越小时,气体的内能随体积的变化也越小;而在压强趋于零的极限情形下,气体的内能将只是温度的函数。由此可以得到结论:理想气体的内能仅仅是温度的函数,即

$$U = U(T) \tag{2-8}$$

这一规律称为焦耳定律。

计算理想气体内能时,可忽略分子间相互作用,不考虑相互作用能,进而得出内能公式。研究物理学问题时,要学会建立模型,遇到困难会将复杂问题合理简单化,得到结论后再修正。读者应学会将物理学思想性,理论性,知识性有机结合。

2.5.2　理想气体的热容和焓

在一定过程中当物体的温度升高时所吸收的热量称为这个物体在该给定过程中的热容。例如,若过程中物体的体积不变,则为定容热容;而对于定压过程,则为定压热容。若在一定过程中,温度升高 ΔT 时,物体从外界吸收热量 ΔQ,则根据上述定义,物体的热容为

$$C = \lim_{\Delta T \to 0} \frac{\Delta Q}{\Delta T} \tag{2-9}$$

现在根据热力学第一定律讨论热容和内能等态函数的关系。着重讨论最重要的两种热容,即定容热容和定压热容。设一热力学系统可用状态参量 p、V、T 来描述,其中两个是独立参量。在等体积过程中,系统体积不变,所以外界对系统所做的功为零,由式(2-6)有

$$(\Delta Q)_V = \Delta U \tag{2-10}$$

将其代入式(2-9)中,即得定容热容 C_V 与内能的关系:

$$C_V = \lim_{\Delta T \to 0} \frac{\Delta Q_V}{\Delta T} = \lim_{\Delta T \to 0} \left(\frac{\Delta U}{\Delta T} \right)_V = \left(\frac{\partial U}{\partial T} \right)_V \tag{2-11}$$

其中内能态函数 U 是 T、V 两个变量的函数,而 $\left(\frac{\partial U}{\partial T} \right)_V$ 表示把体积 V 看作常量时求 U 对 T 的微商,这称为偏微商,一般来说,C_V 仍是 T、V 的函数,当气体为 1 mol 时,C_V 称为摩尔定容热容,记为 $C_{V,m}$

对于定压过程,外界对系统所做的功为

$$A = -p(V_2 - V_1) \tag{2-12}$$

由式(2-5)可得定压过程中,系统从外界所吸收的热量 Q_p 为

$$Q_p = U_2 - U_1 + p(V_2 - V_1) = (U_2 + pV_2) - (U_1 + pV_1) \tag{2-13}$$

引入

$$H = U + pV \tag{2-14}$$

H 显然也是一个态函数,称为焓。于是式(2-14)可以表示为

$$Q_p = H_2 - H_1 \tag{2-15}$$

对于微小的过程有

$$(\Delta Q)_p = \Delta H \tag{2-16}$$

这就是说,在定压过程中,系统所吸收的热量等于系统态函数焓的增量。这就是态函数最重要的特性。物体的定压热容 C_p 为

$$C_p = \lim_{\Delta T \to 0} \frac{(\Delta Q)_p}{\Delta T} = \lim_{\Delta T \to 0} \left(\frac{\Delta H}{\Delta T} \right)_p = \left(\frac{\partial H}{\partial T} \right)_p \qquad (2-17)$$

上式把定压热容与态函数焓联系起来,应该注意,一般来说,定压热容也是两个独立参量 (T, p) 的函数。当气体为 1 mol 时,C_p 称为摩尔定压热容,记为 $C_{p,\text{m}}$。以上讨论热容与态函数之间关系所用的方法,对讨论其他过程的热容也同样适用,例如,可以讨论表面系统在恒定表面张力或恒定表面积下的热容等。上面引入的态函数焓在热化学和热力工程问题中很有用。对于一些在实际问题中很重要的物质,在不同温度和压强下的焓值数据已制成图表可供查阅,当然所给出的焓值是指与参考状态焓值的差,例如,在编制水蒸气焓值图表时常取 0 ℃时饱和水的焓值为零。

2.6　热力学第一定律在理想气体中的应用

热力学第一定律确定了系统在状态变化过程中被传递的热量、功和内能之间的相互关系,对气体、液体或固体都适用。我们来分析一下在理想气体几种准静态过程中,热力学第一定律在一些例子中的简单应用。

2.6.1　等体过程

等体过程是系统的体积恒定不变的过程,即 $V =$ 常量,或 $p/T =$ 常量。为使等体过程是准静态的,可使装在容积固定的容器中的气体通过导热的器壁依次与温度为 $T_1, T_1 + \Delta T,$ $T_1 + 2\Delta T, \cdots, T_2$ 的各个恒温热源交换热量,使其压强随温度缓慢变化,这就是一个准静态的等体过程。所谓热源是指一个热容足够大的热力学系统,当所研究的热力学系统与它热接触而交换有限的热量时,其温度变化极小,以致可以忽略不计。每一等体过程在 $p-V$ 图上对应一条与 p 轴平行的线段(图 2-9),该线段称为等体线。在等体过程中,系统对外界所做的功为零,根据热力学第一定律式(2-5)有 $Q = \Delta U$,这表示等体过程中传递的热量等于系统内能的改变。

由式(2-16)和式(2-17)可知,物质的量为 ν 的理想气体在等体元过程和 C_V 为常量的等体有限过程中内能的增量分别为

$$dU = \nu C_{V,\text{m}} dT \qquad (2-18)$$

$$\Delta U = \nu C_{V,\text{m}} \Delta T \qquad (2-19)$$

2.6.2　等压过程

等压过程是系统的压强恒定不变的过程,即 $p =$ 常量,或 $V/T =$ 常量。为实现这一准静态过程,可使装在带有活塞的汽缸中的气体,在恒定的外界压强下通过导热的器壁依次与温度为 $T_1, T_1 + \Delta T, T_1 + 2\Delta T, \cdots, T_2$ 的各个恒温热源交换热量,使其体积随温度缓慢变化,这就是一个等压过程。每一等压过程在 $p-V$ 图上对应一条与 V 轴平行的线段(图 2-10)。

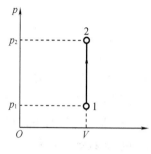

图 2 − 9　等体过程曲线

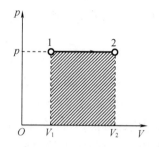

图 2 − 10　等压过程曲线

在等压过程中,系统对外所做的功为

$$A = \int_{V_1}^{V_2} p \mathrm{d}V = p(V_2 - V_1)$$

式中,V_1、V_2 分别代表初态和终态的体积。功 A 在数值上等于图 2 − 10 中阴影线部分的面积,根据摩尔定压热容的定义可以得出,当物质的量为 ν,$C_{p,m}$ 为常量的气体在等压过程中温度由 T_1 升到 T_2 时,从外界吸收的热量为

$$Q = \nu C_{p,m}(T_2 - T_1)$$

将热力学第一定律应用于等压过程,则有

$$\Delta U = Q - A = \nu C_{p,m}(T_2 - T_1) - p(V_2 - V_1)$$

根据理想气体物态方程 $pV = \nu RT$,在定压过程得出

$$p(V_2 - V_1) = \nu R(T_2 - T_1)$$

再考虑迈耶公式 $C_{p,m} = C_{V,m} + R$,可得

$$\Delta U = \nu C_{V,m}(T_2 - T_1) + \nu R(T_2 - T_1) - \nu R(T_2 - T_1) = \nu C_{V,m}(T_2 - T_1) = \nu C_{V,m} \Delta T$$

此即理想气体在等压过程中的内能增量,这一结果与定体过程中内能增量的公式完全相同,但这并非巧合,而是由于内能是态函数,理想气体的内能仅仅是温度的函数这一性质的必然结果。将上述热力学第一定律在等压过程中的具体形式改写为

$$Q = \Delta U + A = \nu C_{V,m}(T_2 - T_1) + p(V_2 - V_1)$$

可以看出,在等压膨胀过程中,理想气体所吸收的热量,一部分用于增加气体的内能,另一部分用于气体对外做功,这正是摩尔定压热容大于摩尔定容热容的原因。

2.6.3　等温过程

等温过程就是系统的温度恒定不变的过程,即 $T = $ 常量,或 $pV = $ 常量。有很多恒温装置可用以保证系统内发生的过程尽量接近于等温过程。系统在经历等温过程时,必须要求系统有极为良好的透热壁与恒温热源(外界)相接触,以保证系统与外界时时有充分的热交换,使系统状态改变时,其温度恒定不变。每一等温过程在 $p - V$ 图上对应一条双曲线,称为等温过程曲线(图 2 − 11)。由于理想气体的内能仅仅是温度的函数,因而在等温过程中理想气体的内能保持不变,于是此过程中热力学第一定律的具体表示式为 $Q = A$。这表明在理想气体的等温膨胀过程中,系统所吸收的热量全部转化为对外所做的功;而在等温压缩过程中,外界对系统所做的功全部转化为系统对外所放出的热量。现在计算等温过程中理想气体对外界所做的功,设理想气体由状态 $1(p_1,V_1)$ 变化到状态 $2(p_2,V_2)$,则根据式(2 - 3)并考虑到式中的 p 在等温过程中与 V 的函数关系,可得

$$A = \int_{V_1}^{V_2} p\mathrm{d}V = \nu RT\int_{V_1}^{V_2} \frac{\mathrm{d}V}{V} = \nu RT\ln\frac{V_2}{V_1} \tag{2-20a}$$

其结果在数值上等于图 2 - 11 中等温线下阴影线部分的面积。当等温膨胀 $(V_2 > V_1)$ 时, $A > 0$,系统对外界做功;反之,$A < 0$,系统做负功,即外界对系统做功。在等温过程中,由于 $p_1V_1 = p_2V_2$,所以式(2 - 20a)也可表示为

$$A = \nu RT\ln\frac{p_1}{p_2} \tag{2-20b}$$

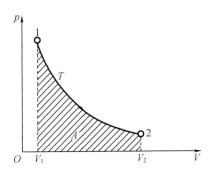

图 2 - 11 等温过程曲线

等温过程是系统把吸收的热量全部用来做功,效率可以达到百分之百。但等温过程实际中无法实现源源不断地输出功,即汽缸不能做得无限长。科学研究中要注重理论,但理论能否转化为科技为人类的发展助力,还需要在实践中检验。单一的过程无法制造出热机,要实事求是,严谨认真。

2.6.4 绝热过程

绝热过程就是系统与外界始终没有热交换的过程。假如系统用绝热材料与外界隔离(即系统有良好的绝热壁);或者过程进行得足够快,系统来不及与外界进行热交换,过程就已经结束,达到最终平衡态,这可以近似看作绝热过程。例如,蒸汽机、内燃机的汽缸中气体的压缩和膨胀过程,就可以看作绝热过程。绝热过程也是实际过程的一种理想化的近似描述。我们先讨论理想气体的绝热过程特征方程。绝热过程的特点是没有热交换,但是系统由于对外界做功而引起内能变化,所以系统的三个状态参量(p、V、T)都要发生变化。我们来研究理想气体在准静态绝热过程中状态参量的变化关系。对于理想气体,在准静态绝热过程中的热力学第一定律为

$$\nu C_V\mathrm{d}T = -p\mathrm{d}V \tag{2-21}$$

由理想气体物态方程的微分得到

$$p\mathrm{d}V + V\mathrm{d}p = \nu R\mathrm{d}T \tag{2-22}$$

式(2 - 21)和式(2 - 22)中消去参量 T,整理后得到

$$C_V V\mathrm{d}p + (C_V + R)p\mathrm{d}V = 0 \tag{2-23}$$

考虑到迈耶公式 $C_{p,m} = C_{V,m} + R$，以及摩尔热容比

$$\gamma = \frac{C_p}{C_V} \tag{2-24}$$

式(2-23)可以表示成

$$\frac{\mathrm{d}p}{p} + \gamma \frac{\mathrm{d}V}{V} = 0$$

在温度变化范围不大时，气体的 C_V 和 C_p 都变化很小，所以可看成常数，将上式进行积分得到

$$\ln p + \gamma \ln V = 常量$$

或

$$pV^{\gamma} = 常量 \tag{2-25a}$$

式(2-25a)为理想气体准静态绝热过程方程，又称为泊松方程。它反映出该过程中压强和体积的关系。用理想气体物态方程消去式(2-25a)中的 p 或 V，则得到绝热过程中，温度和体积以及温度和压强的关系式：

$$TV^{\gamma-1} = 常量 \tag{2-25b}$$

和

$$p^{\gamma-1}T^{-\gamma} = 常量 \tag{2-25c}$$

它们都是理想气体准静态绝热过程方程，只不过是选取不同的独立变量，但是三个方程的常量是不相同的。读者可按问题需要和解题方便而选用其一。

由式(2-25a)决定的绝热过程曲线，如图2-12中的实线所示，图中的虚线代表同一系统的等温过程曲线。由 $pV = 常量$，可以求出等温曲线在某点的斜率

$$\left(\frac{\mathrm{d}p}{\mathrm{d}V}\right)_T = -\frac{p}{V} \tag{2-26}$$

由 $pV = 常量$，可以求出绝热曲线在某点的斜率

$$\left(\frac{\mathrm{d}p}{\mathrm{d}V}\right)_s = -\gamma \frac{p}{V} \tag{2-27}$$

由式(2-26)和式(2-27)两式可见，两曲线相交处，绝热线斜率的绝对值是等温线斜率的绝对值的 γ 倍。由于理想气体的 γ 总是大于1，因此，绝热曲线比等温曲线显得陡峭一些。当气体由初态被压缩，体积变化 $\mathrm{d}V$ 相同时，等温过程的压强变化 $(\mathrm{d}p)_T$，总是比绝热过程压强变化 $(\mathrm{d}p)_s$ 小些。因为等温压缩，其压强的增大 $(\mathrm{d}p)_T$ 仅仅是由于体积减小；而绝热压缩时，系统的温度因内能增加而升高，其压强的增大 $(\mathrm{d}p)_s$ 是体积减小和温度升高两种因素影响的结果，因此有上述结果。读者在学习第4章之后，对此将会有更深刻的理解。理想气体在准静态绝热过程所做的功，可由绝热过程方程式(2-25a)和式(2-3)求得

$$A = \int_{V_1}^{V_2} p\,\mathrm{d}V = p_1 V_1^{\gamma} \int_{V_1}^{V_2} \frac{\mathrm{d}V}{V^{\gamma}} = \frac{p_1 V_1^{\gamma}}{1-\gamma}\left(V_2^{1-\gamma} - V_1^{1-\gamma}\right) = \frac{p_1 V_1}{\gamma-1}\left[1 - \left(\frac{V_1}{V_2}\right)^{\gamma-1}\right] \tag{2-28a}$$

将 $p_1 V_1^{\gamma} = p_2 V_2^{\gamma}$ 代入即得

$$A = \frac{p_1 V_1 - p_2 V_2}{\gamma-1} \tag{2-28b}$$

把理想气体物态方程代入式(2-28b)又得到

$$A = \nu \frac{R}{\gamma - 1} (T_1 - T_2) \qquad (2-28\mathrm{c})$$

其实,注意到绝热过程特点 $Q \equiv 0$,也可由热力学第一定律直接得到理想气体做的功:

$$A = -\Delta U = \nu C_V (T_1 - T_2) \qquad (2-28\mathrm{d})$$

因为 $C_V = R/(\gamma - 1)$,所以以上公式是一致的。绝热过程方程式(2-25)是在准静态过程的前提下导出的,因此,对气体的绝热自由膨胀过程(如焦耳实验)并不适用,因为自由膨胀是非静态过程。

根据绝热过程的特点和摩尔热容的定义可知,绝热过程的摩尔热容 C_s 为零。过程中没有热交换,引起系统温度变化的直接原因是功的相互作用。

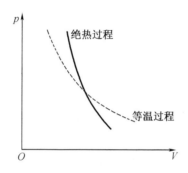

图 2-12　绝热过程曲线与等温过程曲线的比较

2.6.5　多方过程

实际上,在气体中进行的过程,常常既不是等温又不是绝热的,而是介于二者之间的过程。在实际中,常常用下列公式表达在气体中进行的实际过程:

$$pV^n = 常量 \qquad (2-29)$$

式中,n 为一常量。凡是满足式(2-29)的过程就称为多方过程。显然,当 $n = 1$ 时,此式表示等温过程;当 $n = \gamma$ 时,表示绝热过程;当 n 的数值介于 1 与 γ 之间时,多方过程可近似地代表气体内进行的实际过程。当然,多方过程并不限于 $1 \le n \le \gamma$。如当 $n = 0$ 时,式(2-29)就表示等压过程;当 $n = \infty$ 时,式(2-29)可变为 $V = 常量$,即表示等体过程,所以等体和等压过程也可看作多方过程。在多方过程中所做的功完全可用推导式(2-28a)~式(2-28d)的方法求得,并且所得结果和各式相同,只要把式(2-28a)~式(2-28d)中的 γ 换为 n 即可。下面我们来计算理想气体在多方过程中的摩尔热容。如以 C_m 代表多方过程中的摩尔热容,则由摩尔热容的定义可知,当系统温度变化为 $\mathrm{d}T$ 时,系统从外界吸收的热量为 $\nu C_m \mathrm{d}T$。根据热力学第一定律和理想气体的内能公式,可得

$$\nu C_{V,\mathrm{m}} \mathrm{d}T = \nu C_\mathrm{m} \mathrm{d}T - p\mathrm{d}V$$

将理想气体物态方程进行微分,可得

$$p\mathrm{d}V + V\mathrm{d}p = \nu R\mathrm{d}T$$

因为式(2-29)中的 n 为一常量,所以将式(2-29)两边取对数再微分,可得

$$\frac{\mathrm{d}p}{p} + n\frac{\mathrm{d}V}{V} = 0$$

由以上三式可消去 $\mathrm{d}p$、$\mathrm{d}V$ 和 $\mathrm{d}T$，从而可以得到

$$C_{\mathrm{m}} = \frac{(n-1)C_{V,\mathrm{m}} - R}{n-1} \qquad (2-30\mathrm{a})$$

或

$$C_{\mathrm{m}} = C_{V,\mathrm{m}} - \frac{C_{p,\mathrm{m}} - C_{V,\mathrm{m}}}{n-1} = C_{V,\mathrm{m}}\left(\frac{\gamma - n}{1 - n}\right) \qquad (2-30\mathrm{b})$$

2.7　循环过程　卡诺循环

2.7.1　循环过程

　　热机是利用工作物质将热能转化成机械功的装置,在循环过程中将从高温热源所吸收热量的一部分转变为对外所做的机械功。表面看来,理想气体的等温膨胀过程是最有利的,因为在这种过程中工作物质(理想气体)的内能不变,所吸收的热量全部用于对外做功。但在实际中,只靠单一的气体膨胀过程来做功的机器是不存在的。因为汽缸的长度总是有限的,气体的膨胀过程不可能无限制地进行下去,即使可以做成很长的汽缸,最后当气体的压强减到与外界压强相等时也不能继续做功了。所以要想继续不断地进行这种热功转换,必须使工作物质能够从膨胀做功后的状态再回到初始状态。

　　为了从能量转化的角度研究各种热机的性能,我们引入循环过程及其效率的概念。普遍地讲,如果系统由某一状态出发,经过任意的一系列过程,最后又回到原始状态,这样的过程称为循环过程。图 $2-13$ 中闭合实线 $ABCDA$ 即为在 $p-V$ 图上的某一准静态循环过程。如果在 $p-V$ 图上所示的循环过程是顺时针的(如图中的循环),称为正循环,反之,称为逆循环。

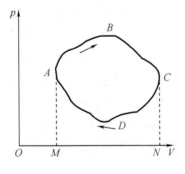

图 $2-13$　循环过程

　　对于正循环,从图示可以看出,在过程 ABC 中,系统对外界做正功,其数值等于 $ABCNMA$ 所包围的图形区域面积;在过程 CDA 中,外界对系统做功,系统对外界做负功,数值等于

$CNMADC$ 所包围的图形区域面积。因为系统最终回到原来的状态,所以内能不变。因此,由热力学第一定律可知,在整个循环进程中系统从外界吸收的热量总和 Q_1 必然大于系统放出的热量总和 Q_2,而且其量值之差 $Q_1 - Q_2$ 就等于系统对外所做的功 A。由此可见,系统经过这一正循环过程,将从某些高温热源处吸收的热量,部分用来对外做功,部分在某些低温热源处放出,最终回到原来状态。综合前面讨论可以看到,正循环中能量的转化情况正是对热机中所实现的能量转化的基本过程的反映。

热机效能的重要标志之一就是它的效率,即吸收的热量有多少转化为有用的功(更确切地说,应当是通过吸热的方式增加的内能有多少通过做功的方式转化为机械能,以后凡是谈到"热变功"或"功变热"等说法,都应做类似的理解)采用上述的符号,效率的定义为

$$\eta = \frac{A}{Q} = \frac{Q_1 - Q_2}{Q_1} = 1 - \frac{Q_2}{Q_1} \qquad (2-31)$$

不同的热机,其循环过程不同,因而有不同效率。

逆循环过程反映了制冷机的工作过程。例如,图 2 - 14 所示为常用的氨蒸汽压缩制冷装置,经压气机压缩的氨蒸汽,在热交换器中被冷却凝结为液氨,然后经节流阀降压。在冷库中液氨吸收热量全部蒸发为气体,然后重新经过压气机压缩进行下一循环。设在一制冷机循环中外界对工作物质做功为 A,工作物质由低温(如冷库所吸收的热量为 Q_2),则制冷机的效能可用制冷系数 ε 表示:

$$\varepsilon = \frac{Q_2}{A} \qquad (2-32)$$

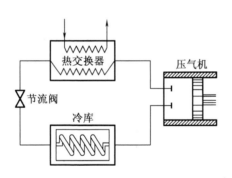

图 2 - 14　氨蒸汽压缩制冷装置

需要指出,在计算 η 和 ε 时,我们总以 A 表示循环过程的净功的绝对值(在热机循环中 A 表示系统对外所做的净功;在制冷机循环中 A 表示外界对系统所做的净功);以 Q_1、Q_2 分别表示系统与高温热源和低温热源交换的热量的绝对值。

2.7.2　卡诺循环

19 世纪初,热机作为原动力已经相当普遍。虽然有较大功率的热机问世,但是其效率都不足 5%,从经济效益考虑,迫使人们探求热机效率不高的原因。法国工程师卡诺专心研究热机,他在剖析了各种热机结构的基础上设计了一种不考虑耗散因素的理想化热机,使它工作于两个温度恒定的热源之间,后来称之为卡诺热机。

卡诺热机的工作循环,称为卡诺循环。它必须由两个等温过程和两个绝热过程组成。因为,工质只与两个温度恒定的高低温热源发生热交换,其循环图线如图 2 - 15(a)所示。卡诺循环属于无耗散的准静态循环过程,即可逆的循环过程(可逆过程将在第 3 章深入讨论)。研究卡诺循环的目的,是要明确决定热机效率的主要因素,以及热机效率可能达到的限度。

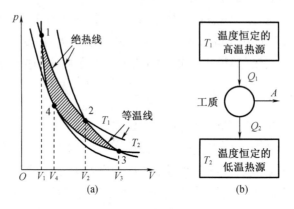

图 2 - 15　热机循环

我们首先分析以理想气体作为热工质的卡诺循环的效率。在等温膨胀过程 1→2 中,理想气体从高温热源 T_1 吸收的热 Q_1 全部转化为系统所做的功 A_1,由式(2 - 20a)得到

$$Q_1 = A_1 = \nu R T_1 \ln \frac{V_2}{V_1} \qquad (2 - 33)$$

在等温压缩过程 3→4 中,理想气体向低温热源 T_2 放热 Q_2,等于外界所做的功 A_2,即

$$Q_2 = A_2 = \nu R T_2 \ln \frac{V_3}{V_4} \qquad (2 - 34)$$

对于绝热过程 2→3 和 4→1,可以求出体积 V_1、V_2、V_3、V_4 之间的关系为

$$\frac{V_2}{V_1} = \frac{V_3}{V_4} \qquad (2 - 35)$$

这是构成卡诺循环的必要条件。在卡诺循环中,仅仅只有 1→2 和 3→4 两个等温过程与外界交换热量,整个循环的能量转化情况如图 2 - 15(b)所示。将式(2 - 33) ~ 式(2 - 35)代入一般热机循环效率公式(2 - 31)中,就可以得到卡诺循环的效率为

$$\eta = 1 - \frac{Q_2}{Q_1} = 1 - \frac{\nu R T_2 \ln \dfrac{V_3}{V_4}}{\nu R T_1 \ln \dfrac{V_2}{V_1}}$$

即

$$\eta = 1 - \frac{T_2}{T_1} \qquad (2 - 36)$$

式(2 - 36)表明理想气体卡诺循环的效率只由高温热源与低温热源的温度决定。两热源的温度差是热动力的主要来源。假设蒸汽机采用卡诺循环,高温锅炉供给温度恒定为

230 ℃的高温蒸汽,冷却器温度恒定为 30 ℃,由式(2 – 36)得到其效率 $\eta = \left(1 - \dfrac{303}{503}\right) \times$ 100% ≈40% 。实际蒸汽机并不是卡诺循环,存在漏气、摩擦等损耗,实际效率不到 20%。请读者考虑,假如上述热机将高温蒸汽温度提高或将冷却器温度降低 20 ℃,这时热机的效率将如何?

如果使卡诺循环逆向进行,就成了理想的制冷机循环,它的过程图线进行方向和能量转化情况如图 2 – 16 所示。

由于在讨论热机效率时,各物理量都采用绝对值,所以将式(2 – 33)~式(2 – 35)代入式(2 – 32),得到逆向卡诺循环的制冷系数:

$$\varepsilon = \frac{T_2}{T_1 - T_2} \tag{2 – 37}$$

在一般的制冷机中,高温热源温度 T_1 通常就是大气的温度,T_2 是被制冷的系统温度。可见,被制冷的系统温度越低,制冷系数就越小。

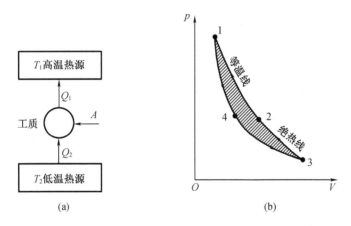

图 2 – 16 制冷机循环

卡诺循环在客观世界中是不存在的,物理学设计理想过程是一种非常有用的科学方法;卡诺循环的效率不可能为百分之百。

2.8 热机 制冷机

2.8.1 热机

热机是热力发动机或热力原动机的简称,它是一种能连续不断地把燃料燃烧生成的热量转换成机械功的装置。热机的诞生和广泛应用引起了第一次工业革命,使工业从手工作坊劳动发展到大工业生产。热机的不断改进和发展又使生产力得到提高和发展。当今时代,热机仍然是生产和交通运输的主要动力,也是电气生产的主要手段之一(相当部分电力由火力发电厂提供,而大型热机是火力发电厂中发电机的动力来源)。

　　上节已经指出,热机是通过工质周而复始的膨胀和压缩来实现连续不断的热功转换。在一个循环中,工质总是要从高温热源吸热,也要向低温热源放热,两者之差就是工质在一个循环中所吸收的净热,也就是对外释放锅炉蒸汽所做的净功。由此可见,热机要使工质循环工作,其结构必须包含下面四个主要部分:(1)作为高温热源的发热器;(2)使工质对外做功的膨胀器;(3)使工质和机械恢复原状的压缩器(膨胀器和压缩器组成了热机的工作部分);(4)作为低温热源的冷凝器。以蒸汽机为例,它把水变成温度和压强较高的过热蒸汽,汽缸是膨胀器,过热蒸汽在汽缸中膨胀推动活塞做功;膨胀后的废气通过冷凝器凝结成水,水泵可视为压缩器,它把水压进压强较高的锅炉内加热。与蒸汽机类似,其他热机的结构也都有这四个主要部分。

　　实际的热机是多种多样的。按照膨胀器结构和工作方式的不同,可将热机分为活塞式发动机(包括蒸汽机和内燃机)、涡轮机(包括蒸汽轮机和燃气轮机)和喷气发动机三类。在活塞式发动机中,蒸汽机以蒸汽为工质使其在汽缸中进行膨胀推动活塞做功,而将热能转化为机械能;内燃机则直接利用燃料在汽缸燃烧产生的高温、高压气体推动活塞做功。涡轮机分为蒸汽轮机和燃气轮机两类。蒸汽轮机将来自锅炉的蒸汽通过喷管将热能全部或部分地转变为动能,然后导入工作叶轮的叶片内,使动能再转变为轴的旋转机械能。燃气轮机则先用压气机将空气压入燃烧室,同燃料混合燃烧后得到大量的高压燃气,再通过喷管形成高速气流,推动叶轮做功。喷气发动机将高温高压的燃气经过喷管后形成高速气流,以喷射气流的反作用力作为动力。

　　从热力学的观点来看,工质初温越高,循环热效率也就越高。因此,早在蒸汽机出现以前,就有直接利用燃料的燃烧产物来作为原动机工质的想法,也就是想实现气体循环。但由于在制造技术上遇到许多特殊的困难,所以当这种原动机出现的时候,蒸汽机早已广泛地应用于工业。由于这种原动机燃料的燃烧过程和工质的准备过程都直接发生在汽缸内部,因此,这种原动机称为内燃机。

　　第一台实际能工作的内燃机是在1860年制成的,当时使用气体燃料,而在循环中并不预先压缩工作混合物,因此经济性很差,实用价值不大。1867年,德国工程师奥托首先制成了比较完善的四冲程内燃机。在奥托的内燃机中,可燃混合物在汽缸外面形成,然后在汽缸中受压缩并利用电源点火,这种形式的内燃机(汽油机)现在仍在汽车、拖拉机以及航空方面被广泛地采用。为了继续降低生产费用,在19世纪末,又出现了另外一种形式的内燃机,就是在汽缸内仅对燃烧所需的空气进行高度压缩,当压缩终了时将燃油喷入,利用压缩空气的高温使燃油着火燃烧。第一台这种新型的内燃机(柴油机)在1897年由另一位德国工程师狄塞尔制成。它的优点是具有更高的经济效益及可使用廉价的柴油。

　　与蒸汽机动力装置相比,内燃机所具有的优点更为明显,除了经济性要高得多以外,它还有下列优点:无需笨重的锅炉,因此质量和占地面积小、造价低,同时水的消耗量也大为减少;接受负荷快,随时随地均可启动;操作简单、维修容易。内燃机的这些优点,使它广泛地用在运输机械、建筑机械、农业机械以及许多国防装备。下面我们简单地介绍内燃机的循环过程。

　　活塞顶距曲柄中心最远的位置称为上死点,距曲柄中心最近的位置称为下死点,上死点和下死点之间的距离则为活塞的冲程。在汽缸内活塞自下死点向上死点移动所排出的气体体积称为活塞排量或汽缸上死点的工作容积。当活塞在下死点时,活塞上面的容积称为汽缸总容积。当活塞在上死点时,活塞上面的容积称为余隙容积。汽缸总容积除以余隙容积所得之比值称为压缩比,通常以 ε 表示。

不同工质的热机对工质的加热方式也是各种各样的,但基本上可以分为两大类:一类以蒸汽为工质采取外加热方式(如蒸汽机和蒸汽轮机),需要锅炉等装备,比较笨重;另一类以燃料燃烧生成的烟气为工质,采取内燃的加热方式(如内燃机、燃气轮机、喷气发动机),因此比较轻便。实际热机的循环过程与理想的卡诺循环有很大区别:(1)过程不准静态的;(2)系统在循环中不是封闭的,即在循环中系统的质量是变化的(有进气和排气);(3)由于工质的进出变化,系统与外界间有额外的能量交换,使得热机循环的总功并不等于工质对活塞做的功;(4)循环一般也不由两等温过程和两绝热过程组成;等等。因此,对于实际热机循环的精确研究就显得十分困难而复杂。工程技术上对这类问题的研究往往是先加上一些简化假设(例如,把循环过程看成是准静态的及封闭的,认为循环的总功就是工质对活塞做的功,把工质当成质量不变的理想气体等),抽象出比较简单的等效过程,进行理论分析,然后再根据实验资料对得出的结论进行必要的修正。

热机工作过程中面临能源消耗、燃烧效率、节能环保等问题。随着资源的消耗日渐严重,能源危机成为全球共同关注的焦点。社会的发展离不开能源的高效利用及环境污染的综合治理。鉴于此,对于热机循环过程的深入研究成为必然。

2.8.2　制冷机

自发的热传递过程总是使热量从高温物体传递到低温物体,利用系统的逆循环过程,可以使热量从低温热源传到高温热源;但是这种热传递过程的实现必须付出代价,即要消耗外功(转化为热量)。制冷机就是这种逆循环装置。在制冷机的循环过程中,借助于外界对工质做功从低温热源中吸取热量,连同外功(以等价的热量形式)一起,排出到高温热源。通过制冷机的工作,可以使一定空间内的物体温度低于周围环境温度,并维持低温状态,这就是俗称的"制冷"。为了提高制冷能力,制冷机中的工质一般选用低沸点的液体,并使它在逆循环中做双相(液气)的循环变化,即在低温处汽化而吸热,在高温处液化而放热,如此不断地循环,达到制冷的目的。选用低沸点的液体作为工质,是为了利用液体汽化时要吸收大量的汽化热,从而使要制冷的物体温度降低。因此,这样的工质又称为制冷剂。由于制冷机通常用于冷藏或冷冻食品、药品、生物制品等,因此对制冷剂的选择除了对制冷能力的要求外,还应考虑安全和经济的因素。

1748 年,苏格兰的化学教授库仑观察到乙醚的蒸发会引起温度下降。1755 年,他利用乙醚蒸发在真空罩下制得了少量冰,同时在理论上对这一过程进行了阐述,因此人们通常把 1755 年作为人工制冷史的起点。现代制冷技术作为一门技术科学,是 19 世纪中后期发展起来的。1834 年,美国的波尔金斯造出了第一台以乙醚为工质的蒸汽压缩式制冷机,这是后来所有蒸汽压缩式制冷机的雏形。1875 年,卡列和林德改用氨作制冷剂,从此蒸汽压缩式制冷机开始占据统治地位。1910 年左右,法国的莱兰克发明了蒸汽喷射式制冷机。20世纪后,制冷技术有了更大的发展。1910 年,家用冰箱问世。1930 年,氟利昂制冷工质的出现和氟利昂制冷机的使用给制冷技术带来新的变革。近 10 多年来,人们对混合工质进行了大量研究,并开始使用共沸混合工质,为蒸汽压缩式制冷机的发展开辟了新的道路。

到目前为止,人工制冷已有许多种方法,常见的有以下四种:液体汽化制冷、气体膨胀制冷、涡流管制冷和热电制冷(亦称半导体制冷)。在普通制冷范围内(10 ~ − 120 ℃),使用最普遍的是液体汽化制冷法,它是利用液体汽化时的吸热效应实现制冷的,利用该方法制冷的装置有四种形式:蒸汽压缩式、吸收式、蒸汽喷射式和吸附式。其中蒸汽压缩式制冷机是得到最广泛应用的一种制冷机。

与热机相似,为实现工质的逆循环,蒸汽压缩式制冷机在结构上也必须包括四个主要部分:(1)作为低温热源的蒸发器,液态制冷剂在此吸收大量的热(使要制冷的物体温度降低);(2)压缩蒸汽,为液化创造高压条件的压缩器(由电动机带动);(3)作为高温热源的冷凝器,高压气态制冷剂在此液化放出大量的热(被冷却水或空气吸收);(4)把高压液体变成低压液体的膨胀器——节流阀。

一部机器的经济效益以工作系数的大小衡量。工作系数被定义为有用部分与为获得有用部分而必须付出的代价之比。对于一部制冷机,其有用部分是从要制冷的环境(冷库)吸收的热 Q_2,为获得有用部分而必须付出的代价是使压缩机工作所消耗的外功 A,两者之比定义为制冷机的制冷系数,以 ε 表示:

$$\varepsilon = \frac{Q_2}{A} \tag{2-38}$$

制冷机的制冷系数反映了消耗单位的功,能从低温热源(冷库)取走多少热。显然,制冷系数越大,制冷机的经济效益越高。通常,制冷机还以制冷能力来表征其性能。所谓制冷能力就是单位时间内从冷库中取走的热。制冷能力也称为制冷量。由于蒸汽压缩式制冷机是利用压缩机的作用,使蒸发器起到冷却效果,因此蒸汽压缩式制冷机的制冷能力也称为压缩机的制冷能力。若压缩机在单位时间内吸入制冷剂的质量为 m,单位质量制冷剂在一次循环中从冷库取走的热为 q,制冷能力以 φ 表示,则

$$\varphi = mq \tag{2-39}$$

压缩机实际消耗的功率为 P(一般是理论功率的 1.1 倍),则制冷机的制冷系数可以表示为

$$\varepsilon = \frac{\varphi}{P} \tag{2-40}$$

式(2-40)表明,压缩机消耗的功率一定时,其制冷能力越大,制冷机的制冷系数也越大。

本 章 小 结

1. 几个主要概念

(1)准静态过程——任何时刻系统的状态都无限接近于平衡态的过程,是无限缓慢过程的极限。

准静态过程的功 $\mathrm{d}A = p\mathrm{d}V, A = \int_{V_1}^{V_2} p\mathrm{d}V$。

（2）态函数"内能"——系统从状态 1 经过任意的绝热过程变化到状态 2，内能的增量等于绝热过程中外界对系统所做的功：$\Delta U = A$。

理想气体的内能只是温度的函数，与体积无关：$U = U(T)$，$\Delta U = \nu C_{V,m} \Delta T$。

（3）过程量"热"——不做功过程系统内能的变化：$Q = \Delta U$。

理想气体摩尔定容热容：$C_{V,m} = \dfrac{1}{\nu}\left(\dfrac{dU}{dT}\right)$

理想气体摩尔定压热容：$C_{p,m} = \dfrac{1}{\nu}\left(\dfrac{dH}{dT}\right)$

（4）态函数"焓"——$H = U + pV$，在等压过程中，系统所吸收的热量等于系统焓的增量：$Q_p = \Delta H$。

2. 热力学第一定律

（1）数学表达式：$\Delta U = Q - A$，$dU = đQ - đA$。

（2）应用举例。

①理想气体等体、等压、等温、绝热过程

表 2.1 理想气体典型准静态过程的主要公式

过程名称	等体过程	等压过程	等温过程	绝热过程
过程方程	$V = $ 常量 $\dfrac{p}{T} = $ 常量	$p = $ 常量 $\dfrac{V}{T} = $ 常量	$T = $ 常量 $pV = $ 常量	$pV^\gamma = $ 常量 $TV^{\gamma-1} = $ 常量 $p^{\gamma-1}T^{-\gamma} = $ 常量
系统对外做功 A	0	$P(V_2 - V_1)$ $\nu R(T_2 - T_1)$	$\nu RT \ln \dfrac{V_2}{V_1}$ $p_1 V_1 \ln \dfrac{V_2}{V_1}$ $p_1 V_1 \ln \dfrac{p_1}{p_2}$	$\dfrac{1}{\gamma-1}(p_1 V_1 - p_2 V_2)$ $\dfrac{p_1 V_1}{\gamma-1}\left[1 - \left(\dfrac{V_1}{V_2}\right)^{\gamma-1}\right]$ $\nu C_V(T_1 - T_2)$
系统吸收的热量 Q	$Q = \Delta U = \nu C_{V,m}(T_2 - T_1)$	$\nu C_{p,m}(T_2 - T_1)$	$Q_T = A$	0
摩尔热容	$C_{V,m} = \dfrac{R}{\gamma-1}$	$C_{p,m} = \dfrac{\gamma R}{\gamma-1}$	∞	0
系统内能的增加 ΔU	$\nu C_{V,m}(T_2 - T_1)$	$\nu C_{V,m}(T_2 - T_1)$	0	$\nu C_V(T_2 - T_1)$

②循环过程和卡诺循环

正循环效率：

$$\eta = \frac{A}{Q_1} = 1 - \frac{Q_2}{Q_1}$$

逆循环的制冷系数：

$$\varepsilon = \frac{Q_2}{A}$$

由两个准静态等温过程和两个准静态绝热过程组成的循环过程称为卡诺循环。理想气体卡诺循环的效率只与高、低温热源的温度有关：

$$\eta = 1 - \frac{T_2}{T_1}$$

理想气体卡诺循环的制冷系数也只与高、低温热源的温度有关：

$$\varepsilon = \frac{T_2}{T_1 - T_2}$$

思　考　题

2.1　何谓理想气体？这个概念是怎样在实验的基础上抽象出来的？从微观结构来看，它与实际气体有何区别？

2.2　把一温度为 T 的固体与一温度为 T_0 的恒温热源接触，该过程是否是准静态过程？

2.3　实际过程是非静态过程，那么，引入准静态过程有什么实际意义？

2.4　试根据 $pV/T = $ 常量的物理意义，回答在下列情况下此常量是否相同：

(1)物质的量相同，但种类不同的气体；

(2)质量一定，处于不同状态时的同种气体；

(3)质量不同的同种气体；

(4)质量相同而摩尔质量不同的气体。

2.5　理想气体物态方程是如何从实验定律推导出来的？利用理想气体物态方程解决实际气体问题受到什么限制，为什么？

2.6　在一密闭的汽缸中装有某种理想气体，则：

(1)使气体的温度升高，同时体积减小，是否可能？

(2)使气体的温度升高，同时压强增大，是否可能？

(3)使气体的温度不变，但压强和体积同时增大，是否可能？

2.7　设气体的温度为 3 K，压强为 1.01×10^3 Pa。设想每个分子都处在相同小立方体的中心，试用阿伏伽德罗常数求这些小立方体的边长。取分子的直径为 3.0×10^{-10} m，试将小立方体的边长与分子的直径相比较。

2.8　1 mol 水的体积为 1.8×10^{-5} m^3，重复上述计算，求出每个水分子所占的小立方体的边长，再将这个边长与分子的直径(3.0×10^{-10} m)相比较。

2.9　热力学系统的内能是状态的单值函数。试分析下列各项：

(1)热力学系统在某状态的内能具有确定的数值；

(2)内能是可以直接测定的；

(3)热力学系统的内能变化一定，那么相应的两态唯一确定；

(4)当参考状态的内能值规定之后，对应于某一内能值只可能有一个确定的状态；

(5)理想气体的状态改变时，内能一定随之改变。

2.10　能否说"系统含有热量"？能否说"系统含有功"？

2.11　讨论下列几个过程温度变化、内能增量、功、热量的正负：

(1)等体降压过程；

(2)等压压缩过程。

2.12　理想气体从初态 p_0、V_0、T_0 经准静态过程膨胀到体积 V。如果是按等压、等温、绝热等不同过程进行的,试分析在哪一过程中吸热最多？各过程内能改变情况如何？

2.13　理想气体从同一初态开始,分别经过等体、等压、绝热三种不同过程发生相同的温度变化：

(1)试在 p-V 图上画出三条过程图线；

(2)三过程的终态并不相同,为什么说三者的 ΔU 相同？

(3)如果不是理想气体,三者的 ΔU 是否相同？

2.14　我们为什么在冬季给房间供暖？甲说"为使房间温暖些。"乙说"为了输入缺少的内能。"试评论这两个答案。

2.15　理想气体在准静态的绝热过程中温度是否发生变化？为什么？

2.16　物态方程与过程方程有何不同？它们之间有何联系？

2.17　某理想气体按 pV = 恒量的规律膨胀,那么这一过程中气体温度升高还是降低？

2.18　怎样从由 p、V 参量表示的绝热过程方程导出由 T、V 和 T、p 参量表示的绝热过程方程？

习　　题

2.1　将压强为 1.01×10^5 Pa,体积为 2.00×10^{-3} m³ 的空气先在等压条件下加热到体积等于原来的两倍,再在体积不变的条件下加热到压强等于 2.02×10^5 Pa,最后在等温条件下膨胀到压强等于 1.01×10^5 Pa。试画出 p-V 图表明这个过程。

2.2　试分别在 p-T 图和 V-T 图上画出等体、等压、等温和绝热过程图线,并写出 p、T 和以 T、V 为参量的前三个过程的过程方程。

2.3　0.020 kg 的氦气温度由 17 ℃升为 27 ℃。若在升温过程中：

(1)体积保持不变；

(2)压强保持不变；

(3)不与外界交换热量。

试分别求出内能的改变、吸收的热量和外界对气体所做的功。设氦气可看作理想气体,且 $C_{V,\mathrm{m}} = \dfrac{3}{2}R$。

2.4　分别通过下列过程把标准状态下的 0.014 kg 氮气压缩为原体积的一半：

(1)等温过程；

(2)绝热过程；

(3)等压过程。

试分别求出这些过程中气体内能的改变、传递的热量和外界对气体所做的功。设氮气可看作理想气体,且 $C_{V,m}=\dfrac{5}{2}R$。

2.5　某一定量的理想气体完成一闭合过程,此过程在 $V-T$ 图上表示的过程曲线如图 2-17 所示。试画出这个过程在 $p-V$ 图中的过程曲线。

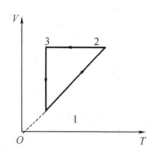

图 2-17　2.5 题图

2.6　1 mol 理想气体氦气,原来的体积为 8.0 L,温度为 27 ℃,设经过准静态绝热过程体积被压缩为 1.0 L。求在压缩过程中,外界对系统所做的功。设氦气的 $C_{V,m}=\dfrac{3}{2}R$。

2.7　标准状态下的 0.016 kg 氧气,经过一绝热过程对外界做功 80 J。求终态的压强、体积和温度。设氧气为理想气体,且 $C_{V,m}=\dfrac{5}{2}R,\gamma=1.4$。

2.8　在标准状态下,1 mol 的单原子理想气体先经过一绝热过程,再经过一等温过程,最后压强和体积均增为原来的 2 倍,求整个过程中系统吸收的热量。若先经过等温过程再经过绝热过程达到同样的状态,则结果是否相同?

2.9　2 mol 氢气处于标准状态,现将 500 J 的热量全部传给它,1 摩尔定容热容为 $\dfrac{5}{2}R$。

(1)体积不变,这些热量变成什么?气体温度变为多少?

(2)温度恒定,这些热量变成什么?气体的压强和体积各变为多少?

(3)压强恒定,这些热量变成什么?气体的温度和体积各变为多少?

2.10　一定量的某单原子分子理想气体装在封闭的汽缸里。此汽缸有可活动的活塞(活塞与汽缸壁之间无摩擦且无漏气)。已知气体的初压强 $p_1=1$ atm,体积 $V_1=1$ L,现将该气体在等压下加热,直到体积为原来的 2 倍,然后在等体积下加热,直到压强为原来的 2 倍,最后做绝热膨胀,直到温度下降到初温为止(1 atm $=1.013\times10^5$ Pa):

(1)在 $p-V$ 图上将整个过程表示出来;

(2)试求在整个过程中气体内能的改变;

(3)试求在整个过程中气体所吸收的热量;

(4)试求在整个过程中气体所做的功。

2.11　一定量的某种理想气体,开始时处于压强、体积、温度分别为 $p_0=1.2\times10^6$ Pa、$V_0=8.31\times10^{-3}$ m^3,$T_0=300$ K 的初态,后经过一等体过程,温度升高到 $T_1=450$ K,再经过一等温过程,压强降到 $p=p_0$ 的终态。已知该理想气体的定压热容与定容热容之比 $C_p/C_V=5/3$。求:

（1）该理想气体的定压热容 C_p 和定容热容 C_V；

（2）气体从初态变到终态的全过程中从外界吸收的热量。

（普适气体常量 R = 8.31 J·mol^{-1}·K^{-1}）

2.12　一定量的单原子分子理想气体，从初态 A 出发，沿图 2 - 18 所示直线过程变到另一状态 B，又经过等体、等压两过程回到状态 A。求：

（1）$A→B,B→C,C→A$ 各过程中系统对外所做的功 A，内能的增量 ΔU 以及所吸收的热量 Q；

（2）整个循环过程中系统对外所做的总功以及从外界吸收的总热量（过程吸热的代数和）。

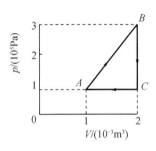

图 2 - 18　2.12 题图

2.13　一定质量的理想气体，由状态 a 经 b 到达 c（图 2 - 19，abc 为一直线），求此过程中：

（1）气体对外做的功；

（2）气体内能的增加；

（3）气体吸收的热量；

（1 atm = 1.013×10^5 Pa）

2.14　如图 2 - 20 所示，$abcda$ 为 1 mol 单原子分子理想气体的循环过程，求：

（1）气体循环一次，在吸热过程中从外界共吸收的热量；

（2）气体循环一次对外做的净功；

（3）证明，在 $abcd$ 四态，气体的温度有 $T_a T_c = T_b T_d$。

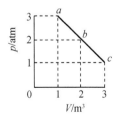

图 2 - 19　2.13 题图

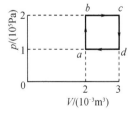

图 2 - 20　2.14 题图

2.15　一卡诺循环的热机，高温热源温度是 400 K。每一循环从此热源吸进 100 J 热量并向一低温热源放出 80 J 热量。求：

（1）低温热源温度；

（2）该循环的热机效率。

2.16　如图 2 - 21 所示为一理想气体（其 γ 值为已知）的循环过程，其中 CA 为绝热过程，A 点的状态参量 $(T_1 、V_1)$ 和 B 点的状态参量 $(T_2 、V_2)$ 均为已知。

（1）气体在 AB、BC 过程中与外界是否有热交换，数量是多少？

（2）这个循环的效率为多少？

2.17　一制冷机进行如图 2 - 22 所示的循环过程，其中 ab、cd 分别是温度 $T_2 、T_1$ 的等温过程；bc、da 为等压过程。设工质为理想气体，求该制冷机的制冷系数。

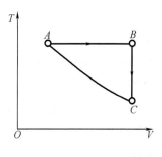

图 2 - 21　2.16 题图

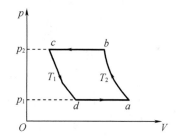

图 2 - 22　2.17 题图

第3章 热力学第二定律

3.1 热力学第二定律表述

我们前面研究了不同的热力学过程,不论是等值过程,还是绝热过程以及不等值不绝热的过程,甚至是循环过程,无论对于什么样的热力学过程,都有一个共同特点,就是它们必须要满足热力学第一定律,即在一切热力学过程中,能量一定守恒。但满足能量守恒的过程是否都能实现呢? 许多事实说明,不一定! 一切实际的热力学过程都只能按一定的方向进行,反方向的热力学过程不可能发生。热力学第二定律就是关于自然过程发展方向的规律,它决定了实际过程是否能够发生以及沿什么方向进行,它和热力学第一定律一起构成了热力学的主要理论基础。我们必须遵守自然界的基本规律,为了人类社会的可持续发展,在尽可能充分利用能源的同时,要做到节约能源,合理使用能源。

1712 年,法国巴本、英国纽可门制作的将热量变为机械能的蒸汽机在煤矿广泛使用。随后 19 世纪,瓦特改进的蒸汽机在工业上得到广泛应用。19 世纪 20 年代,法国工程师卡诺从理论上研究了一切热机的效率问题。他指出,一部蒸汽机所产生的机械功,在原则上有赖于锅炉和冷凝器之间的温度差,以及工作物质从锅炉吸收的热量。卡诺信奉"热质说",当时他不认为在热机的循环操作中,工质所吸收的热量一部分转化为机械功。他从"热质说"的观点分析问题,认为把热量从高温传到低温而做功,好比是水力机做功时,水从高处流到低处一样,而与水量守恒相对应的是热质守恒。19 世纪中叶,焦耳热功当量的实验工作已被熟知,开尔文注意到焦耳工作的结果和卡诺热机理论之间的矛盾,焦耳的工作表明机械能定量地转化为热,而卡诺热机理论则认为热量在蒸汽机里并不转为机械能。开尔文和克劳修斯进一步的理论研究解决了这个矛盾。

历史上最著名的热力学第二定律的表述有两种,一种是 1850 年克劳修斯提出的,另一种是 1851 年开尔文提出的。

3.1.1 热力学第二定律的克劳修斯表述

热量不可能自动地从低温物体传向高温物体而不引起其他变化。这就是热力学第二定律的克劳修斯表述。这种表述在制冷机的应用中得到了充分的体现。要使热量从低温物体传到高温物体,靠自发地进行是不可能的,必须依靠外界做功。克劳修斯表述正是反映了热量传递的这种规律。

3.1.2　热力学第二定律的开尔文表述

不可能从单一热源吸取热量,使之完全变为有用功而不产生其他影响,这就是热力学第二定律的开尔文表述。

在开尔文表述中的"单一热源"是指温度均匀并且恒定不变的热源,若热源不是单一热源,则工质就可以由热源中温度较高的一部分吸热而向热源中温度较低的另一部分放热,这样实际上就相当于两个热源了。"其他影响"就是除了由单一热源吸热,把所吸的热用来做功以外的任何其他变化,当有其他影响产生时,把由单一热源吸来的热量全部用来对外做功是可能的。例如,理想气体和单一热源相接触做等温膨胀时,内能不变,即 $\Delta U = 0$,则热力学第一定律可写为 $Q = -A$,即吸收的热量全部用来对外做功了,但这时理想气体膨胀了,即产生了其他影响。

开尔文表述是针对热机效率问题的研究而提出来的。在 19 世纪初期,由于热机的广泛应用,如何提高热机的效率成为一个非常重要的问题。根据热力学第一定律,制造效率大于 100% 的热机,即第一类永动机是不可能的,但是制造一个效率为 100% 的热机,即在一个循环过程中将热量全部转变为有用功可不可以呢? 而这种过程并不违反能量守恒与转化定律。热力学第二定律的开尔文表述告诉我们这是不可能的。开尔文表述即是对功转变为热的过程是不可逆的做了说明。

不可能使系统从单一热源吸热而完全变为有用功。也就是说,不可能制成效率 $\eta = 1 - \dfrac{Q_2}{Q_1} = 100\%$ 的热机。我们把效率为 100% 的热机称为第二类永动机,热力学第二定律的开尔文表述还可以表达为:第二类永动机是不可能造成的。

热力学第二定律的开尔文表述和克劳修斯表述分别针对功转换成热和热传导这两种不可逆过程的进行方向做了说明。而我们说,自然界中的不可逆过程是多种多样的,它们的不可逆性是互相依存的,即一种实际宏观过程的不可逆性保证了另一种过程的不可逆性,或者反之,如果一种实际过程的不可逆性消失了,其他实际过程的不可逆性也就随之消失了。表现在热力学第二定律上就应该是:不同的热力学第二定律的表述形式具有等效性。

自然界的一切实际热力学过程都是按一定方向进行的,反方向的逆过程不可能自动地进行。要说明关于各种实际自然过程进行的方向的规律,就无须把各个特殊过程一一列出来加以说明,而是任选一种实际过程并指出其进行的方向就可以了。热力学第二定律也有它的适用范围和成立条件,它对有限范围内的宏观过程是成立的,而不适用于少量分子的微观体系,也不能把它推广到无限的宇宙。说明自然宏观过程进行的方向的规律称为热力学第二定律。任何一个实际过程进行的方向的说明,都可以作为热力学第二定律的表述。

3.2 实际宏观过程的不可逆性

上节讲到热力学第二定律有开尔文和克劳修斯两种表述,本节先证明这两种表述完全等效,然后再进一步说明。问题的实质在于,它们都表明:凡是牵涉到热现象的过程都是不可逆的。

3.2.1 热力学第二定律两种表述等效性的证明

热力学第二定律的开尔文和克劳修斯两种表述表面上看很不相同,但在实质上是等效的。我们采用反证法,即如果这两种表述之一不成立,则另一种表述也不能成立;或者说,如果能制造出某一个装置使其违反了一种表述,那必然可以制造出其他某种装置使其违反另一种表述。

先假设克劳修斯表述不成立,那么就可以制造出如图 3-1(a)所示的制冷机,它可以把热量 Q 从低温热源 T_2 传到高温热源 T_1 而不产生其他影响。现在,在这两个热源之间设计一个如图 3-2(b)所示的卡诺热机,使它在一循环中从高温热源吸取热量 $Q_1 = Q$,一部分用来对外做功 A,另一部分热量 Q_2 向低温热源放出。循环装置的总效果如图 3-1(c)所示,高温热源没有发生任何变化,而只是从单一的低温热源吸取热量 $Q-Q_2$ 并全部用来对外做功 A。显然,这是一部违反热力学第二定律的卡尔文表述的热机。因此,上面的证明表明,如果克劳修斯表述不成立,那么开尔文表述就不成立。

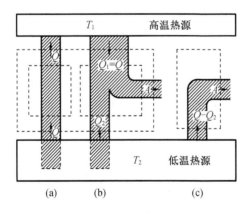

图 3-1 如果克劳修斯表述不成立,则开尔文表述也不成立

再假设开尔文表述不成立,那么就可以制造出如图 3-2(a)所示的热机,它从高温热源 T_1 吸取热量 Q 并使之完全变为有用功($A = Q$)而不产生其他影响。现在可以以这个热机输出的功 A 去带动在这两个热源之间工作的一个卡诺制冷机,如图 3-2(b)所示,使它在一循环中从低温热源 T_2 吸收热量 Q_2,向高温热源 T_1 放出热量 $Q_2 + A = Q_2 + Q$。这样,一套装置总循环的效果是:除了工作物质从低温热源吸收热量 Q_2 而向高温热源放出热量 Q_2 之外,再无其他任何变化,如图 3-2(c)所示。显然这是一部违反热力学第二定律的克劳修斯表述的制冷机。上述设计表明,如果开尔文表述不成立,克劳修斯表述也就不成立。

热力学第二定律的开尔文表述和克劳修斯表述的等效性表明它们有共同的内在本质。下面引入可逆性与不可逆性的概念,由此可以看到,这两种表述的等效性实质上反映出自然界与热现象有关的宏观过程的一个极其重要的特征。

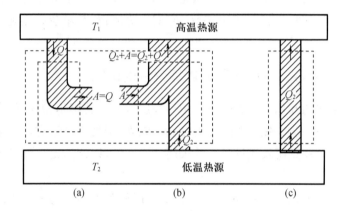

图 3 - 2 如果开尔文表述不成立,则克劳修斯表述也不成立

3.2.2 可逆过程与不可逆过程

首先,考虑一下我们身边发生的自然过程的方向性。比如,断电后尚在转动的砂轮会因摩擦生热而逐渐自动停止,但从未见砂轮又由热变冷而自动旋转起来;夏天露在空气中的冰块会从周围吸热自动化为水,但从未见这些水又自动降温变成冰;空气会自动地从被扎破的轮胎中跑出去,但从未见轮胎又自动地鼓起来。大量的实例说明,自然界的实际宏观过程具有方向性,即这些过程能够自发地沿某一方向进行,但不能自发地沿与这一过程相反的方向进行,这里所谓不能自发地反向进行是指当其反向进行时,必须伴随其他过程才能实现。例如,摩擦生热这类"功变热"(机械能或电磁能等转变为内能的简称)的过程可以自发地进行,当其反向进行由"热变功"(如热机的循环)时,必须伴随其他过程,如热传导过程(例如热机循环中伴随有热量自高温热源传至低温热源)才能实现;热传导,即热量自高温物体传至低温物体的过程,可以自发进行,当其反向进行(如制冷机的循环)时必须伴随其他过程,如"功变热"的过程(如制冷机循环中必须伴有外界对系统做功)才能实现;气体自由膨胀过程可自发进行,当其反向进行时就必须靠外界的作用,比如靠外界做功将其压缩至原来状态。我们还注意到,以上这些伴随过程的影响也是不能消除的。为了概括以上这些自然过程的共同性质,我们引入不可逆过程的概念。如果一个过程发生,无论通过何种途径都不能使系统和外界都回到原来状态而不产生任何其他影响,这个过程就称为不可逆过程,以上所举"功变热"的过程、热传导过程、气体自由膨胀过程都是不可逆过程。其他如系统由非平衡态向平衡态过渡的过程,扩散过程,不同流体的混合过程,非弹性形变过程,电荷通过电阻器的流动过程,磁滞现象和各种爆炸过程都是不可逆过程。

那么,与热力学有关的宏观过程在什么条件下发生才是可逆的呢? 与不可逆过程的概念对比,如果一个过程可以反向进行使系统和外界都回到原来状态而不引起任何其他变化,则这种过程称为可逆过程。可逆过程在热力学中是一个很重要的概念。本节在最后部分将着重加以阐述。

设想在具有绝热壁的汽缸内用一绝热的活塞封闭一定量的气体,汽缸壁和活塞之间没有摩擦。考虑一准静态的压缩过程。要使过程准静态地、无限缓慢地进行,外界对活塞的推力必须在任何时刻都等于(严格来说,应是大于一个无限小的值)气体对它的压力。否则,活塞会加速运动,压缩将不再是无限缓慢的了。这样的压缩过程具有下述特点,即如果在压缩到某一状态时,使外界对活塞的推力减小一无穷小的值以致推力比气体对活塞的压力还小,并且此后逐渐减小这一推力,则气体将能准静态地膨胀,而依相反的次序逐一经过被压缩时所经历的各个状态并最终回到未受压缩前的初态。这时,如果忽略外界在最初减小推力时的无穷小变化,则连外界也都一起恢复了原状。显然,如果汽缸壁和活塞之间有摩擦,则由于要克服摩擦,推力对系统做功及系统膨胀做功均因为摩擦力的功变为热量而耗散掉,这些热量不能再全部变为机械功,故不产生其他影响。从这个例子我们得出一般结论:

(1)一个热力学过程必须进行得无限缓慢,即过程为准静态过程;

(2)在过程进行中没有由于摩擦等引起的机械能的耗散。

综上,无摩擦的准静态过程才是可逆过程。当然,这在实际中很难做到,所以我们说过,实际的自然过程都是不可逆的。当有些过程的不可逆因素,例如摩擦等非常小,以至于可以忽略时,这样的过程可以当作可逆过程来看。所以可逆过程,即是从实际情况中抽象出来的理想情况,如同力学中的质点、光滑平面等概念一样,但在热学实际问题中,可以做到非常接近于一个可逆过程,因而可逆过程这个概念在理论上、计算上有重要意义。

3.2.3 实际宏观过程的不可逆性证明

不可逆过程概念的引入,使我们进一步明确了热力学第二定律的开尔文表述实际是指出了"功变热"这一过程的不可逆性,克劳修斯表述实际是指出了热传导这一过程的不可逆性。前面证明了这两种表述的等效性,"功变热"和热传导两类过程在其不可逆特征上是完全等效的,即由一个过程的不可逆性必然导致另一个过程的不可逆性。事实上,自然界一切与热现象有关的实际宏观过程都是不可逆的,而且各种不可逆过程之间都存在着深刻的内在联系,总可以利用各种各样的方法把任意两个不可逆过程联系起来,从一个过程的不可逆性对另一个过程的不可逆性做出证明。

1. 由热传导的不可逆性推断气体自由膨胀的不可逆性

图3-3所示为一个理想气体向真空膨胀的例子,用绝热壁做成的容器由隔板分成两部分,一部分充以理想气体,另一部分抽成真空,如果将隔板抽掉,则气体就自由膨胀而充满整个容器,在这个过程中气体没有对外做功。另外,因为过程进行得很快,所以可以看成绝热过程。这样系统和外界没有热量交换,也没有做功,即外界没有发生任何变化。系统本身的内能虽未改变,但体积膨胀了。如果这个过程可逆,这就意味着气体可以自动收缩。现在我们由热传导的不可逆性推断自由膨胀过程是不可逆的。令初态为 p_1、V_1、T_1 的理想气体与高温热源 T_1 接触而缓慢地等温膨胀(整个过程无摩擦),直至终态 p_2、V_2、T_2。利用

此过程所做的功($A = Q_1$)是一部制冷机从低温热源 T_2 吸热 Q_2,而向同一高温热源 T_1 放热 $Q_1' = Q_2 + A$。如果气体能够自动收缩回到初态,那么以上的一个循环过程就实现了将热量 Q_2 自低温物体传到高温物体而没有产生其他影响。整个循环中,除最后的气体自动收缩过程之外都是能够实现的,因而必然是气体不可能自动收缩,即气体自由膨胀是不可逆过程。

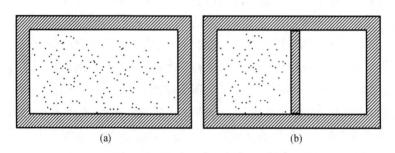

图3－3　由热传导的不可逆性推断气体自由膨胀的不可逆性

2. 由气体自由膨胀的不可逆性推断"功变热"过程的不可逆

假设"功变热"的过程是可逆的,即可以制造出这样一种热机,它能够将从单一热源吸收的热量全部用来对外做功而不引起其他变化,那就可以利用这个热机所做的功推动活塞,将经过了自由膨胀的理想气体缓慢地等温压缩至原来的体积。我们用反证法,如图3－4(a)所示为初态理想气体,如果存在这样一个过程 R,它能使外界不发生任何变化而使气体收缩复原,则有如图3－4(b)所示的过程,使理想气体和单一热源接触,从热源吸收热量 Q 进行等温膨胀从而对外做功 A'(注意这时 $A' = Q$),之后再如图3－4(c)所示,通过过程 R 使气体复原。这样上述几个过程所产生的唯一效果是自一单一热源吸热全部用来对外做功而没有其他影响,这是违反热力学第二定律的开尔文表述的。因此,由"功变热"过程的不可逆性可以推断出气体自由膨胀的不可逆性。反之,由气体自由膨胀的不可逆性也可以推断出"功变热"过程的不可逆性。

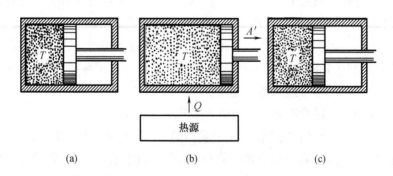

图3－4　由气体自由膨胀不可逆性推断"功变热"过程的不可逆性

正是由于自然界中各种不可逆过程有内在联系,所以每一个不可逆过程都可以选为叙述热力学第二定律的基础,因而热力学第二定律就可以有多种不同的表述方式。但不管表述方式如何,热力学第二定律的实质都是揭示一切与热现象有关的实际宏观过程的不可逆性这一客观规律,从而指出实际宏观过程进行的条件和方向。

　　上面已指出,可逆过程实际上是不存在的,它只是实际过程中抽象出来的理想情形。自然现象中的一切自然发生的实际过程都是不可逆过程,它只能或多或少地接近可逆过程。但在对热学实际问题的研究中,作为一个理想的极限情况,可逆过程在理论上和实际应用上都具有重要的意义。

3.3　卡 诺 定 理

　　本书在第 2.7 节中介绍了卡诺循环,由于过程都是静态的,且不考虑摩擦等耗散作用,因此是一种可逆的循环过程,并且以理想气体为工质的可逆卡诺循环的效率只与高温热源和低温热源的温度有关。历史上,热力学理论最初是在研究热机工作过程的基础上发展起来的,而热机工作过程中面临能源消耗、燃烧效率、节能环保等问题。如何更有效地提高热机的效率? 热机效率的提高有没有限度? 这些问题都使关于热机的循环过程的深入研究成为必然。

3.3.1　卡诺定理内容

　　早在热力学第一定律和第二定律建立以前,法国工程师卡诺在分析蒸汽机和一般热机中的热转化为功的各种决定性因素基础上,于 1824 年提出了一个重要的定理,直接和间接地回答了上述问题,该定理即为卡诺定理。

　　卡诺定理包含下面两条内容:

　　(1)在相同的高温热源和相同的低温热源之间工作的一切可逆热机,其循环效率都相等,与工质无关;

　　(2)在相同的高温热源和相同的低温热源之间工作的一切不可逆热机,其循环效率都不可能大于可逆热机的循环效率。

　　必须注意,这个定理中所指的可逆热机,由于受到在温度不同但恒定的两个热源之间工作的限定,所以必定是可逆的卡诺热机,其循环必定是由两个准静态的等温过程和两个准静态的绝热过程组成,且不考虑摩擦的卡诺循环。

　　卡诺在提出这个定理时,热力学第一定律和热力学第二定律都尚未确立,他是在 1824 年从错误的"热质说"出发,用第一类永动机的不可能推得的。现在,我们用热力学第一定律和热力学第二定律来对卡诺定理进行推证。

　　如图 3 - 5 所示,设有甲、乙两部可逆热机在相同的高温热源(温度为 T_1)和相同的低温热源(温度为 T_2)之间工作。甲热机在一个循环过程中,从高温热源吸收热量 Q_1,在低温热源处放出热量 Q_2(这里 Q_1、Q_2 都是指热量的大小,恒为正),根据热力学第一定律,它对外做功为 $A = Q_1 - Q_2$。乙热机在一个循环过程中,从高温热源吸收热量 Q_1',在低温热源处放出热量 Q_2',对外做功为 $A' = Q_1' - Q_2'$。如果甲、乙两部热机都是可逆的,则可使其中一部做逆循环,例如乙热机,每经过一逆循环,外界对它做功 A',同时乙热机从低温热源吸收热量

Q_2'，而在高温热源处放出热量 Q_1'。如此，我们可以增加甲、乙热机的循环次数，如 N 和 N'，使得甲热机在低温热源处放出的总热量 NQ_2 等于乙热机在低温热源处吸收的总热量 $N'Q_2'$。甲热机的 N 次正循环和乙热机的 N' 次逆循环可以看成一个总的联合循环，经过这样的循环后，系统复原，而且对低温热源没有任何影响，联合循环只与单一的高温热源交换热量。根据热力学第二定律的开尔文表述，系统对外所做的功一定不能大于零，即

$$NA - N'A' \not> 0 \tag{3-1}$$

如果以 η 和 η' 分别表示甲、乙两热机的效率，则因为

$$\eta = \frac{A}{Q_1} = \frac{A}{Q_2 + A} \tag{3-2}$$

$$\eta' = \frac{A'}{Q_1'} = \frac{A'}{Q_2' + A'} \tag{3-3}$$

所以

$$A = \frac{\eta}{1-\eta}Q_2 \tag{3-4}$$

$$A' = \frac{\eta'}{1-\eta'}Q_2' \tag{3-5}$$

将式(3-4)和式(3-5)代入式(3-1)中可得

$$\frac{\eta}{1-\eta}NQ_2 - \frac{\eta'}{1-\eta'}N'Q_2' \not> 0 \tag{3-6}$$

因为

$$NQ_2 = N'Q_2',$$

所以

$$\frac{\eta}{1-\eta} \not> \frac{\eta'}{1-\eta'} \tag{3-7}$$

将式(3-7)化简可得

$$\eta \not> \eta' \tag{3-8}$$

式(3-8)说明甲热机的效率不能大于乙热机的效率。若使甲热机做逆循环，乙热机做正循环，则可证明 $\eta' \not> \eta$。因此必然是 $\eta = \eta'$，即所有工作于相同的高温热源和相同的低温热源之间的一切可逆热机，其效率都相等，这就证明了卡诺定理表述的结论(1)。

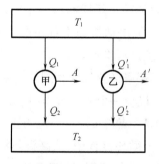

图 3-5　从热力学第二定律推证卡诺定理

如果甲热机和乙热机中有一部是不可逆的,例如乙热机不可逆,则我们可以通过证明得到 $\eta' \not> \eta$,而不能得到 $\eta = \eta'$ 的结论。因此,工作于相同高温热源和相同低温热源之间的一切不可逆热机,其效率都不可能大于可逆热机的效率,这就证明了卡诺定理表述的结论(2)。

由于以理想气体为工质的可逆卡诺热机的循环效率等于 $\dfrac{T_1 - T_2}{T_1}$,根据上述推证可得

$$\eta \leqslant \frac{T_1 - T_2}{T_1} \tag{3-9}$$

式中,η 为工作于温度为 T_1 的高温热源和温度为 T_2 的低温热源之间的热机的循环效率,等号对应于可逆热机,不等号对应于不可逆热机。

3.3.2　关于制冷机的效能

我们还可以对制冷机做出上述的讨论。有两个恒温热源,温度分别为 T_1 和 $T_2(T_1 > T_2)$。在这两个具有一定温度的热源之间工作的制冷机也可以分为可逆制冷机和不可逆制冷机,相应地,有下述结论:

(1)在相同的高温热源和相同的低温热源之间工作的一切可逆制冷机,其制冷系数都相等,与工质无关;

(2)在相同的高温热源和相同的低温热源之间工作的一切不可逆制冷机,其制冷系数都不可能大于可逆制冷机的制冷系数。

这两个结论对提高制冷机的制冷系数具有指导意义。因此工作于两个恒温热源 T_1 和 $T_2(T_1 > T_2)$ 之间的制冷机的制冷系数均为

$$\varepsilon = \frac{Q_2}{A} = \frac{Q_2}{Q_1 - Q_2} = \frac{T_2}{T_1 - T_2} \tag{3-10}$$

而在同样两个热源之间工作的不可逆制冷机的制冷系数不可能大于这一数值。

卡诺定理和热力学第二定律可以互相推证,因此二者是等效的,历史上也曾把卡诺定理作为热力学第二定律的另一种表述方式。

3.3.3　热机效率的极限

利用卡诺定理可以从理论上分析确定任意热机循环的最大效率,从而找到有效提高热机效率的方向。

如图 3-6 所示,abcda 为任意一个可逆卡诺循环,可以将整个循环用一系列十分靠近的绝热线和等温线分解为一连串微小的可逆卡诺循环。当这些微小的卡诺循环都完成一个循环之后,图中各相邻小卡诺循环所共有的绝热过程都被抵消,结果就变为图中所示的由许多微小的等温过程和绝热过程所组成的锯齿形的循环。当每个小卡诺循环趋于无限狭窄而其总数趋于无限多时,其极限就趋于原来的卡诺循环 abcda。

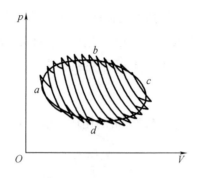

图 3 - 6　任意一个可逆卡诺循环可以用无限多个微小的可逆卡诺循环来代替

设循环 $abcda$ 的膨胀过程最高温度为 T_m，压缩过程最低温度为 T_n，第 i 个小卡诺循环中高温热源和低温热源的温度分别为 T_{i1} 和 T_{i2}，则其效率为

$$\eta_i = \frac{T_{i1} - T_{i2}}{T_{i1}} \leqslant \frac{T_m - T_n}{T_m} = \eta_m \tag{3 - 11}$$

式中，η_m 为工作于温度为 T_m 的高温热源和温度为 T_n 的低温热源之间的可逆卡诺热机的效率。只有当小循环的高温热源温度 $T_{i1} = T_m$，同时低温热源温度 $T_{i2} = T_n$ 时，式（3 - 11）中的等号才成立。由于任意一个小卡诺循环的效率都不大于 η_m，所以整个循环的效率 η 也不可能大于 η_m，即

$$\eta \leqslant \eta_m = 1 - \frac{T_n}{T_m} \tag{3 - 12}$$

只有当循环就是可逆卡诺循环时，式（3 - 12）才取等号。这表明任意可逆循环的效率不可能大于卡诺循环效率 η_K。如果循环过程是不可逆的，则由卡诺定理可知其效率不能大于 η_K。由此可得出下述结论：任意循环过程的效率 η_a，不能大于它所经历的最高热源和最低热源之间的卡诺循环的效率，即

$$\eta_a \leqslant 1 - \frac{T_n}{T_m} \tag{3 - 13}$$

也就是说，在任意循环所经历的最高热源和最低热源之间工作的卡诺循环的效率 $\eta_K = \frac{T_m - T_n}{T_m}$ 是这个任意循环效率 η 的最大值。算出这个 η 的最大值，根据 $\eta = \frac{A}{Q_1}$ 就可以求出对于一定的 Q_1，这个实际热机可能输出的最大功。

综上所述，卡诺定理为我们指出了提高热机效率的方向：

（1）提高热机循环高温热源的最高温度 T_m，降低低温热源的最低温度 T_n，增大两个热源的温度差，可以提高热机效率的最高限度 η_m，从而为提高热机效率提供了可能。例如，当人们改进了锅炉，使用过热蒸汽，用水冷却废气以后，蒸汽机的效率就得到提高；又如，内燃机的效率比蒸汽机高，主要原因也是汽油、柴油燃烧时，具有比较高的温度。但在实际热机中，要想使低温热源的温度降到室温以下，就必须用制冷机，而开动制冷机则需要消耗外功，这是不经济的，所以主要还是通过提高高温热源的温度来提高热机的效率，但这也受到材料的限制。

（2）选择合适的循环过程,使循环尽量接近卡诺循环。

（3）要尽量减小过程的不可逆因素,例如,尽量减小散热、漏气、摩擦等不可逆因素的影响,使实际的不可逆热机尽量接近于可逆热机。

3.4　热力学温标

卡诺于 1824 年所总结的有关热机效率的卡诺定理,不但从理论上为提高热机效率指明了方向,而且为建立一种与测温物质属性完全无关的新的温标打下了基础。这种新温标于 1848 年由开尔文首先建立,称为热力学温标或开氏温标。

根据卡诺定理,在相同的高温热源与低温热源之间工作的一切可逆卡诺热机,其循环效率都相等,与工质的状态（不论气态、液态或固态）无关,只取决于两个热源的温度。显然,热源温度的数值与所采用的温标有关。

由卡诺定理可知,可逆卡诺热机的效率只与两个热源的温度有关。设有温度为 θ_1、θ_2 的两个恒温热源,θ_1、θ_2 可以是以任何温标所确定的温度。一个可逆热机工作于 θ_1、θ_2 之间,在 θ_1 处吸热 Q_1,向 θ_2 处放热 Q_2,其效率 $\eta = 1 - \dfrac{Q_2}{Q_1}$ 与工质无关,$\dfrac{Q_2}{Q_1}$ 必是 θ_1、θ_2 的函数,因此有

$$\frac{Q_2}{Q_1} = 1 - \eta = f(\theta_1, \theta_2) \tag{3-14}$$

这里的 $f(\theta_1, \theta_2)$ 应是两个温度 θ_1 和 θ_2 的普适函数,普遍适用于所有的可逆热机,与工质的性质及热量 Q_1 和 Q_2 的大小无关。

再设一个温度为 θ_3（低于 θ_1、θ_2）的热源,一个可逆热机工作于恒温热源 θ_3、θ_2 之间,在 θ_3 处吸热 Q_3,在 θ_2 处吸热 Q_2;另一可逆热机工作于恒温热源 θ_3、θ_1 之间,在 θ_3 处吸热 Q_3,在 θ_1 处吸热 Q_1。根据式（3-14）有

$$\frac{Q_2}{Q_3} = f(\theta_3, \theta_2) \tag{3-15}$$

$$\frac{Q_1}{Q_3} = f(\theta_3, \theta_1) \tag{3-16}$$

以式（3-15）除式（3-16）即可消去 Q_3 而得

$$\frac{Q_1}{Q_2} = \frac{f(\theta_1, \theta_3)}{f(\theta_2, \theta_3)} \tag{3-17}$$

将此式与（3-14）式相比较,可得

$$f(\theta_1, \theta_2) = \frac{f(\theta_1, \theta_3)}{f(\theta_2, \theta_3)} \tag{3-18}$$

这就是普适函数 f 所必须满足的函数方程。

由于 θ_3 是一个低于 θ_1、θ_2 的任意温度,它既然不出现在式（3-18）的左方,显然它一定可以在式（3-18）右端的分子和分母中相互消去,即函数 f 中的变量一定可以分离。因此此式

(3 - 18)必可写作下列形式:

$$f(\theta_1, \theta_2) = \frac{\psi(\theta_2)}{\psi(\theta_1)} \qquad (3 - 19)$$

于是由式(3 - 14)和式(3 - 19)可得

$$\frac{Q_2}{Q_1} = \frac{\psi(\theta_2)}{\psi(\theta_1)} \qquad (3 - 20)$$

普适函数 $\psi(\theta)$ 的具体形式与温标 θ 的选择有关,若先选定了某种温标从而确定了 θ 的值,则 $\psi(\theta)$ 的函数形式就可由式(3 - 20)确定。但也可以先选定 $\psi(\theta)$ 的一种具体函数形式,再由式(3 - 20)确定 θ 的值。开尔文建议引入一个新的温标 T,令 $T \propto \psi(\theta)$,这样式(3 - 20)就化为

$$\frac{Q_2}{Q_1} = \frac{T_2}{T_1} \qquad (3 - 21)$$

温标 T 称为热力学温标或开尔文温标。按这种温标确定的温度称为热力学温度。由式(3 - 21)可知,两个热源的热力学温度的比值定义为在这两个热源之间工作的可逆热机所吸收和放出的热量的比值。由于 $\psi(\theta)$ 是普适函数,令 $T \propto \psi(\theta)$,所以热力学温标与测温物质的性质无关。用热力学温标表示的温度写为 x K,x 为温度数值,K 为单位,即开尔文。

要完全确定热力学温度还必须另外附加一个条件。1954 年,国际计量大会决定的条件是水的三相点为固定点,温度为 273.16 K,并将此温度记作热力学温标。而这样定出的热力学温度的单位——开尔文(K)就是水三相点的热力学温度的 $\frac{1}{273.16}$。

我们可以证明,当选定统一的标度法时,按热力学温标测定的温度 T 和按理想气体温标测定的温度 T_p 是相同的。在前面曾证明以理想气体作为工质的可逆卡诺热机的效率为

$$\eta = 1 - \frac{T_{2p}}{T_{1p}} \qquad (3 - 22)$$

这里的 T_{1p}、T_{2p} 是由理想气体温标所确定的温度。但由热机效率公式和式(3 - 21)可得

$$\eta = 1 - \frac{Q_2}{Q_1} = 1 - \frac{T_2}{T_1} \qquad (3 - 23)$$

这里的 T_1、T_2 却是由热力学温标所确定的温度。于是根据式(3 - 22)和式(3 - 23)可知

$$\frac{T_2}{T_1} = \frac{T_{2p}}{T_{1p}} \qquad (3 - 24)$$

这表明热力学温标的两个温度之比等于理想气体温标的两个相应温度之比。而且由于热力学温标和理想气体温标的标度法相同,都将水的三相点温度值定为 273.16 K,即

$$T = T_p \qquad (3 - 25)$$

这就证明了在理想气体温标能够确定的温度范围内,热力学温标与理想气体温标标定的温度数值相等。这也说明,在上述温度范围内,可以用理想气体温标来实现热力学温标。而由于实际气体并不是理想气体,所以实际气体温度计测量时需要对测量值加以修正。

3.5　熵

熱力学第二定律是有关过程进行方向的规律,它指出,一切与热现象有关的实际宏观过程都是不可逆的。由热力学第二定律可以断定,对于一个没有外来影响的热力学系统,在其中所进行的不可逆过程的结果,不可能凭借系统内部的任何其他过程而自动复原。当然,我们可以借助外界的作用使系统从终态回到初态,但同时必然在外界物体中留下不能完全消除的变化。由此可见,热力学系统所进行的不可逆过程的初态和终态之间有重大的差异性,这种差异决定了过程的方向。由此可以预期,根据热力学第二定律有可能找到一个新的态函数,用这个态函数在初、终两态的差异来对过程进行的方向做出数学分析。在前面,根据热力学第零定律我们确定了态函数温度,它是物体冷热程度的度量;根据热力学第一定律我们确定了态函数内能,下面将根据热力学第二定律确定一个新的态函数,熵,并用熵作为在一定条件下确定过程进行方向的标志。本节先证明态函数熵的存在。

3.5.1　克劳修斯等式

克劳修斯根据卡诺定理引入态函数熵。克劳修斯在研究可逆卡诺热机时注意到,当可逆卡诺热机完成一个循环时,虽然工质从高温热源吸收的热量和它向低温热源放出的热量是不等的,但是以热量除以相应的热源温度所得的量值,在整个循环中却保持不变,即

$$\frac{Q_1}{T_1} = \frac{Q_2}{T_2} \tag{3-26}$$

或

$$\frac{Q_1}{T_1} - \frac{Q_2}{T_2} = 0 \tag{3-27}$$

式中,T_1、T_2 分别是高温、低温热源的热力学温度。在式(3-27)中 Q_1、Q_2 都是正的,是工质所吸收热量和所放出热量的绝对值。采用热力学第一定律中对 Q 规定的代数符号,则式(3-27)改写成

$$\frac{Q_1}{T_1} + \frac{Q_2}{T_2} = 0 \tag{3-28}$$

$\frac{Q_1}{T_1}$(或者 $\frac{Q_2}{T_2}$)是等温过程中工质从热源吸收的热与热源温度(也等于系统温度)之比,称为热温比。式(3-28)表明,在可逆卡诺循环中,系统经历一个循环后,其热温比 $\frac{Q}{T}$ 的总和为零。此结论适用任何可逆循环过程,具有普遍性。

下面把这个结论推广到任意的可逆循环过程,一个任意可逆循环过程,总可以近似地用一连串微小的卡诺循环过程来代替,对于任意一个小卡诺循环 i,都可写出等式

$$\frac{Q_{1i}}{T_{1i}} + \frac{Q_{2i}}{T_{2i}} = 0 \tag{3-29}$$

把所有 n 个这样的等式相加,得

$$\sum_{i=1}^{n}\left(\frac{Q_{1i}}{T_{1i}}+\frac{Q_{2i}}{T_{2i}}\right)=0$$

或

$$\sum_{i=1}^{2n}\frac{Q_i}{T_i}=0$$

因 $n\to\infty$，所以应把总和符号改为积分符号，于是

$$\oint\frac{đQ}{T}=0 \qquad (3-30)$$

式中　T——热源的温度，由于这是可逆过程，它也表示系统的温度；

　　　　$đQ$——系统在一无穷小过程中从热源所吸收的热量；

　　　　$\oint$——沿所考虑的可逆循环过程求积分。

式(3-30)称为克劳修斯等式。它表明，在任一可逆循环过程中热温比的积分为零。

3.5.2　态函数熵

在力学中我们曾证明保守力的功和路径无关，只由质点的初、终位置决定，据此我们引入了质点在初、终两点的势能差。同样，根据积分 $đQ$ 的上述特性可以引入态函数——熵 S。

如图 3-7 所示 $p-V$ 图上的任一闭合曲线，a、b 是曲线上任意选定的两点，即两个平衡态。由 a、b 两点将闭合曲线分为两部分：一部分是从 a 经过路径Ⅰ到达 b；另一部分是从 b 经过路径Ⅱ回到 a。于是

$$\oint\frac{đQ}{T}=\int_{Ⅰa}^{b}\frac{đQ}{T}+\int_{Ⅱb}^{a}\frac{đQ}{T}=0$$

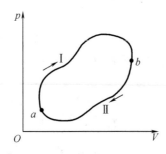

图 3-7　$p-V$ 图上的任一闭合曲线

考虑路径Ⅱ的逆过程，即从平衡态 a 出发逆着原路径Ⅱ的方向到达 b，由于过程是逆过程，所以

$$\int_{Ⅰa}^{b}\frac{đQ}{T}=-\int_{Ⅱb}^{a}\frac{đQ}{T}$$

代入上式即得

$$\int_{Ⅰa}^{b}\frac{đQ}{T}=\int_{Ⅱa}^{b}\frac{đQ}{T} \qquad (3-31)$$

式(3-31)表明,系统的任意两个平衡态 a、b 之间的积分 $\int_a^b \dfrac{\dj Q}{T}$ 与由初态 a 到终态 b 的可逆过程的具体路径无关,而只由所选定的初、终两平衡态 a、b 所决定。这个结论,对任意选定的初、终态都成立。根据积分的上述特性可以引入态函数熵 S,它的定义是

$$S_b - S_a = \int_{a可逆}^b \frac{\dj Q}{T} \tag{3-32}$$

此式表明,系统从平衡态 a 变到平衡态 b,其熵的增量等于由态 a 经任一可逆过程变到态 b 时热温比的积分。

对于无限小的可逆过程有

$$dS = \frac{\dj Q}{T} \tag{3-33}$$

此即熵的微分定义。

根据热力学第一定律 $\dj Q = dU + p\dj V$,式(3-32)又可以写为

$$S_b - S_a = \int_{a可逆}^b \frac{dU + pdV}{T} \tag{3-34}$$

对于无限小的可逆过程有

$$TdS = dU + pdV \tag{3-35}$$

式(3-35)是热力学定律的基本微分方程,它实质上包含了热力学第一定律和第二定律。熵的定义式是能量除以温度,故单位为 $J \cdot K^{-1}$。

对于态函数熵的表述强调以下几点。

(1)熵是描述系统平衡态的状态变量,当系统的平衡态确定后,熵就完全确定。因此与通过什么路径(过程)到达这一平衡态无关。

(2)熵具有可加性,系统的熵等于系统内各部分熵的总和。

(3)虽然由式(3-32)计算出的熵值包含一个任意常量,但在许多实际问题中,为了方便起见,常选定一个参考态并规定在参考态的熵值为零,进而确定其他态的熵值。

(4)要求系统经过一可逆过程的熵变,可根据式(3-32),求系统沿这一可逆过程的热温比 $\dfrac{\dj Q}{T}$ 的积分;也可另找一方便计算的可逆过程把初、终态联系起来,求系统沿这一可逆过程的热温比的积分;还可以先求出系统的熵与状态参量间的函数关系,然后把初、终两态的状态参量值代入而求出初、终态的熵值。

(5)热力学上通常把均匀系统(即各部分完全一样的热力学系统)的参量和函数分为两类:一类是与总质量成正比的广延量;另一类是与总质量无关的强度量。熵、热容、体积、内能、焓等都是广延量,而压强、温度、密度、比热容等为强度量。

此外,根据熵的定义式(3-33)还可以看出,在系统与外界不发生热交换的绝热过程中,由于 $\dj Q = 0$,所以 $dS = 0$,即可逆绝热过程是一个等熵过程。

例题 3-1　试求理想气体的熵。

解　根据熵的定义式 $dS = \dfrac{\dj Q}{T}$,因理想气体在微元过程中有 $\dj Q = dU + p\dj V$,故有

$$dS = \frac{dU + pdV}{T} = \nu C_{V,m} \frac{dT}{T} + \nu R \frac{dV}{V}$$

如果温度变化范围不大,$C_{V,m}$可视为常量,则对上式积分可得

$$S = \nu C_{V,m} \ln T + \nu R \ln V + S_0$$

此即以 T、V 参量表示的理想气体的熵的表达式,S_0 为气体在参考态(T_0, V_0)时的熵值。

如果气体由态 a 变到态 b,则不难看出其熵的增量为

$$\Delta S = S_b - S_a = \nu C_{V,m} \ln \frac{T_b}{T_a} + \nu R \ln \frac{V_b}{V_a}$$

当理想气体由态 a 变到态 b 时,其熵的增量除了可按可逆过程由式(3-32)计算外,也可由上式根据初、终态的 T、V 值求得,而不需讨论具体过程如何。

例题 3-2　一系统经一可逆绝热过程从初态 a 变化到终态 b,求熵的变化。

解　因过程是可逆的,所以

$$dS = \frac{\text{đ}Q}{T}, \text{đ}Q = 0$$

这说明系统经可逆绝热过程的熵不变,绝热线就是等熵线。

例题 3-3　试求 1.00 kg 的水结成冰的过程中的熵变。

解　设想用一温度比 0 ℃小一无限小量的热源与 0 ℃的水接触,使水缓慢放热而逐渐结冰,这个过程是可逆的,而且温度不变,根据式(3-32)可求得此过程中系统的熵增量为

$$S_2 - S_1 = \int_1^2 \frac{\text{đ}Q}{T} = \frac{-ml_m}{T_1} = \frac{-1.00 \text{ kg} \times 334 \text{ kJ} \cdot \text{kg}^{-1}}{273 \text{ K}} = -1.22 \text{ kJ} \cdot \text{K}^{-1}$$

式中,l_m 为冰的熔解热,取负值是因为水结冰是放热。熵为负值说明水结冰的过程对应着熵的减小。

*3.6　不可逆过程中熵变化的计算　熵增加原理

熵是态函数,所以在两个给定状态之间,不管过程是否可逆,熵的变化总是确定的。下面我们首先通过实例来计算在不可逆过程中的熵变,然后得出在不可逆过程中普遍的熵变表达式,最后说明如何用态函数熵来判断过程的方向。

3.6.1　不可逆过程中熵变化的计算

1. 理想气体向真空自由膨胀过程

设理想气体初态体积为 V_1,终态体积为 V_2,在这一过程中,系统和外界没有热量交换,系统对外界也没有做功,所以由热力学第一定律 $U_2 - U_1 = Q + A$ 可得

$$U_2 = U_1$$

式中,下标 1,2 分别表示初、终状态。由于理想气体的内能只是温度的函数,与体积无关,所以上式也就表明,在理想气体向真空自由膨胀后其温度不变。

气体向真空自由膨胀是不可逆过程,如何计算这一过程初、终两态熵的变化呢?计算熵的变化公式是

$$S_2 - S_1 = \int_{1\text{可逆}}^2 \frac{\text{đ}Q}{T} = \int_{1\text{可逆}}^2 \frac{dU + pdV}{T}$$

需要指出的是,虽然在气体向真空自由膨胀这一不可逆过程中 đ$Q = 0$,但如果将 đ$Q = 0$ 代入上式从而得出 $S_2 = S_1$(熵不变)的结论,则是错误的。计算一个不可逆过程初、终态熵的变化的方法是:寻求另一个连接同样初、终态的可逆过程,由上式以该可逆过程为积分路径计算 $S_2 - S_1$,由于熵改变只由初、终态确定,与过程无关,所以这样算出的 $S_2 - S_1$ 就是具有同样初、终态的不可逆过程熵的变化。

具体地说,在理想气体向真空自由膨胀这一不可逆过程中,由于初、终态温度不变(设为 T),只是体积由 V_1 增大到 V_2,所以可用理想气体等温膨胀的可逆过程来连接该初、终态,即设想理想气体与一温度恒为 T 的热源相接触,维持理想气体的温度 T 比热源温度小一无穷小量。这样,理想气体从热源吸热是可逆的,气体吸热、体积膨胀从初态 (T, V_1) 变到终态 (T, V_2)。对于理想气体等温膨胀这一可逆过程 $dU = 0$,有 đ$Q = dU + pdV = pdV$,于是

$$S_2 - S_1 = \int_{1可逆}^{2} \frac{dQ}{T} = \int_{1可逆}^{2} \frac{pdV}{T} = \nu R \int_{V_1}^{V_2} \frac{dV}{V} = \nu R \ln \frac{V_2}{V_1}$$

这就是理想气体向真空自由膨胀,从初态 (T, V_1) 变到终态 (T, V_2) 时熵的变化。因为 $V_2 > V_1$,这一结果表明 $S_2 - S_1 > 0$。从这个例子可以看到,在不可逆绝热过程中熵增加。

2. 非静态的热传导过程

热传导过程是不可逆过程的另一典型例子。设有热量 Q 从温度为 T_1 的高温热源传递到温度为 T_2 的低温热源,因熵是态函数,为了求出这一过程中高温热源的熵变,可以设想与高温热源无限接近的热源从高温热源处可逆等温地取走热量 Q,这时高温热源的熵变为

$$\Delta S_1 = \frac{-Q}{T_1}$$

用同样的方法,可以求出低温热源的熵变为

$$\Delta S_2 = \frac{Q}{T_2}$$

把高、低温热源看成一个总系统,它内部发生的非静态热传导过程的总熵变为

$$\Delta S = \Delta S_1 + \Delta S_2 = Q\left(\frac{1}{T_2} - \frac{1}{T_1}\right)$$

因 $T_1 > T_2$,所以 $\Delta S > 0$,这说明非静态的热传导过程同样导致熵的增加。

上面两个例子中第一个是不可逆绝热过程,第二个是孤立系统(即把高温热源和低温热源看成一个系统)内自发生的不可逆过程,显然也是绝热过程,这两个例子都说明,不可逆绝热过程导致系统的熵增加。一滴墨水滴入装满水的烧杯中,温度高的物体与温度低的物体接触,热量从高温物体传递给了低温物体,均遵循熵增加原理。熵增加原理是热力学第二定律的又一种表述,它比开尔文、克劳修斯表述更为概括地指出了不可逆过程的进行方向,进一步说明自然界存在一定的法则,这是万事万物本身的运行规律,人类无法更改,只能发现或加以合理利用。人类要遵守自然法则,合理利用能源。

3.6.2 熵增加原理

(1)由于孤立系统是与外界不发生任何相互作用的系统,所以在一孤立系统内所进行的必定是绝热过程。由于可逆绝热过程的 đQ 总等于零,所以总有

$$\Delta S = 0 \quad (\text{孤立系统,可逆过程})$$

则一个孤立系统的熵永不减少,任何系统的可逆绝热过程都是等熵过程。

（2）在不可逆过程中熵怎样变化？如等温膨胀过程,设计一个连接初、终两态的可逆过程,则

$$\Delta S = S_2 - S_1 = \int_{1_{\text{等温}}}^{2} \frac{\text{d}Q}{T} = \int_{1}^{2} \frac{p\text{d}V}{T} = \frac{M}{M_{\text{mol}}} R \int_{V_1}^{V_2} \frac{\text{d}V}{V} = \frac{M}{M_{\text{mol}}} R \ln \frac{V_2}{V_1}$$

其中,M 为气体质量,M_{mol} 为气体摩尔质量。因为 $V_2 > V_1$,所以此过程熵变 $\Delta S > 0$,即在不可逆绝热过程中熵增加。可证:对于任一绝热系统中发生的不可逆过程,都有

$$\Delta S > 0 \quad (\text{孤立系统,不可逆过程})$$

综上,孤立系统中的可逆过程,其熵不变;孤立系统中的不可逆过程,其熵要增加。这个结论称为熵增加原理。即当热力学系统从一平衡态经绝热过程达到另一平衡态,它的熵永不减少;如果过程是可逆的,则熵的数值不变;如过程不可逆的,则熵的数值增加。

因此,若一个孤立系统从非平衡态过渡到平衡态（是不可逆过程）,熵要增加;当系统达到平衡态时,系统的熵达到最大值。若系统的平衡态不被破坏,则系统的熵将保持不变。也就是说,孤立系统中不可逆过程（自然过程）总是朝着熵增加方向进行,直到最大值。可见,根据熵增加原理,可以判断过程进行的方向及限度。因此可以利用熵的变化来判断自发过程进行的方向（沿着熵增加的方向）和限度（熵增加到极大值）,熵增加原理的重要意义就在这里。

熵增加原理又常被表述为:一个孤立系统的熵永不减少。这个结论中的孤立系统指与外界不发生任何相互作用的系统,所以它一定不从外界吸热,这在一定孤立系统内所进行的过程必定是绝热过程。因而它的熵永不减少。实际上,在孤立系统内部自发进行的涉及热的过程必然是不可逆过程,而不可逆过程的结果将使孤立系统达到平衡态,这时系统的熵具有极大值。如果孤立系统变化时,态函数熵有几个可能的极大值,则其中最大的极大值相当于稳定平衡,其他较小的极大值相当于亚稳平衡。

3.7　热力学第二定律的统计意义

热力学第二定律说明:自然界中一切与热现象有关的宏观过程都是不可逆的。由于热现象是与大量分子的无规则运动相联系的,所以可以通过讨论分子的微观运动情况来深入研究宏观不可逆性的微观实质,从而认识热力学第二定律的统计意义,由此进一步深入理解这个定律的本质。通过理论学习培养学生科学思维方法,尊重自然发展规律,尊重社会发展规律。

3.7.1　熵与无序度

一滴墨水滴入装满水的烧杯中,开始时墨水在清水中的分布是不均匀的,其混乱度较低,我们认为无序度也较低;很快墨水会逐渐弥散到整杯水中,混乱度逐渐提高,无序度也在增大。这种现象引出一切自然过程总是朝着分子（热运动）无序性增大方向进行。例如:

"功变热"→大量分子由有序运动朝无序运动方向进行,反之,不能自动进行;

热传递→两种温度的大量分子(较为有序),朝更加无序(分不出两种气体)进行;

气体绝热膨胀→分子从小空间到大空间,分子无序性增大。

在上节孤立系统中气体向真空扩散的问题中,原来容器中有气体分子,另一容器中是真空,没有气体分子,如果不打开隔板,不使气体扩散,这种状态不会受到破坏。但打开隔板后,气体分子就逐渐弥散到整个容器中,时间越长,分子在容器内的分布越均匀。气体分子的扩散使得无序度有所增加。当气体均匀分布时,气体的无序度达到极限,从热力学第二定律来看,在此过程中熵是增加的。因此,我们也可以说,在气体扩散这个不可逆过程中,熵的增加也意味着无序度的增加。此外,物体间的热传导、固体的熔化、液体的汽化或者固体的升华等过程,系统的无序度也将增加。同时,在这些过程中,孤立系统的熵也要增加。

综上所述,热力学第二定律可以这样理解:在孤立系统中,系统处于平衡态时,系统的熵趋于最大值,同时,系统无序度也最高。因此,可以说熵是孤立系统的无序度的一种量度。

3.7.2　无序度与微观状态数

热力学第二定律是涉及大量分子运动无序性变化的规律,它是一条统计规律。它适用于大量分子,不适用于少数分子。例如:气体绝热自由膨胀——大量分子的系统是不可逆的;少量分子的系统是可逆的。如图 3 - 8 所示,用隔板将容器分成容积相等的 A、B 两室,使 A 室内充满气体,B 室保持真空。先考虑气体中任一个分子 a 的行为。在未抽隔板之前,分子 a 只能在 A 室内运动,抽掉隔板后,它将在整个容器内运动。由于与其他分子及器壁的碰撞,它可能在 A 室内,也可能在 B 室内,又由于单个分子在 A、B 两室的概率是均等的,所以在任一时刻,分子 a 退回 A 室的概率是 $\frac{1}{2}$。现在扩大范围,考虑气体中任意 4 个分子 a、b、c、d,当把隔板抽掉后,它们将在整个容器内运动。如果以分子处在 A 室或是 B 室来分类,则这 4 个分子在容器中的分布有 16 种可能,情况如表 3 - 1 所示。

根据概率概念可知 4 个分子全退回 A 室的可能性是存在的,其概率是 $\frac{1}{2^4} = \frac{1}{16}$,这也就是 4 个分子全退回 A 室的实际可能性相比于只有 1 个分子时的概率减小了。

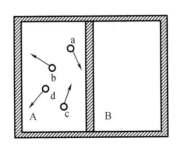

图 3 - 8　气体的自由膨胀

表 3 - 1　4 个分子在容器中的分布

	1	2	3	4	5	6	7	8	9	10	11	12	13	14	15	16
A 室	abcd	bcd	acd	abd	abc	ab	ac	ad	bc	bd	cd	a	b	c	d	
B 室		a	b	c	d	cd	bd	bc	ad	ac	ab	bcd	acd	abd	abc	abcd

可以证明,对于全部 N 个分子,以分子处在 A 室或 B 室来分类,共有 2^N 种可能的分布。而全部 N 个分子都退回 A 室的概率则是 $1/2^N$。我们知道,宏观系统都包含大量的分子,例如,1 mol 气体的分子数为 6.022×10^{23} 个。当气体自由膨胀后,所有这些分子同时全部退回 A 室的概率则是 $1/2^{6.022 \times 10^{23}}$。这个概率小到难以想象的地步,实际上是不可能出现的。可见,对大量分子组成的宏观系统来说,它们膨胀到 B 室去的宏观过程,实际上是不可逆的。

由以上分析可以看到,如果将分子以在 A 室和 B 室来分类,把每一种可能的分布称为一种微观的状态,则 N 个分子共有 2^N 个可能的概率均等的微观状态,但是全部气体都集中在 A 室的宏观状态却只包含了一种可能的微观状态,而基本上均匀分布的宏观状态却是包含了 2^N 个可能的概率均等的微观状态的绝大部分。所以气体自由膨胀的不可逆性实质上是反映了这个系统内部发生的过程总是由概率小的宏观状态向概率大的宏观状态进行,即由包含微观状态数目少的宏观状态向包含微观状态数目多的宏观状态进行,而相反的过程在外界不发生任何影响的条件下是不可能实现的。这就是气体自由膨胀的不可逆性的统计意义。

基于上述例子的分析即可得到热力学第二定律的统计意义:在不受外界影响的"孤立系统"内,发生的过程总是由概率小的状态向概率大的状态进行,由包含微观状态数目少的宏观状态向包含微观状态数目多的宏观状态进行,即一切实际过程总是朝着状态概率增大的方向进行。通过以上的分析我们看到,热力学第二定律本质上是一个统计性的规律,因此,热力学第二定律只对大量分子组成的系统适用。如果系统只含有少量分子,也就无所谓过程的不可逆性。

3.7.3　熵与热力学概率　玻尔兹曼关系式

统计理论中的一个基本假设是:对于孤立系统(总能量、分子数一定),所有微观运动状态是等概率的。这就是说,虽然在这一瞬间或那一瞬间,系统的微观运动状态随时间在变化,但时间足够长时,任一微观状态出现的机会相等。既然各微观状态是等概率的,那么各宏观状态就不可能是等概率的,哪一个宏观状态包含的微观运动状态数目多,这个宏观状态出现的机会就多。因此可以引入热力学概率的概念,热力学概率 W——任一宏观状态所对应的微观状态数目称为该宏观状态的热力学概率。它(W)是分子运动无序性的一种量度。W 越大,对应系统宏观上是平衡态;微观上分子最无序(无序性最大)。

最早把热力学第二定律的微观本质用数学形式表示出来的是玻尔兹曼。1877 年,玻尔兹曼用热力学概率 W 的对数(W 非常大),定义了一个描述系统状态的函数,用来表示系统无序性的大小,这个状态函数就是玻尔兹曼熵,其公式为

$$S = k \ln W$$

(3 - 36)

式中,k 为玻尔兹曼常量。对于系统的某一宏观状态,有一个 W 值与之对应,因而也就有一个 S 值与之对应,因此熵是系统状态的函数。

熵的微观意义是系统内分子热运动的无序性的一种量度。对熵的这一本质的认识,现已远远超出了分子运动的领域,它适用于任何做无序运动的粒子系统。甚至对大量无序出现的事件的研究,也应用了熵的概念。

用熵(代替热力学概率 W)来表述热力学第二定律:在孤立系统中所进行的自然过程总是沿着熵增大的方向进行,它是不可逆的。平衡态相应于熵最大的状态。

在可逆过程中,系统总处在平衡态,平衡态对应于热力学概率取极大值的状态。在不受外界干扰的情况下,系统的热力学概率的极大值是不会改变的,即孤立系统进行的可逆过程熵不变。

可见,不论以哪种方式定义的熵,它都反映了系统的状态,它的变化方向指出了孤立系统中不可逆过程进行的方向。因此往往说,熵增加原理是热力学第二定律的数学表示形式。

通常:

(1)若系统经绝热过程后熵不变,则此过程是可逆的;若熵增加,则此过程是不可逆的——可用于判断过程的性质。

(2)孤立系统内所发生的过程的方向就是熵增加的方向——可用于判断过程的方向。

本 章 小 结

本章重点是热力学第二定律,热力学第二定律应用于热机得出了有关热机效率的卡诺定理,并在此基础上建立了热力学温标;在引入熵函数后,给出了热力学第二定律的数学表达式和过程进行方向的判据——熵增加原理。

1.热力学第二定律是反映热力学过程进行的方向、条件和限度的规律

(1)常用的两种表述

开尔文表述:不可能从单一热源吸取热量,使之完全变为有用功而不产生其他影响(即第二类永动机是不可能造成的)。

克劳修斯表述:热量不可能自动地从低温物体传向高温物体而不引起其他变化。

(2)热力学第二定律所反映的实质问题

一切实际的宏观过程都是不可逆的,之所以不可逆是因为实际的宏观过程都不可避免地存在摩擦(或其他耗散作用)和非静态这两种不可逆因素中的一个或两个。“功变热”和热传递是两种典型的不可逆过程。

(3)适用范围

热力学第二定律只适用于有限范围的宏观过程,不适用于由少数粒子组成的微观过程。

2. 卡诺定理

工作在两个相同高、低温热源之间的一切可逆热机,其效率都相同,与工质无关;工作于两个相同高、低温热源之间的一切不可逆热机,其效率都不可能大于可逆热机

$$\eta_a \leq 1 - \frac{T_n}{T_m}$$

3. 熵与热力学第二定律的数学表达式

(1)克劳修斯等式

系统经任一循环过程后,所有过程的热温比之代数和等于零,即

$$\oint \frac{\text{đ}Q}{T} = 0$$

(2)态函数熵

可逆过程的热温比之和与路径无关,即存在一态函数——熵,其定义式为

$$S_b - S_a = \int_{a可逆}^{b} \frac{\text{đ}Q}{T}$$

由于熵是态函数,所以任意过程的熵变,都可以从联系过程初、终两态的某一可逆热力学过程的热温比之和求出。

(3)热力学第二定律的数学表达式

$$dS \geq \frac{\text{đ}Q}{T} \quad 或 \quad S_b - S_a \geq \int_a^b \frac{\text{đ}Q}{T}$$

把热力学第二定律与热力学第一定律结合起来,有热力学基本方程:

$$TdS \geq dU + pdV$$

4. 熵增加原理

系统从一平衡态经绝热过程达到另一平衡态,它的熵永不减小;如果过程是可逆的,则熵的数值不变;如过程是不可逆的,则熵的数值增加。当系统处于平衡态时,熵达到极大值。熵增加原理是热力学第二定律的另一种表达方式。

思　考　题

3.1　为什么热力学第二定律是独立于热力学第一定律之外的另一条规律? 能否从热力学第一定律推出热力学第二定律?

3.2　把热力学第二定律的开尔文表述说成"热不能全部变为功";把热力学第二定律的克劳修斯表述说成"热不能由低温传到高温",是否可以? 为什么?

3.3　准静态过程、循环过程、可逆过程这些概念有何不同? 试加以比较,并指出三者之间的联系。

3.4　证明绝热线与等温线不能相交于两点。

3.5　证明两绝热线不能相交。

3.6　两条绝热线和一条等温线可以构成一个循环吗?

3.7　是否一切"功变热"过程都是不可逆的？逆向卡诺循环可以把外功转换成热放给高温热源,但逆向卡诺循环是可逆的,这与"功变热"是不可逆的结论是否矛盾？

3.8　什么叫可逆过程与不可逆过程？为什么实际的宏观过程都是不可逆的？试举例说明自发的不可逆过程将沿怎样的方向进行。

3.9　可逆过程是否一定是准静态过程？准静态过程是否一定是可逆过程？

3.10　有人说："利用把海水温度降低而发电的任何想法都是荒谬的,是违背热力学第二定律的",这种说法对吗？能否用海洋表面与下层水的温差来发电？在理论上是否可行？

3.11　设计一种热机,利用海洋中深度不同处的水温不同而将海水内能转化为机械能。这种热机是否违反热力学第二定律？

3.12　热力学第二定律的普朗克表述为:不可能制造一个机器,在循环动作中把一重物升高而同时使一热库冷却。试证明这种表述与开尔文的表述是等效的。

3.13　热力学第二定律的表述可以有很多种。请你提出一种不同于开尔文和克劳修斯的表述,并证明你的表述与开尔文和克劳修斯的表述是等效的。

3.14　有人想,既然冰箱能够制冷,那么在夏天里使室内门窗紧闭而把电冰箱门打开,室内温度就会降低,这可能吗？为什么？

3.15　判断下列过程是否可逆,并说明理由。

(1)在一绝热容器内盛有液体,不停地搅拌它,使它的温度升高；

(2)烧红的铁块投入水中,最后铁块与水的温度一致；

(3)通过活塞(与缸壁无摩擦)无限缓慢地压缩汽缸中的气体；

(4)高速行驶的汽车突然刹车停止。

3.16　热机效率公式 $\eta = \dfrac{Q_1 - Q_2}{Q_1}$ 和 $\eta = \dfrac{T_1 - T_2}{T_1}$ 之间有何区别与联系？

3.17　怎样直接由卡诺循环过程曲线算出净功 A？这与由 $(Q_1 - Q_2)$ 间接计算出的结果是否相同？

3.18　在下面哪种情况下卡诺循环的效率较高:将高温热源的温度升高 ΔT 呢,还是将低温热源的温度降低同样的值？实际上,提高卡诺循环的效率应采用哪一种情况？试说明。

3.19　有人说："卡诺定理就是说一切可逆机的效率总数比不可逆机的效率大。"你认为这种说法是否有道理,为什么？

3.20　如何应用熵增加原理判断不可逆过程进行的方向？试用熵增加原理论证理想气体的自由膨胀是不可逆过程。

＊3.21　在纯力学运动中熵变化吗？

习　　题

3.1　一制冷机工作在 $t_2 = -10\ ℃$ 和 $t_1 = 11\ ℃$ 之间,若其循环可看作可逆卡诺循环的逆循环,则每消耗 $1.00\ kJ$ 的功可由冷库中取出多少热量？

3.2　一理想气体准静态卡诺循环,当热源温度为 100 ℃,冷却器温度为 0 ℃时,做净功 800 J。今若维持冷却器温度不变,提高热源温度,使净功增为 1.60×10^3 J,则这时

(1)热源的温度为多少?

(2)效率增大到多少?设这两个循环都工作于相同的两绝热线之间。

3.3　一热机工作于 50 ℃与 250 ℃之间,在一循环中对外输出的净功为 1.05×10^6 J,求这热机在一循环中所吸入和放出的最小热量。

3.4　理想气体做卡诺循环,设热源温度 127 ℃,每一循环吸入热量 418 J,放给冷却器热量 334 J。求冷却器的温度。

3.5　一可逆卡诺热机低温热源的温度为 7.0 ℃,效率为 40%。若要将其效率提高到 50%,则高温热源的温度需提高多少摄氏度?

3.6　从锅炉进入蒸汽机的蒸汽温度 $t_1 = 210$ ℃,冷却器的温度 $t_2 = 40$ ℃。则消耗 4.18 kJ 的热以产生蒸汽,可以得到的最大功为多少?

3.7　冷藏室的温度为 -10 ℃,制冷机从冷藏室中吸取热量传给温度为 11 ℃的水。则制冷机每耗费 1 kJ 的功从冷藏室中吸取的最大热量是多少?

3.8　将 0.1 kg 温度为 283 K 的水和 0.2 kg 温度为 313 K 的水混合。试求熵的变化。设水的平均比热容为 4.184 kJ·K^{-1}·kg^{-1}。

3.9　初温为 100 ℃,质量为 1 kg 的铝块,掉入温度为 0 ℃的 1 kg 的水中。试求此系统的总熵变。(铝的比热容 $c = 0.91$ J·K^{-1}·g^{-1})

3.10　理想气体做卡诺循环,在热源温度为 100 ℃,冷却器温度为 0 ℃时,每一循环做净功 8 kJ,今维持冷凝器温度不变,提高热源温度,使净功增为 10 kJ,若此循环都工作于相同的两条绝热线之间。求:

(1)此时的热源温度;

(2)此时的效率。

3.11　有一台不可逆热机,一循环中其在 100 ℃的高温热源吸收热量 2.09×10^4 J;低温热源温度为 0 ℃。若经过一循环后,包括两热源和系统在内熵一共增加了 1.24 J·K^{-1}。

(1)这台热机每一循环对外做多少功?

(2)这台热机的效率是多少?

(3)如果这台热机是可逆的,一循环中两热源和系统的总熵变是多少?

(4)如果热机可逆,效率是多少?

3.12　一实际制冷机工作于两恒温热源之间,热源温度分别为 $T_1 = 400$ K,$T_2 = 200$ K。设工质在每一循环中,从低温热源吸收热量 800 J,向高温热源放出热量 2 400 J。计算:

(1)在工质进行每一循环中,外界对制冷机做了多少功?

(2)制冷机经过一循环后,热源和工质熵的总变化是多少?

(3)若上述制冷机为可逆机,则经过一循环后,热源和工质熵的总变化应是多少?

(4)若(3)中的可逆制冷机在一循环中,从低温热源吸收热量仍为 800 J,试用(3)中结果求该可逆制冷机工质向高温热源放出的热量及外界对它所做的功。

3.13　设有 1 mol 理想气体从平衡态 1 变到平衡态 2(图 3 - 9)。试利用图中虚线所示

可逆过程计算其熵的变化。设理想气体的摩尔热容 $C_{p,m}$ 和 $C_{V,m}$ 均为常量。

3.14　如图 3 - 10 所示,1 mol 理想气体氢气($\gamma = 1.4$)在状态 1 的参量为 $V_{m1} = 20$ L,$T_1 = 300$ K;在状态 3 的参量为 $V_{m3} = 40$ L,$T_3 = 300$ K。图中 1→3 为等温线,1→4 为绝热线,1→2 和 4→3 均为等压线,2→3 为等体线。试分别由以下三条路径计算 $S_{m3} - S_{m1}$:

(1)1→2→3;

(2)1→3;

(3)1→4→3。

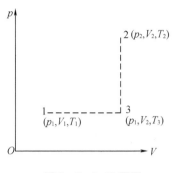

图 3 - 9　3.13 题图

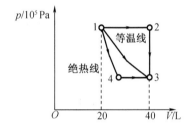

图 3 - 10　3.14 题图

第 4 章　气体动理论

前面几章对压强、体积、热容与温度等宏观参量热运动的特点及其遵循的规律进行了研究,我们将其热现象的宏观理论称为热力学。但是这种研究方法的特点之一就是不涉及物质的微观结构,也就是说如何从物质内部的原因来解释这些宏观热现象的微观本质是一个问题。为了解决这个问题,需要学习热现象的微观理论,即统计物理学。本书只讲述统计物理学的前身——气体动理论,通过对本章内容的学习,我们可以从微观角度对研究宏观热现象的基本方法(统计的方法)有一个初步的了解。

4.1　分子动理论的基本观点

分子动理论是从物质的微观结构出发运用统计的观点和方法阐明热现象的规律的一种理论。那么物质的微观结构是一种什么样的模型?统计观点是一种什么样的观点?本节将予以简单介绍。

4.1.1　化学性质相同的宏观物质,其分子结构完全一样

自然界有很多现象足以说明物质的构造是"不连续"的,由大量彼此间有空隙的分子或原子这种微粒所构成。气体很容易被压缩的事实,使我们容易想象气体分子之间的空隙很大。液体虽然不易被压缩,但是如果我们把水和酒精两种不同的液体加以混合(图 4 - 1)就会发现,混合后的体积小于二者原来的体积之和。这一事实说明液体分子之间也有空隙。实验证明,固体分子之间也是有空隙的,如对贮于钢筒中的油增加压强,当压强增到 2.02×10^9 Pa 时,就会发现油从钢筒壁上渗出来,这说明钢分子间也是有空隙的。以上事实说明:宏观物体是由许多不连续分布的、彼此之间有一定空隙的大量分子(或原子)所组成的。

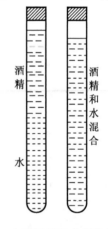

图 4 - 1　水和酒精混合后的体积小于二者原来的体积之和

从大量化学实验总结出来的倍比定律、定比定律等也充分说明物质是由保持原有物质的一切化学性质的最小的微粒——分子组成的。而且对具有同一化学性质的物质而言,其分子的大小、形状完全相同,质量也相等(同一化学元素的不同同位素的质量不完全相等,但差别很小)。

现在用高分辨率的电子显微镜已经可以观察到某些晶体的原子结构图像,这使宏观物

质是由分子、原子组成的概念得到了直接的证明。不同物质的分子有大有小:小的如氧分子和氮分子,其线度约为 3×10^{-10} m;大的如由千万个原子构成的分子——塑料、人造丝等高分子化合物的分子,其线度的数量级约为 10^{-7} m。总的说来,分子的线度都是很小的,但我们所研究的宏观热力学系统所包含的分子的数目都相当大。例如 1 mol 的气体在 0 ℃、1.01×10^5 Pa 时其体积约为 2.24×10^{-2} m³。这时 1 cm³ 内约有 3×10^{19} 个分子,即使把压强降低到 1.33×10^{-7} Pa,这时在 1 cm³ 内所含的分子数仍大于 3 000 万个。在热学领域中,我们所研究的宏观热力学系统所包含的分子数量之大由此可见一斑。

4.1.2　分子都在不停地做无规则运动,运动的剧烈程度与物体的温度有关

大量实验证明,物质内的分子在不断地运动,这种运动是杂乱无章、永不停止的。下面从扩散现象和布朗运动这两种现象入手,来阐明分子的无规则运动。

1. 扩散现象

在室内打开一瓶氨水的瓶盖,很快就会在整个房间内闻到氨水的气味。这种由于分子无规则运动而产生的物质迁移现象称为扩散。不但气体可以扩散,液体和固体的分子也可以扩散,且可以通过实验直接观察出来。例如,在图 4 - 2 所示的玻璃管中滴入少量的溴(一种容易蒸发的棕色液体),就会有带色的溴蒸气在管中逐渐蔓延,一段时间后可以看到管下半部呈棕色,这就是扩散的结果。液体也有扩散现象,一杯清水中滴入一滴红墨水,隔一段时间后,就会发现整杯清水都染上了红色。固体

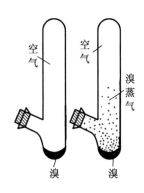

图 4 - 2　气体的扩散

也可以扩散。例如,使一块铅和一块金相互挤压在一起,经过足够长的时间之后,就会在相邻接触表面的薄层中发现,铅里面有少量的金,金里面也有少量的铅。这说明在液体和固体内,同样会发生扩散现象。

在上述各种扩散现象中,物质的分子不仅能够向下而且能够向上或做水平方向的扩散,显然不是由于重力的作用,而只能是分子本身运动的结果。

总之,扩散现象说明:一切物体(气体、液体、固体)的分子都在不停地运动。扩散的快慢与分子无规则运动速度的大小有关,实验表明,当其他条件不变时,温度越高,扩散进行得越迅速。这说明温度越高,分子的无规则运动越剧烈。

2. 布朗运动

英国植物学家布朗在用显微镜观察悬浮在水中的植物花粉时,看到这些悬浮粒子不停地做无规则的运动,这种运动称为布朗运动,这种悬浮粒子称为布朗粒子(直径约为 10^{-4} cm)。如图 4 - 3 所示,用 500 倍左右的普通显微镜观察悬浮于水中的藤黄粉粒,即可看到布朗运动,在观察时,先记录同一布朗粒子(藤黄粉粒)每隔 30 s 的位置,然后依次用直线相连,就可得到图 4 - 3 中所示的图形。

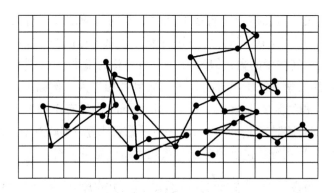

图 4 - 3　布朗运动示意图

(图中黑点为布朗粒子每隔 30 s 所在的位置)

必须指出,图中的折线只是大概表示布朗粒子运动路径的曲折情况,实际运动要复杂得多,如果有可能把观察的时间间隔大大减小,则图中每一段直线都将变成许多段折线。

根据实验进行的条件可知,布朗运动绝不是外界影响(如震动、液体的对流等其他因素)所产生的,只能以布朗粒子受到液体分子的不平衡撞击来说明,即这只能是大量液体分子不停地做无规则运动所产生的结果。

因为在布朗粒子周围存在着大量无规则运动的液体分子,它们不时地对布朗粒子进行碰撞。在任一瞬间,从不同方向撞击布朗粒子的液体分子数目各不相同,撞击时力的冲量也不一样,有时沿某一方向布朗粒子受到的撞击较强,它就向一个方向运动,而下一时刻沿另一方向受到的撞击较强,它的运动方向也就改变。由于液体分子的运动是无规则的,任一时刻布朗粒子所受的撞击在哪一方向上占优势只能是偶然的,结果布朗粒子的运动也必然是无规则的。因此,我们在显微镜下所看到的布朗运动的无规则性,实际上就反映了液体内部分子运动的无规则性。

应该指出,布朗粒子必须足够小[其线度的数量级一般为 10^{-6} m,万倍于液体分子线度数量级(10^{-10} m)],才能发生布朗运动。因为对于质量相对大的颗粒,任一瞬间撞击它的分子数目很大,从各方面施于大颗粒的撞击力基本互相抵消,所以大颗粒运动缓慢,或者不动。

实验还表明,液体温度越高,布朗运动越剧烈。这间接说明了温度越高,液体的分子无规则运动越剧烈。

由此我们可以想象,宏观物体所表现的冷热现象,实际上是构成此物体的大量分子无规则运动的宏观表现。这里指出,单个分子的无规则运动是位置的移动,属于机械运动,但大量分子无规则运动所表现的总体现象却属于热运动,其形式与机械运动完全不同。我们用以观察布朗运动的液体,作为整体来说相对于实验室坐标是静止的,没有机械运动。但液体却处于一定的热运动状态,具有一定的温度,这就是由于大量的液体分子相对于液体质心在不停地做无规则运动的结果。

对于扩散现象和布朗运动的讨论,归纳起来可得:物质内的分子总数在不停地、无规则地运动,这种无规则运动的激烈程度与物质的温度有关,温度越高,分子的无规运动就越激烈。所以说温度是物质内部分子无规则运动激烈程度的标志,正因为这样,分子的无规运动又称为分子热运动。

4.1.3　分子之间有相互作用力

许多事实都说明,分子间存在着相互作用力。要把一个固体棒拉断,需要施以很大的拉力;要把液体分离所需施加的力就小得多;气体则更容易被分开。这些现象使我们很自然地想到分子之间存在着相互引力,而且此力随分子间距离的减小而显著地增大。由此可以设想,如果能够使被拉断的两段固体棒的分子间距足够小,那么分子力会不会使两段棒重新接上呢? 实验表明,情况果然如此:

取两段直径为 0.02 m 左右的铅柱,用小刀把两个端面切平刮光,然后立即用力把这两个面对齐压紧,这两段铅柱就接上了。如将一端吊在支架上,另一端不断挂上砝码,则即使加上质量 1 kg 的砝码也不会把两段铅柱拉开(图 4 - 4)。

以上实验说明,物体的分子之间有相互引力。正是这种引力的作用,才使得固体中的大量分子凝聚在一起而保持一定的体积(液体也是如此)和形状。

图 4 - 4　两段铅柱间的分子引力足以与 1 kg 砝码的质量相平衡

我们还知道,固体和液体是很难被压缩的,即使是气体,当压缩到一定程度后也很难再继续压缩。这些现象说明分子之间除了存在引力之外还存在着斥力。只有当物体被压缩到使分子非常接近时,它们之间才有相互排斥力。研究结果表明,斥力发生作用的距离比引力发生作用的距离小。

由于分子间引力和斥力的作用距离都很小,而气体分子之间的距离又很大,所以气体分子之间的引力一般很小,斥力也只有在分子间发生“碰撞”的一瞬间才显示出来。

综上所述可知,一切宏观物体(不论它是气体、液体,还是固体)都是由大量分子(或原子)组成的;所有分子都处在不停的、无规则的运动中;分子之间有相互作用力。这就是关于物质微观结构的三个基本观点。

物质三种不同聚集态的基本差别,就在于分子力和分子运动这两个因素在物质中所处的地位不同。气体分子间的距离很大,相互作用力十分微弱。因此在气体中,分子的无规则运动处于主导的、支配的地位。固体分子间的距离很小,相互作用力很大,所以在固体中分子间的相互作用力处于主要地位。液体的情况则介于前两者之间。

4.2　理想气体的压强

对于理想气体,它是实际气体在压强趋于零时的极限情况。现在,我们从分子运动论的观点研究理想气体:根据对实验事实的反复观察,先提出理想气体的微观模型;然后以该模型为基础,应用统计方法导出理想气体的压强公式;最后阐明压强的微观实质和统计意义。

4.2.1　理想气体的微观模型

上节讲到,气体很容易被压缩,当气体凝结成液体时,体积将缩小为原来的千分之一左右,这说明气体分子本身的大小比分子间的距离小得多;同时,气体很容易被分离开,这是因为分子间的平均距离比分子大得多,而分子力又是短程力。根据气体的这些明显的宏观特征,为便于理论研究,引入理想化的模型——理想气体,其微观结构有如下的特点:

(1)由于气体易被压缩,凝结成液体时,体积将缩小到原有体积的千分之一左右。因此可以认为气体分子本身的线度与分子间平均距离相比较可以忽略不计,即气体分子可以看作质点。

(2)由于气体分子间平均距离较大,分子力又是短程力,除碰撞的瞬间以外,分子间的相互作用力可以忽略,分子的动能平均来讲要比重力势能大得多,所以气体分子所受到的重力也可以忽略。

(3)每个气体分子可以看作一个弹性小球,分子间的碰撞以及分子与器壁间的碰撞可看作完全弹性碰撞,在碰撞过程中没有能量损耗。

也就是说,我们可把理想气体看作是大量的、无规则运动着的、可忽略体积的完全弹性小球的集合,这就是理想气体的微观模型。

以上的假设是基于气体中单个分子的运动遵循经典力学规律而提出的。气体中分子的数目非常大,如果我们仍想运用经典力学定律完整地描述大量分子所组成的系统的行为,就必须同时建立并求解所有这些分子所遵循的力学方程,但实际上这是不可能的,也是没有必要的。我们可以在单个分子运动遵循力学规律的基础上运用统计的方法,研究大量分子的集体行为,即求出与大量分子运动有关的一些物理量的统计平均值,从而对与大量气体分子热运动相联系的宏观现象做出微观解释。为此,根据在平衡态时气体密度均匀以及气体内各个方向上的压强相同等经验事实,对于处在平衡态的气体做出如下的统计性假设:

(1)容器中任一位置处单位体积内的分子数目基本相同;

(2)分子沿各个方向运动的机会(或概率)是一样的,没有任何一个方向气体分子的运动比其他方向更为显著,在任一时刻沿各方向运动的分子数目均等。

理想气体微观模型和平衡态气体的统计假设是推导理想气体一系列基本公式的两个基本出发点。

4.2.2　理想气体的压强公式

容器内的气体分子既然在不停地做无规热运动,就必然要和器壁发生碰撞,气体在宏观上对器壁所产生的压强,正是无规运动的大量气体分子对器壁不断碰撞的平均效果。若就一个分子来看,对器壁的碰撞是断续的,每次碰在什么地方,给器壁多大冲量是偶然的。但就大量分子的整体来看,每一极短时间内都有许多分子碰到器壁的各处,因而在宏观上就表现出器壁受到一个持续的、恒定的压力。这和雨点打在雨伞上的情形很相似,一个个雨点打在雨伞上是断续的,大量密集的雨点打在伞上就使伞受到一个持续的压力。

设一定质量的某种理想气体被封闭在形状任意的容器内,处于平衡态,容器体积为 V,

分子总数为 N,分子数密度(单位体积内的分子数)为 $n = N/V$,每个分子的质量为 m。由于气体分子具有各种可能的速度,为便于讨论,我们把所有分子按速度区间分为若干组,在同一组内各分子速度的大小和方向都近似相同。例如,第 i 组分子的速度都在 v_i 到 $v_i + \mathrm{d}v_i$ 这一区间内,所以我们可近似认为该组分子的速度都是 v_i。以 n_i 表示这一组分子的数密度,则有

$$n = n_1 + n_2 + \cdots + n_i + \cdots = \sum_i n_i \tag{4-1}$$

式中,n 为总的分子数密度。

任取容器内壁上的一小面积 $\mathrm{d}A$,并取垂直于此面积的方向为直角坐标系 $Oxyz$ 的 x 轴的方向(图 $4-5$)。从微观上看,小面积 $\mathrm{d}A$ 应足够大,以保证有足够多的分子与小面积相碰撞。

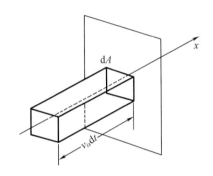

图 4 – 5　速度基本上均为 v_i 的分子对 $\mathrm{d}A$ 的碰撞

下面,我们来计算小面积 $\mathrm{d}A$ 所受的压强。

首先,考虑单个分子在一次碰撞中对 $\mathrm{d}A$ 的作用。设有一个速度为 v_i 的分子与 $\mathrm{d}A$ 相碰,v_i 的三个分量为 v_{ix}、v_{iy}、v_{iz}。由于碰撞是完全弹性的,所以碰撞前后分子在 y、z 两个方向上的速度分量不变,仅有 x 方向上的速度分量由 v_{ix} 变为 $-v_{ix}$,即大小不变,方向相反。因此,该分子在碰撞过程中动量改变为 $-mv_{ix} - (mv_{ix}) = -2mv_{ix}$。按动量定理,这也就是碰撞时器壁对分子的冲量。根据牛顿第三定律,在碰撞时分子施于器壁的冲量为 $2mv_{ix}$,方向垂直于器壁 $\mathrm{d}A$。

其次,确定在一段时间 $\mathrm{d}t$ 时间内速度近似为 v_i 的这组分子施于 $\mathrm{d}A$ 的总冲量。在 $\mathrm{d}t$ 时间内,并不是速度基本上为 v_i 的分子都能与小面积 $\mathrm{d}A$ 相碰的,只有那些速度为 v_i,且位于以 $\mathrm{d}A$ 为底,v_i 为轴线,$v_{ix}\mathrm{d}t$ 为高的斜柱体内的分子才能在 $\mathrm{d}t$ 时间内与 $\mathrm{d}A$ 相碰。由于在该斜柱体内的这类分子的数目为 $n_i v_{ix}\mathrm{d}t\mathrm{d}A$。因此,在 $\mathrm{d}t$ 时间内这些分子对 $\mathrm{d}A$ 的总冲量为

$$\mathrm{d}I = 2n_i m v_{ix}^2 \mathrm{d}A\mathrm{d}t \tag{4-2}$$

最后,将以上结果对所有可能的速度求和,就得到 $\mathrm{d}t$ 时间内碰撞到 $\mathrm{d}A$ 上的所有分子对 $\mathrm{d}A$ 的总冲量 $\mathrm{d}I$。应注意求和时只能限制在 $v_{ix} > 0$ 的那些速度区间求和,因为 $v_{ix} < 0$ 的分子并不能与 $\mathrm{d}A$ 发生碰撞,因此

$$\mathrm{d}I = \sum_{i(v_{ix}>0)} 2n_i m v_{ix}^2 \mathrm{d}A\mathrm{d}t \tag{4-3}$$

根据统计性假设，$v_{ix}>0$ 与 $v_{ix}<0$ 的分子数应该各占分子总数的一半，若想在计算时不受 $v_{ix}>0$ 的限制，则上式应除以 2，于是有

$$dI = \sum_i n_i m v_{ix}^2 dA dt \tag{4-4}$$

这个冲量体现出气体分子在 dt 时间内对 dA 的持续作用。根据压强的意义，气体作用于器壁的宏观压强就应为

$$p = \frac{dI}{dt dA} = \sum_i n_i m v_{ix}^2 = m \sum_i n_i v_{ix}^2 \tag{4-5}$$

因为总的分子数密度 n 为常数，所以我们可以把式（4-5）改写为

$$p = nm \sum_i \frac{n_i v_{ix}^2}{n} \tag{4-6}$$

如果用 $\overline{v_x^2}$ 表示容器中的分子沿 x 方向速度分量的平方的平均值，即

$$\overline{v_x^2} = \frac{n_1 v_{1x}^2 + n_2 v_{2x}^2 + \cdots}{n_1 + n_2 + \cdots} = \frac{\sum_i n_i v_{ix}^2}{\sum_i n_i} = \frac{\sum_i n_i v_{ix}^2}{n}$$

则式（4-6）可写作

$$p = nm \overline{v_{ix}^2} \tag{4-7}$$

根据统计性假设，气体分子的速度在直角坐标三个方向上的分量的各种平均值应该相等，所以若以 $\overline{v_x^2}$、$\overline{v_y^2}$、$\overline{v_z^2}$ 表示速度的三个分量的平方的平均值，就应该有

$$\overline{v_x^2} = \overline{v_y^2} = \overline{v_z^2} \tag{4-8}$$

由于对任一分子的速度 v_i 有

$$v_i^2 = v_{ix}^2 + v_{iy}^2 + v_{iz}^2 \tag{4-9}$$

对所有分子求平均值，则应有

$$\overline{v^2} = \overline{v_x^2} + \overline{v_y^2} + \overline{v_z^2} \tag{4-10}$$

由式（4-8）和式（4-10）有

$$\overline{v_x^2} = \frac{1}{3}\overline{v^2} \tag{4-11}$$

把式（4-11）代入式（4-7），可得到

$$p = \frac{1}{3}nm\overline{v^2} \tag{4-12}$$

或

$$p = \frac{2}{3}n\left(\frac{1}{2}m\overline{v^2}\right) = \frac{2}{3}n\overline{\varepsilon_k} \tag{4-13}$$

式中，$\overline{\varepsilon_k} = \frac{1}{2}m\overline{v^2}$ 为分子的平均平动动能。

式（4-13）就是理想气体的压强公式。它是气体分子运动论的基本公式之一。此式表明，理想气体的压强取决于单位体积内分子数 n 和分子的平均平动动能 $\overline{\varepsilon_k}$。n 和 $\overline{\varepsilon_k}$ 越大，p 就越大。

4.2.3 气体压强的统计意义

在导出理想气体压强公式的过程中,我们可以清楚地看到,气体作用于器壁的压强是大量分子跟器壁碰撞所产生的平均效果,离开了"大量分子"和"平均",压强这一概念就失去了意义。虽然单个分子的运动服从力学规律,但大量分子运动所表现的规律却不能单纯用力学规律来说明。在导出式(4-12)及式(4-13)的过程中,我们利用了式(4-7)及式(4-11),而后两个公式是运用统计概念和统计方法(即统计平均的概念和求统计平均值的方法)才得到的。所以说,压强公式(4-13)所表示的是统计规律而不是力学规律。

压强公式把描述气体状态的宏观量 p 与微观量的统计平均值 n 及 $\bar{\varepsilon}_k$ 联系起来,从而揭示了压强这一宏观量的微观本质。从微观角度看,气体内各分子的速度各不相同,致使各分子的平动动能千差万别。这些动能由于分子之间以及分子与器壁之间的碰撞而不断改变,所以分子的平均平动动能 $\bar{\varepsilon}_k$ 是一个统计平均量。单位体积中的分子数 n 也是一个统计平均量。例如在气体中取一小体积元,在任一瞬时,既有分子跑进去,又有分子跑出来,所以容器中各处的分子数密度亦是时大时小的。又由于每个分子跟器壁的碰撞是不连续的,故分子给予器壁的冲力是时有时无的,且各个分子给予器壁的冲力又是时大时小的,因此只有大量分子跟器壁碰撞,才能使器壁受到的压强有一确定的平均值,所以气体的压强 p 也是一个统计平均量。因此,从微观角度来说,压强公式是表征三个统计平均量 p、n 和 $\bar{\varepsilon}_k$ 之间关系的一个统计规律,它揭示了气体内大量气体分子无规则运动的统计规律性,可以说气体压强这个概念只具有统计的意义。

应当指出,推导压强公式时用到的几个假设是在实验的基础上抽象出来的。因此导出的压强公式还须经受实践的验证。宏观量压强 p 是可以从实验直接测量的,但微观量 $\bar{\varepsilon}_k$ 则无法直接测量,所以压强公式(4-13)是无法直接用实验来验证的。然而,从式(4-13)出发,可以解释和推导几个实验规律(如阿伏伽德罗定律、道尔顿分压定律等)。这就说明了压强公式(4-13)以及为推导此式所做的一切假设,在一定程度上确实是反映了客观实际的。

最后,必须提及,在推导式(4-13)的过程中,没有考虑气体分子间的相互碰撞。事实上,分子间存在着频繁的碰撞。分子间相互碰撞时,分子速度的大小和方向都会发生改变。但由于气体中做无规运动的分子是大量的,当速度为 v_i 的分子因碰撞而失去原有的动量时,必然同时有其他的分子因碰撞又获得这种动量。因此,就大量分子的统计效果来讲,如同没有发生碰撞一样。可见,即使考虑了分子间的相互碰撞,压强公式(4-13)还是正确的。

例题 4-1 设已知在标准状态下 $1.00~\mathrm{m}^3$ 气体中有 2.69×10^{25} 个分子,试求在此状态下分子的平均平动动能。

解 标准状态下的气体压强为

$$p = 1.013 \times 10^5~\mathrm{N \cdot m^{-3}}$$

由式(4-13)可得

$$\bar{\varepsilon}_k = \frac{3}{2} \frac{p}{n}$$

代入以上数据,得到标准状态气体分子的平均平动动能为

$$\bar{\varepsilon}_k = \frac{3}{2} \times \frac{1.013 \times 10^5}{2.69 \times 10^{25}} = 5.65 \times 10^{-21} \text{ J}$$

4.3　温度的微观解释

由理想气体的状态方程和压强公式,可以得到气体的温度与分子的平均平动动能之间的关系,从而说明温度这一宏观量的微观实质。

4.3.1　分子的平均平动动能与温度的关系

设理想气体分子的质量为 m,质量为 M 的气体的分子数为 N,1 mol 气体的分子数为 N_A,则有 $M = mN$ 和 $M_{mol} = mN_A$,把它们代入理想气体状态方程

$$pV = \frac{M}{M_{mol}}RT = \frac{N}{N_A}RT$$

可得

$$p = \frac{N}{V}\frac{R}{N_A}T = nkT \tag{4-14}$$

式中　R——普适气体常量;

N_A——阿伏伽德罗常数;

R/N_A——一常数,用 k 表示,称为玻尔兹曼常量;

N/V——单位体积中的分子数(即分子数密度),用 n 表示。

则有

$$k = \frac{R}{N_A} = \frac{8.31 \text{ J} \cdot \text{mol}^{-1}\text{K}^{-1}}{6.022 \times 10^{23} \text{ mol}^{-1}} = 1.38 \times 10^{-23} \text{ J} \cdot \text{K}^{-1} \tag{4-15}$$

式(4-14)是理想气体状态方程的另一种表示形式,它表明理想气体的压强与温度、分子数密度成正比,比例系数就是玻尔兹曼常量。

将式(4-14)与理想气体压强公式(4-13)比较,可得

$$\bar{\varepsilon}_k = \frac{1}{2}m\overline{v^2} = \frac{3}{2}kT \tag{4-16}$$

这就是理想气体分子的平均平动动能与温度的关系式,如同压强公式一样,它也是气体动理论的基本公式之一,称为分子平均平动动能公式,也称温度公式。此式说明气体分子运动的平均平动动能只与气体的温度有关,并与气体的热力学温度成正比。从理论上可以证明,此式对处于平衡态的混合气体也成立。

4.3.2　温度的微观实质

我们曾经由热力学第零定律给出了温度的宏观定义,那么从微观角度来看,温度的实质是什么呢?

根据理想气体压强公式和物态方程,可以导出气体的温度与分子的平均平动动能之间的关系,从而阐明温度这一概念的微观实质。式(4-16)表明,处于平衡态的理想气体,其

分子的平均平动动能与气体的温度成正比。理论证明,这个结论对实际气体也是成立的。这就是说,温度反映了大量分子热运动的平均平动动能的大小,它标志着分子热运动的激烈程度。分子热运动越激烈,分子的平均平动动能就越大,气体的温度也就越高。所以温度是大量分子热运动的集体表现,只具有统计意义,这就是温度这一概念的微观实质。和气体的压强一样,离开了"大量分子"和"求统计平均",温度就失去了意义。所以,对于个别分子,说它的温度有多少,是没有意义的。

我们现在用上述结论对热平衡这一概念做出微观解释。从分子动理论的观点来看,两个气体系统经热接触后,之所以能够达到热平衡,是由于分子间的碰撞使得两个系统间得以交换能量,重新分配能量的结果。我们知道,两个系统达到热平衡的宏观特征是温度相同,由式(4-16)可知,两个系统达到热平衡,实际上就是两个系统的分子的平均平动动能相等,即两系统内部分子热运动的平均剧烈程度相同,这就是两个气体系统间的热平衡的微观实质。

例题 4-2 一容器内贮有某种理想气体,处在标准状态下,分子数密度、压强和温度分别为 n_0、p_0、T_0,在 1 cm^3 中有多少个分子?

解 由 $p = nkT$ 得

$$n_0 = \frac{p_0}{kT_0} = \frac{1.013 \times 10^5}{1.38 \times 10^{-23} \times 273} = 2.69 \times 10^{25} \text{ m}^{-3}$$

这个数字称为洛喜密脱数。

例题 4-3 在以下两种情况下试求氮气分子的平均平动动能:(1)在温度 $t = 1\,000$ ℃时;(2)在温度 $t = 0$ ℃时。

解 (1)在 $t = 1\,000$ ℃时,

$$\bar{\varepsilon}_k = \frac{3}{2}kT = \frac{3}{2} \times 1.38 \times 10^{-23} \times 1\,273 = 2.63 \times 10^{-20} \text{ J}$$

(2)在 $t = 0$ ℃时,

$$\bar{\varepsilon}_k = \frac{3}{2}kT = \frac{3}{2} \times 1.38 \times 10^{-23} \times 273 = 5.65 \times 10^{-21} \text{ J}$$

4.4 麦克斯韦气体速率分布律

我们曾经指出,气体分子在永不停息地做无规则热运动,所谓"无规则"是指各分子运动的速度各不相同,而且通过碰撞不断发生改变。所以,若在某一时刻去考察某一特定的分子,则其速度具有怎样的数值和方向,完全具有偶然的性质,是不能预知的。然而,当我们对气体的压强 p 和温度 T 的统计意义有了认识以后,就会注意到事情的另一个方面。我们知道,在平衡态下,气体的压强和温度有着确定值。而且,它们是与气体分子的速率平方的统计平均值有关的,式(4-12)和式(4-16)就说明了这一点。由此可见,当气体达到平衡态时,就大量分子整体来看,表征其运动状态的微观量的统计平均值是完全确定的。这说明,气体分子的速率在整体上应遵循一定的统计分布规律,即在确定的速率范围内的分子数比例应是基本确定的,只有这样才能在长时间内呈现出稳定的统计平均值,事实上亦确实如此。理论和实验都证明,对于由大量分子组成的气体系统,在一定条件下,气体分子

的速率分布遵循着一定的统计规律。

早在 1859 年,麦克斯韦就在概率理论的基础上导出了气体分子速率分布定律。但由于当时技术条件(如高真空技术)的限制,无法进行实验验证。直到 1920 年才由斯特恩通过实验直接测量验证了这个定律。在这以后,陆续有人进行实验验证,实验技术亦不断改进,我国物理学家葛正权也曾在 1934 年测定过铋(Bi)蒸汽分子的速率分布。1955 年,密勒和库士对气体分子速率分布提供了精确度较高的实验证明。

在这一节中,我们先介绍诸多实验中的一个——朗缪尔实验,以使读者对气体分子速率分布先有个定性的、直观的了解;然后再来学习速率分布函数及麦克斯韦速率分布律;最后讨论速率分布的统计特征。

4.4.1 气体分子速率的实验测定

图 4-6 给出了一种用来产生分子射线并可观测射线中分子速率分布的实验装置示意图,该实验装置是由朗缪尔设计的。全部装置放在高真空的容器中,A 是一个恒温箱,箱中为待测的汞蒸汽,即分子源。汞蒸汽可用电炉加热汞而获得。汞蒸汽分子从 A 上小孔射出,通过狭缝 S 后,形成一条很窄的分子射线。B_1 和 B_2 是两个相距为 l 的共轴圆盘,盘上各开一条很窄的狭缝,两狭缝呈一很小的夹角 θ,约为 2°。C 是一个接收汞蒸汽分子的显示屏。

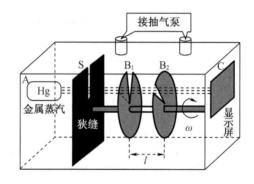

图 4-6 测定气体分子速率的实验装置示意图

当 B_1 和 B_2 两圆盘以角频率 ω 转动时,圆盘每转一周,分子射线就通过 B_1 圆盘上的狭缝一次,由于分子的速率不同,分子由 B_1 到 B_2 的时间也就不一样,所以并非所有通过 B_1 上狭缝的分子都能通过 B_2 的狭缝射到显示屏 C 上。既能通过 B_1 又能通过 B_2 的分子其速率 v 必须满足以下的关系式

$$vt = l$$

式中,t 为分子从 B_1 到 B_2 所需的时间,它由下式决定:

$$\omega t = \theta$$

也就是说,只有那些速率 v 满足

$$v = \frac{\omega}{\theta}l \tag{4-17}$$

的分子才能通过 B_2 而射到屏 C 上。

可见,圆盘 B_1 和 B_2 起了速率选择器的作用,当改变圆盘转动的角频率 ω(或改变两圆

盘间距离 l 和两圆盘狭缝间的夹角 θ)时,就可以使不同速率的分子通过圆盘而到达屏 C。由于两个狭缝都具有一定的宽度,所以实际上当 ω 一定时,能射到显示屏 C 上的应是速率在 $v \sim v + \Delta v$ 速率区间之内的分子。

实验指出,当保持 θ 和 l 不变而使圆盘依次以不同的角频率 $\omega_1, \omega_2, \omega_3, \cdots$ 转动时,就会有处于不同的速率区间的分子到达屏 C 上。从屏上可测量出每次所沉积的金属层的厚度,而各次沉积的厚度对应着各个不同速率区间内的分子数。比较这些厚度,并经过理论上的修正,就可以知道在 $v_1 \sim v_1 + \Delta v, v_2 \sim v_2 + \Delta v, \cdots$ 各个不同速率区间内的相对分子数。

实验指出,气体分子的速率 v 可以取从 0 到 ∞ 的任何值。为了描述气体分子随速率的分布情况,我们可把速率从 0 到 ∞ 分成许多相等的区间,并考虑速率处于各个区间的相对分子数。设系统总分子数为 N,速率在某一区间 $v \sim v + \Delta v$ 的分子数为 ΔN,则 $\Delta N/N$ 表示速率分布在这一速率区间的分子数占总分子数的比率(或百分比)。显然,如果所取的速率区间越小,对分布情况的描述就越精确。只要我们掌握了各个速率区间分子数的这一比率,也就掌握了所有分子速率的分布情况。

图 4-7 给出了直接从实验结果画出的汞蒸汽分子在 100 ℃时分子速率分布图线,其中纵坐标表示单位速率间隔的相对分子数(比率),一块块矩形面积表示分布在各速率区间里的相对分子数(比率)。由图可见,汞分子的速率有一分布,大部分汞分子的速率是在某一数值附近,而速率比这一数值大很多或小很多的分子则很少。也就是说,分布在不同速率区间内的相对分子数是不相同的。在保持实验条件(如分子射线强度、温度等)

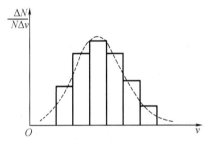

图 4-7　汞分子速率分布情况

不变的情况下将上述实验重复多次,将会发现,分布在给定速率区间内的相对分子数是基本确定的。这说明,尽管个别分子的速率大小是偶然的,但就大量分子整体来说,其速率大小的分布却遵循一定的规律,这一规律称为气体分子速率的分布规律。

4.4.2　速率分布函数

从上述实验中汞分子的速率分布情况可以看出,一般说来,在不同的速率 v 附近取相等的区间,比率 $\Delta N/N$ 数值是不同的,即 $\Delta N/N$ 与 v 有关,它与 v 的一定函数成正比。另一方面,在指定的速率 v 附近,如果所取的区间 Δv 越大,则分布在这个区间内的分子数 ΔN 也就越多,$\Delta N/N$ 也就越大。所以 $\Delta N/N$ 又与 Δv 有关。当我们把速率区间取得足够小,即取 $\Delta v \to 0$ 时,速率区间和区间内的分子数可分别用 $\mathrm{d}v$ 和 $\mathrm{d}N$ 表示。这时可认为处于一定速率 v 附近 $\mathrm{d}v$ 速率区间的分子比率 $\mathrm{d}N/N$ 与 $\mathrm{d}v$ 成正比。$\mathrm{d}N/N$ 与 v 及 $\mathrm{d}v$ 的关系可表示为

$$\frac{\mathrm{d}N}{N} = f(v)\,\mathrm{d}v \tag{4-18}$$

式中,$f(v)$ 为气体分子的速率分布函数,表示分布在速率 v 附近单位速率区间内的分子数占总分子数的比率,即

$$f(v) = \frac{\mathrm{d}N}{N\mathrm{d}v} \tag{4-19}$$

实验结果表明,对于处于一定温度下的某种气体,$f(v)$ 只是速率 v 的函数。

如果知道了速率分布函数 $f(v)$，就可以用积分方法求出速率。v 在某一有限速率范围 v_1 到 v_2 内的分子数 ΔN 占总分子数 N 的比率：

$$\frac{\Delta N}{N} = \int_{v_1}^{v_2} \frac{\mathrm{d}N}{N} = \int_{v_1}^{v_2} f(v)\,\mathrm{d}v \tag{4-20}$$

由于全部分子百分之百地分布在 $0 \sim \infty$ 整个速率范围内，所以有

$$\int_0^{\infty} f(v)\,\mathrm{d}v = \frac{N}{N} = 1 \tag{4-21}$$

式（4-21）是由速率分布函数 $f(v)$ 本身的物理意义所决定的，它是速率分布函数 $f(v)$ 必须满足的条件，称为速率分布函数的归一化条件。

4.4.3　麦克斯韦速率分布律

早在气体分子速率的实验测定获得成功之前，麦克斯韦在 1859 年从理论上就得到了速率分布函数的具体形式。在平衡状态下，气体分子的速率分布函数具有如下的形式：

$$f(v) = 4\pi \left(\frac{m}{2\pi kT}\right)^{\frac{3}{2}} \mathrm{e}^{-mv^2/2kT} v^2 \tag{4-22}$$

式中　T——热力学温度；

m——气体分子的质量；

k——玻尔兹曼常数。

式（4-22）称为麦克斯韦速率分布函数。

由麦克斯韦速率分布函数所确定的速率分布的统计规律，称为麦克斯韦速率分布律，即在平衡状态下，气体分子速率在 v 到 $v+\mathrm{d}v$ 区间内的分子数占总分子数的比率为

$$\frac{\mathrm{d}N}{N} = f(v)\,\mathrm{d}v = 4\pi \left(\frac{m}{2\pi kT}\right)^{\frac{3}{2}} \mathrm{e}^{-mv^2/2kT} v^2\,\mathrm{d}v \tag{4-23}$$

以 v 为横坐标，$f(v)$ 为纵坐标，根据式（4-23）画出的曲线称为麦克斯韦速率分布曲线，如图 4-8 所示。速率分布曲线形象地描绘出气体分子按速率分布的情况。图中任一无限小区间 $v \sim v+\mathrm{d}v$ 内曲线下小矩形的面积，表示速率分布在该区间内的分子数占总分子数的比率 $\mathrm{d}N/N$；而任一有限范围 $v_1 \sim v_2$ 内曲线下的面积，则表示分布在这个范围内的分子数占总分子数的比率 $\Delta N/N$，可以用积分的方法求出，见式（4-20）。

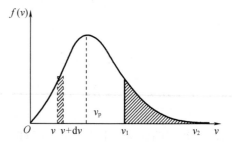

图 4-8　麦克斯韦速率分布曲线

由图可见，速率分布曲线从原点出发，先逐渐上升，经过一个极大值后，随速率的增加而逐渐趋近横坐标。这表明，气体分子具有由零至无限大的各种可能速率，整个曲线下的总面积表示速率分布在 $0 \sim \infty$ 整个速率范围内的分子数的比率，应为百分之百，见式（4-21）。

分布曲线还表明，$f(v)$ 存在着一个极大值。与 $f(v)$ 极大值对应的速率称为最概然速率，又称最可几速率，通常用 v_p 表示。它的物理意义是：如果把整个速率范围分成许多相等的小区间，则速率处于 v_p 所在的小区间内的分子数所占的比率最大。分布曲线直观地显示

出这一点;速率在 v_p 附近的分子所占的比率很大,而速率非常大($v \gg v_p$)和速率非常小($v \ll v_p$)的分子所占的比率都很小。

最可几速率 v_p 的大小可根据式(4 - 22)求出。令

$$\left. \frac{\mathrm{d}f(v)}{\mathrm{d}v} \right|_{v_p} = 0 \qquad (4 - 24)$$

由此得出

$$v_p = \sqrt{\frac{2kT}{m}} = \sqrt{\frac{2RT}{M}} \approx 1.41 \sqrt{\frac{RT}{M}} \qquad (4 - 25)$$

由式(4 - 25)可知,对于给定的某种气体(即 m 一定),当温度升高时,v_p 变大,从而分布曲线图中曲线的高峰将移向速率大的一方。由于曲线下的总面积应恒等于1,所以温度升高时曲线变得较为平坦。

这说明,气体中速率较小的分子数的比率减小,速率较大的分子数的比率增大。这也就是通常所说的温度越高分子运动越激烈的真正含义。图4 - 9 给出了同一种气体在不同温度(T_1、T_2)下的分子速率分布曲线,其中 $T_2 > T_1$。

式(4 - 25)还表明,在同一温度下,分布曲线的形状将因气体的不同(即 m 不同)而不同。由于最可几速率 v_p 与分子质量的平方根 $\sqrt{m}$ 成反比,所以对于在同一温度下的具有不同分子质量的两种气体来说,分子质量较小的气体有着较大的 v_p,与上面的分析一样,分子质量较小的分子速率分布曲线较为平坦。图4 - 10 给出了同一温度下,分子质量不同的两种气体的分子速率分布曲线。图中虚线对应于分子质量较小的气体,而实线则对应于分子质量较大的气体。这说明,在任何给定的温度下,分子的质量越小,高速分子所占的比率就越大。由此我们可以解释为什么在极高处氢比氧或氮更容易从大气中逃逸。

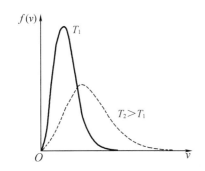

图 4 - 9　不同温度下的分子速率分布曲线

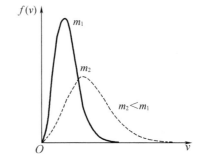

图 4 - 10　不同气体的分子速率分布曲线

需要指出,$\mathrm{d}N$ 和 ΔN 都是指分子数的统计平均值。在任一瞬时实际分布在某一速率区间内的分子数,一般来说是与统计平均值有偏差的。偏差也不稳定,有时大、有时小,有时正、有时负。这种对于统计规律的偏离现象称为涨落。概率论指出,如果按照速率分布律推算出分布在某一速率区间内的分子数的统计平均值为 Δn,则实际分子数对于这一统计平均值的偏离范围,即涨落幅度基本上是 $\pm \sqrt{\Delta n}$,而涨落的百分数就是 $\dfrac{\sqrt{\Delta n}}{\Delta n} = \dfrac{1}{\sqrt{\Delta n}}$。举个例

子,如果 $\Delta n = 10^6$,则涨落的幅度为 1 000,即实际分子数介于 99.9 万和 100.1 万之间,偏差不过是分子数的千分之一。但如果 $\Delta n = 1$,则 $\sqrt{\Delta n} = \pm 1$,偏差就变得与分子数可比拟了。由此可得,分子数越大,涨落的百分数就越小,即相对涨落越不明显;反之,涨落的百分数就越大,统计规律的结论就失去了意义。因此,麦克斯韦速率分布律只对大量分子组成的体系才成立,如果说某一确定速率的分子有多少,是根本无意义的。

关于麦克斯韦速率分布律,我们还要强调以下两点:

(1)麦克斯韦速率分布律只对处于平衡态下的气体才成立;

(2)气体分子间的碰撞是使分子速率达到并保持确定分布的决定因素。

设想一容器用绝热板分成两室,两边的气体开始时保持不同的温度,则两室的气体分子各自有一定的速率分布。现将绝热板抽开,则抽开后的一瞬间,气体由于受到外界干扰而处于非平衡态,分子速率不遵从麦克斯韦速率分布律。当外界干扰消失后,在较长的一段时间内,气体分子通过碰撞互相交换动量和能量,由于这种碰撞是完全无规则的,从而使气体最后达到新的平衡态,气体分子的速率在新的状态下遵从麦克斯韦速率分布律。因此,气体中必须含有足够多的分子,才能在它们之间发生频繁的碰撞,以达到确定的速率分布。

4.4.4　用速率分布函数求统计平均值

分子速率的统计分布定律对于研究许多与分子无规则运动有关的现象具有重要的意义。应用麦克斯韦速率分布函数可以求出一些与分子无规则运动速率有关的物理量的统计平均值。作为例子,下面来确定气体分子的平均速率和方均根速率。

(1)平均速率。气体分子速率的统计平均值称为分子的平均速率,常用 $\bar{v}$ 表示。由式(4－18)可知,速率在 v 到 $v + dv$ 区间内的分子数为

$$dN = Nf(v)\,dv \tag{4－26}$$

由于 dv 极小,故可以认为该 dN 个分子的速率是相同的,且都等于 v 。这样, dN 个分子的速率的总和就是 $vNf(v)dv$ 。根据平均值的定义可得

$$\bar{v} = \frac{\int_0^\infty vNf(v)\,dv}{N} = \int_0^\infty vf(v)\,dv \tag{4－27}$$

将麦克斯韦速率分布函数式(4－23)代入,可得

$$\bar{v} = 4\pi \left(\frac{m}{2\pi kT}\right)^{\frac{3}{2}} \int_0^\infty e^{-mv^2/2kT} v^3\,dv \tag{4－28}$$

利用积分公式

$$\int_0^\infty x^3 e^{-\lambda x^2}\,dx = \frac{1}{2\lambda^2}$$

可算出

$$\bar{v} = \sqrt{\frac{8kT}{\pi m}} = \sqrt{\frac{8RT}{\pi M}} \approx 1.60\sqrt{\frac{RT}{M}} \tag{4－29}$$

(2)方均根速率。气体分子速率平方的统计平均值的平方根称为方均根速率,常用 $\sqrt{v^2}$

表示。与求平均速率的方法类似,气体分子速率平方的平均值为

$$\overline{v^2} = \frac{\int_0^\infty v^2 N f(v)\,\mathrm{d}v}{N} = \int_0^\infty v^2 f(v)\,\mathrm{d}v \tag{4-30}$$

将麦克斯韦速率分布函数代入上式,有

$$\overline{v^2} = 4\pi\left(\frac{m}{2\pi kT}\right)^{\frac{3}{2}}\int_0^\infty \mathrm{e}^{-mv^2/2kT}v^4\,\mathrm{d}v \tag{4-31}$$

再利用积分公式

$$\int_0^\infty x^4 \mathrm{e}^{-\lambda x^2}\,\mathrm{d}x = \frac{3}{8}\sqrt{\frac{\pi}{\lambda^5}}$$

即可求得气体分子的方均根速率为

$$\sqrt{\overline{v^2}} = \sqrt{\frac{3kT}{m}} = \sqrt{\frac{3RT}{M}} \approx 1.73\sqrt{\frac{RT}{M}} \tag{4-32}$$

方均根速率亦可根据式(4-16)求出,结果与上式相同。

至此,我们已得到三种速率 v_p、$\overline{v}$ 和 $\sqrt{\overline{v^2}}$,对于同一种气体,在给定的温度下,三种速率之间的关系是 $v_p < \overline{v} < \sqrt{\overline{v^2}}$(图4-11),其比值为 $\sqrt{\overline{v^2}}:\overline{v}:v_p = 1.73:1.60:1.41$。三种速率均与 $\sqrt{T}$ 成正比,与 $\sqrt{m}$ 或 $\sqrt{M}$ 成反比,在室温下它们一般为每秒几百米。这三种速率对于不同的问题有着各自的应用。例如,在讨论分子的速率分布时常用到最可几速率 v_p;在讨论气体压强、内能和热容等计算分子的平均平动动能时要用到方均根速率 $\sqrt{\overline{v^2}}$;在气体输运过程中计算分子的平均自由程时要用到平均速率 $\overline{v}$。

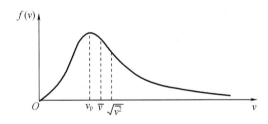

图 4-11　三种速率的比较

4.4.5　麦克斯韦速率分布律的统计特征

麦克斯韦速率分布律是一种统计规律。统计规律是对大量的偶然事件整体起作用的规律,是存在于自然界中的一种极为普遍的规律。利用伽尔顿板实验可以很直观地说明统计规律的一些特点。

利用麦克斯韦速率分布函数所求得的 $\mathrm{d}N$ 或 ΔN,实际上都是指气体分子数的统计平均值。前面指出,在任一瞬间,实际分布在某一速率区间内的分子数,一般说来是与统计平均值有偏差的,这种偏差有时大、有时小,有时为正、有时为负。这一现象就是与统计规律相

伴而生的涨落现象。进一步的研究指出,上述这种偏差与气体系统所含的分子数密度以及所取速率区间的大小有关。例如,为了使麦克斯韦速率分布律能够描述实际的分布情况,速率区间的选取必须满足一定的条件。前面曾提到,为了把分子速率的分布描述得更精确些,往往把速率区间 Δv 取得尽可能小一些,以致于取 $\Delta v \rightarrow 0$。但另一方面,区间小了,区间内的分子数 ΔN 也将减少,而 Δv 是有涨落现象的,根据涨落理论可知,涨落的幅度是 $\pm\sqrt{\Delta N}$,涨落的百分数则为 $\dfrac{\sqrt{\Delta N}}{\Delta N}$。若分子数 ΔN 太小,则涨落的百分数就很大,以致使分布律所给出的结果失去实际的意义。因此,速率区间不能太小,更不能为零。速率区间的选取应是宏观小微观大。从宏观上看,Δv 应足够小,以使分子速率的分布描述具有一定的精确度;但从微观上看,Δv 又应足够大,以保证速率区间内包含有足够多的分子。由于我们所研究的系统的分子总数是非常大的,上述要求总是能够满足的,即速率区间还是可以选取得很小(即取为 dv),只要区间内包含有大量的分子即可。由此可见,对于麦克斯韦速率分布,我们只能说某速率区间内的分子数占总分子数的比率,而不能说速率为 v 的分子数占总分子数的比率。因为,如果是指某一确定速率,则其分子数是无法用统计方法来确定的,很可能具有这种速率的分子一个也没有。

例题 4-4　计算 27 ℃时,氮分子的最可几速率、平均速率和方均根速率。

解　氮的摩尔质量

$$M = 2.8 \times 10^{-4} \ \text{kg} \cdot \text{mol}^{-1}$$

又 $T = 300$ K,$R = 8.31$ J $\cdot$ mol^{-1} $\cdot$ K^{-1},所以可求得

$$v_p = \sqrt{\frac{2RT}{M}} = \sqrt{\frac{2 \times 8.31 \times 300}{2.8 \times 10^{-4}}} = 422 \ \text{m} \cdot \text{s}^{-1}$$

$$\bar{v} = \sqrt{\frac{8RT}{\pi M}} = \sqrt{\frac{8 \times 8.31 \times 300}{3.14 \times 2.8 \times 10^{-4}}} = 476 \ \text{m} \cdot \text{s}^{-1}$$

$$\sqrt{\overline{v^2}} = \sqrt{\frac{3RT}{M}} = \sqrt{\frac{3 \times 8.31 \times 300}{2.8 \times 10^{-4}}} = 516 \ \text{m} \cdot \text{s}^{-1}$$

可见在 27 ℃时,氮气分子平均以 476 m $\cdot$ s^{-1} 的速率做无规则运动,这一速率与子弹飞行的速率相当。

4.5　玻尔兹曼分布律　重力场中微粒按高度的分布

4.5.1　玻尔兹曼分布律

麦克斯韦速率分布律所表述的是平衡态的气体分子速度的分布规律,如果不受外力场作用,这时气体分子在空间的分布是均匀的,分子数密度在空间各处相同。现在如果气体处于外力场(如重力场、电场或磁场)中,那么气体分子在空间的分布将遵从什么规律呢?

在麦克斯韦速率分布律中,指数项只包含分子的平动动能

$$\varepsilon_{\mathrm{k}} = \frac{1}{2}mv^2$$

微分元只有 $\mathrm{d}v_x$、$\mathrm{d}v_y$、$\mathrm{d}v_z$，这反映出所考虑的是分子不受外力影响的情形。玻尔兹曼把麦克斯韦速率分布律推广到分子在保守力场（如重力场）中运动的情形。在这种情形下，应以总能量 $\varepsilon = \varepsilon_{\mathrm{k}} + \varepsilon_{\mathrm{p}}$ 代替式（4-23）中的 ε_{k}，这里 ε_{p} 是分子在力场中的势能。同时，一般由于势能依坐标而定，分子在空间的分布是不均匀的，所以这时所考虑的分子应该是这样的分子，它们的速度不仅限定在一定的速度区间内，而且它们的位置也限定在一定的坐标区间内。这样，代替麦克斯韦分布律的有：当系统在力场中处于平衡状态时，其中坐标介于区间 $x \sim x + \mathrm{d}x$、$y \sim y + \mathrm{d}y$、$z \sim z + \mathrm{d}z$ 内，同时速度介于 $v_x \sim v_x + \mathrm{d}v_x$、$v_y \sim v_y + \mathrm{d}v_y$、$v_z \sim v_z + \mathrm{d}v_z$ 内的分子数为

$$\mathrm{d}N = n_0 \left(\frac{m}{2\pi kT} \right)^{\frac{3}{2}} \mathrm{e}^{-(\varepsilon_{\mathrm{k}} + \varepsilon_{\mathrm{p}})/kT} \mathrm{d}v_x \mathrm{d}v_y \mathrm{d}v_z \mathrm{d}x \mathrm{d}y \mathrm{d}z \quad (4-33)$$

式中，n_0 表示在势能 ε_{p} 为零处单位体积内具有各种速度的分子总数。这个结论称为玻尔兹曼分子按能量分布定律，简称玻尔兹曼分布律。

如果取上式对所有可能的速度积分，考虑到麦克斯韦分布函数所应满足的归一化条件：

$$\iiint \left(\frac{m}{2\pi kT} \right)^{\frac{3}{2}} \mathrm{e}^{-\varepsilon_{\mathrm{k}}/kT} \mathrm{d}v_x \mathrm{d}v_y \mathrm{d}v_z = 1$$

则可将式（4-33）写作

$$\mathrm{d}N' = n_0 \mathrm{e}^{-\varepsilon_{\mathrm{p}}/kT} \mathrm{d}x \mathrm{d}y \mathrm{d}z \quad (4-34)$$

这里的 $\mathrm{d}N'$ 表示分布在坐标区间 $x \sim x + \mathrm{d}x$、$y \sim y + \mathrm{d}y$、$z \sim z + \mathrm{d}z$ 内具有各种速度的分子总数。再以 $\mathrm{d}x\mathrm{d}y\mathrm{d}z$ 除上式，则得分布在坐标区间 $x \sim x + \mathrm{d}x$、$y \sim y + \mathrm{d}y$、$z \sim z + \mathrm{d}z$ 内单位体积内的分子数为

$$n = n_0 \mathrm{e}^{-\varepsilon_{\mathrm{p}}/kT} \quad (4-35)$$

这是玻尔兹曼分布律的一种常用的形式，它是分子按势能的分布规律。

玻尔兹曼分布律是一个普遍的规律，对于任何物质的微粒（气体、液体、固体的原子和分子、布朗粒子等）在任何保守力场（重力场、静电场）中运动的情形都成立。

4.5.2　重力场中微粒按高度的分布

在重力场中，气体分子受到两种互相对立的作用。分子的无规则热运动将使气体分子趋于均匀分布于它们所能达到的空间，而重力则会使气体分子趋于聚集到地面上，当这两种作用达到平衡时，气体分子在空间非均匀分布，分子数随高度的升高而减小。

根据玻尔兹曼分布律，可以确定气体分子在重力场中按高度分布的规律。如果取坐标轴 z 竖直向上，设在 $z = 0$ 处单位体积内的分子数为 n_0，则分布在高度为 z 处体积元 $\mathrm{d}x\mathrm{d}y\mathrm{d}z$ 内的分子数为

$$\mathrm{d}N' = n_0 \mathrm{e}^{-mgz/kT} \mathrm{d}x \mathrm{d}y \mathrm{d}z \quad (4-36)$$

而分布在高度 z 处单位体积内的分子数则为

$$n = n_0 \mathrm{e}^{-mgz/kT} \quad (4-37)$$

式(4-37)指出,在重力场中气体分子的数密度 n 随高度的增加按指数减小;分子的质量 m 越大(重力的作用显著), n 就随高度增加减小得越迅速;气体的温度越高(分子的无规则热运动剧烈), n 就随高度增加减小得越缓慢。图 4-12 所示是根据式(4-37)画出的重力场气体分子数密度分布曲线。

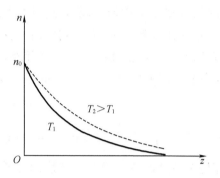

图 4-12　重力场气体分子数密度分布曲线

应用式(4-37),可以很容易确定气体压强随高度变化的规律。如果把气体看作理想气体,则在一定温度下,其压强与分子数密度 n 成正比:

$$p = nkT$$

将式(4-37)代入上式,可得

$$p = n_0 kT e^{-mgz/kT} = p_0 e^{-mgz/kT} = p_0 e^{-Mgz/RT} \tag{4-38}$$

式中　p_0——在 $z=0$ 处的压强, $p_0 = n_0 kT$;

　　　M——气体的摩尔质量。

式(4-38)称为等温气压公式。

应该指出,将式(4-38)用于地面上的大气时所得到的结果只是近似的,因为大气的温度上下不均匀,没有达到平衡。

利用式(4-38)可以近似地估算不同高度处的大气压强。由于在地面附近大气的温度是随高度变化的,所以只有在高度差相差不大的范围内计算结果才与实际符合。在爬山和航空中,可应用这个公式来判断上升的高度,将式(4-38)取对数,可得

$$z = \frac{RT}{Mg} \ln \frac{p_0}{p} \tag{4-39}$$

该式中的温度 T、压强 p 和 p_0 都是可测量的量,所以只要测得某地的大气压强,即可估算出所处的高度。

例题 4-5　已知地面的大气压强为 1.013×10^5 Pa,测得山顶上的大气压强为 7.98×10^4 Pa,若近似地把山上和山下的气温看作是相同的,且都为 300 K,试计算此山的高度。(已知空气的摩尔质量为 2.89×10^{-4} kg·mol^{-1})

解　根据式(4-39),将数据代入可计算出此山的高度:

$$z = \frac{RT}{Mg} \ln \frac{p_0}{p} = \frac{8.31 \times 300}{2.89 \times 10^{-4} \times 9.8} \ln \frac{1.013 \times 10^5}{7.98 \times 10^4} = 2\ 103 \text{ m}$$

4.6 自由度 能量按自由度均分定理

前面已阐明大量气体分子运动时,可把分子视为质点,只考虑分子的平动。实际上,气体分子具有一定的大小和较复杂的结构,除了可视为质点的单原子分子以外,还有双原子分子和多原子分子,所以除了平动外,还有转动和分子内原子间的振动。因此计算热运动能量时,还需要考虑到气体分子各种运动形式的能量。本节将阐明分子热运动能量所遵从的统计规律,并在此基础上建立理想气体内能及定容热容的经典理论。

4.6.1 自由度

前面在讨论到分子的热运动时,只考虑了分子的平动。实际上,除单原子分子外,一般分子的运动并不限于平动,还有转动和分子内原子间的振动。为了确定分子的各种形式运动能量的统计规律,需要引用力学中自由度的概念。

决定一个物体的位置所需要的独立坐标数,称为这个物体的自由度。

如果一个质点在空间自由运动,则它的位置需要用 3 个独立坐标,如 x、y、z 来决定,所以这个质点有 3 个自由度。如果一个质点被限制在一个平面或曲面上运动,则它的位置只需要用 2 个独立坐标来决定,所以它就只有 2 个自由度。同理,被限制在一直线或曲线上运动的质点只有 1 个自由度。

刚体除平动外还有转动。由于刚体的一般运动可分解为质心的平动及绕通过质心轴的转动,所以刚体的位置可如下决定:(1)用 3 个独立坐标,如 x、y、z 决定其质心的位置;(2)用 2 个独立坐标,如 α、β(3 个方位角中只有 2 个是独立的,因为 $\cos^2\alpha + \cos^2\beta + \cos^2\gamma = 1$)决定转轴的方位;(3)用 1 个独立坐标,如 φ 决定刚体相对于某一起始位置转过的角度(图 4 – 13)。因此,自由运动的刚体共有 6 个自由度。其中 3 个是平动的,3 个是转动的。当刚体的运动受到某种限制时,其自由度数也会减少。例如,绕定轴转动的刚体只有 1 个自由度。

现在根据上述概念来确定分子的自由度。单原子分子(如氦、氖、氩等),可被看作自由运动的质点,所以有 3 个自由度。实际上,双原子或多原子分子一般不完全是刚性的,由于原子间的相互作用,原子间的距离发生变化,双原子分子(如氢、氧、氮、一氧化碳等)中的两个原子是由一个键连接起来的。根据对分子光谱的研究知道,这种分子除整体做平动和转动外,两个原子还沿着连线方向做微振动。因此,可以如图 4 – 14 所示,用一根质量可忽略的弹簧及两个质点构成的模型来表示这种分子。显然,对于这样的力学系统,需要用 3 个独立坐标决定其质心的位置,2 个独立坐标决定其连线的方位(由于 2 个原子被看作质点,所以以连线为轴的转动是不存在的),1 个独立坐标决定两质点的相对位置。这就是说,双原子分子共有 6 个自由度:3 个平动自由度;2 个转动自由度;1 个振动自由度。多原子分子(由 3 个或 3 个以上原子组成的分子)的自由度数,需要根据其结构情况进行具体分析才能确定。一般地讲,如果某一分子由 n 个原子组成,则这个分子最多有 $3n$ 个自由度。其中 3 个是平动的,3 个是转动的,其余 $3n – 6$ 个是振动的。当分子的运动受到某种限制时,其自由度数就会减少。

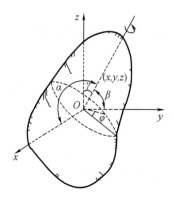

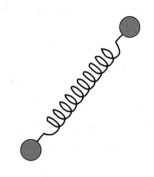

图 4 – 13　刚体位置表示　　　　图 4 – 14　双原子分子模型图

4.6.2　能量按自由度均分定理

前边曾确定理想气体的平均平动动能为

$$\frac{1}{2}m\,\overline{v^2} = \frac{3}{2}kT$$

分子有 3 个平动自由度,与此相应,分子的平动动能可表示为

$$\frac{1}{2}mv^2 = \frac{1}{2}mv_x^2 + \frac{1}{2}mv_y^2 + \frac{1}{2}mv_z^2$$

或

$$\frac{1}{2}m\,\overline{v^2} = \frac{1}{2}m\,\overline{v_x^2} + \frac{1}{2}m\,\overline{v_y^2} + \frac{1}{2}m\,\overline{v_z^2}$$

如前指出,在平衡状态下,大量气体分子运动的无规则性,沿各个方向运动的机会均等,因而

$$\overline{v_x^2} = \overline{v_y^2} = \overline{v_z^2} = \frac{1}{3}\overline{v^2}$$

根据以上两式,就可得到一个重要结果:

$$\frac{1}{2}m\,\overline{v_x^2} = \frac{1}{2}m\,\overline{v_y^2} = \frac{1}{2}m\,\overline{v_z^2} = \frac{1}{2}kT$$

即分子在每一个平动自由度上具有相同的平均动能,其大小等于 $\frac{1}{2}kT$。这也就是说,

分子的平均平动动能 $\frac{3}{2}kT$ 是均匀地分配于每一个平动自由度的。

这一结论可以推广到分子的转动和振动。根据经典统计力学的基本原理,可以导出一个普遍的定理——能量按自由度均分定理(简称能均分定理)。这个定理指出:在温度为 T 的平衡状态下,物质(气体、液体或固体)分子的每一个自由度都具有相同的平均动能,其大小都等于 $\frac{1}{2}kT$。因此,如果某种气体的分子有 t 个平动自由度,r 个转动自由度,s 个振动自由度,则分子的平均平动动能、平均转动动能和平均振动动能就分别为 $\frac{t}{2}kT$、$\frac{r}{2}kT$ 和 $\frac{s}{2}kT$,

而分子的平均总动能即为 $\frac{1}{2}(t+r+s)kT$。

　　能均分定理是关于分子热运动动能的统计规律,是对大量分子统计平均所得的结果。对于个别分子来说,在任一瞬时它的各种形式动能和总动能完全可能与根据能均分定理所确定的平均值有很大的差别,而且每一种形式动能也不见得按自由度均分。对大量分子整体来说,动能之所以会按自由度均分是依靠分子的无规则碰撞实现的。在碰撞过程中,一个分子的能量可以传递给另一个分子,一种形式的能量可以转化为另一种形式的能量,而且能量还可以从一个自由度转移到另一个自由度。分配于某一种形式或某一个自由度上的能量多了,则在碰撞时能量由这种形式、这一自由度转到其他形式或其他自由度的概率就比较大。因此,在达到平衡状态时,能量就按自由度均匀分配。外界供给气体的能量首先是通过器壁分子与气体分子的碰撞,然后通过气体分子间的相互碰撞分配到各个自由度上去的。

　　由振动学可知,谐振动在一个周期内的平均动能和平均势能是相等的。由于分子内原子的微振动可近似地看作谐振动,所以对于每一个振动自由度,分子除了具有 $\frac{1}{2}kT$ 的平均动能外,还具有 $\frac{1}{2}kT$ 的平均势能。因此,如果分子的振动自由度为 s,则分子的平均振动动能和平均振动势能应各为 $\frac{s}{2}kT$,而分子的平均总能量即为

$$\bar{\varepsilon} = \frac{1}{2}(t+r+2s)kT \qquad (4-40)$$

对于单原子分子,$t=3, r=s=0$,所以

$$\bar{\varepsilon} = \frac{3}{2}kT$$

对于刚性双原子分子,$t=3, r=2, s=0$,所以

$$\bar{\varepsilon} = \frac{5}{2}kT$$

对于非刚性双原子分子,$t=3, r=2, s=1$,所以

$$\bar{\varepsilon} = \frac{7}{2}kT$$

　　进一步的研究指出,能均分定理不仅对气体分子适用,对某些液体和固体分子也成立,这也得到了实验的证实。我们已经从微观角度对气体系统间的热平衡现象做了说明,根据能均分定理,我们可以进一步对气体与固体、液体系统间的热平衡现象做出微观解释。

4.7　理想气体的内能与热容

　　在前面,我们已从热力学的观点讨论了理想气体的内能和热容,现在再从分子动理论的观点来进一步理解这些物理量。

4.7.1　理想气体的内能

除了 4.5 节的各种形式的动能和分子内部原子间的振动势能外,由于分子间存在着相互作用的保守力,所以分子还具有与这种力相关的势能。所有分子的这些形式能量的总和称为气体的内能。气体的内能,即贮存于气体内部的能量,它包括:分子无规则热运动动能,分子间的相互作用势能,分子、原子内的能量以及原子核内的能量等。

对于理想气体,分子间无相互作用,所以其内能只是分子的各种形式动能和分子内原子间振动势能的总和。根据式(4 - 40),可确定质量为 m 的理想气体的内能为

$$U = \frac{m}{M}N_A \cdot \frac{1}{2}(t + r + 2s)kT = \frac{1}{2}\frac{m}{M}(t + r + 2s)RT \qquad (4 - 41)$$

而 1 mol 理想气体的内能为

$$u = \frac{1}{2}(t + r + 2s)RT \qquad (4 - 42)$$

因此,对于单原子分子气体

$$u = \frac{3}{2}RT$$

对于双原子分子气体有

$$u = \frac{7}{2}RT$$

由上面的结果可以看出,1 mol 理想气体的内能只取决于分子的自由度和气体的温度,而与气体的体积和压强无关。这说明,一定量的理想气体,其内能只是温度的单值函数。理想气体的这一特性,在热力学中是根据焦耳定律实验的结果总结出来的,而在这里,则从分子动理论指出了这一特性的微观原因。

4.7.2　理想气体的热容

利用上面的结果可以从理论上确定理想气体的热容。

温度升高(或降低)1 ℃物体所吸收(或放出)的热量称为物体的热容。如果物体的质量为 m,构成物体的物质的比热容为 c,则物体的热容为

$$C = mc$$

1 mol 物质温度升高(或降低)1 ℃所吸收(或放出)的热量称为物质的摩尔热容。如果物质的摩尔质量是 M,则摩尔热容为

$$C_m = mc$$

对于气体来说,随着状态变化过程的不同,升高一定温度所需的热量也不同,所以同一种气体在不同的过程中有不同的热容。在等体过程中,气体吸收的热量全部用来增加内能;在等压过程中,只有一部分用来增加内能,另一部分转化为气体膨胀时对外所做的功。因此,气体升高一定的温度,在等压过程中要比在等体过程中吸收更多的热。这也就是说,定压热容要比定容热容大。对于液体和固体,由于它们的体膨胀系数很小,所以定压热容和定容热容实际相差很少。下面来研究理想气体的定容热容。

摩尔定容热容通常用 $C_{V,\text{m}}$ 表示。设有 1 mol 的理想气体,在体积不变的条件下吸收热量 $\mathrm{d}Q$,温度升高 $\mathrm{d}T$,根据摩尔定容热容的定义有

$$C_{V,\text{m}} = \frac{\mathrm{d}Q}{\mathrm{d}T}$$

在等体过程中气体的体积不变,不对外做功,所以气体吸收的热量全部用来增加内能,即 $\mathrm{d}Q = \mathrm{d}U_\text{m}$。因此,

$$C_{V,\text{m}} = \frac{\mathrm{d}Q}{\mathrm{d}T} = \frac{\mathrm{d}U_\text{m}}{\mathrm{d}T} \qquad (4-43)$$

如前面所说,根据能均分定理,1 mol 理想气体的内能为

$$U_\text{m} = \frac{1}{2}(t + r + 2s)RT$$

所以当温度升高 $\mathrm{d}T$ 时,内能的增量应为

$$\mathrm{d}U_\text{m} = \frac{1}{2}(t + r + 2s)R\mathrm{d}T$$

代入式(4-43),即得

$$C_{V,\text{m}} = \frac{1}{2}(t + r + 2s)R \qquad (4-44)$$

这说明理想气体的摩尔定容热容是一个只与分子的自由度有关的量,它与气体的温度无关。

对于单原子分子气体,$t + r + 2s = 3$,所以

$$C_{V,\text{m}} = \frac{3}{2}R \approx 3 \text{ cal} \cdot \text{mol}^{-1} \cdot \text{K}^{-1}$$

对于刚性双原子分子气体,$t + r + 2s = 5$,所以

$$C_{V,\text{m}} = \frac{5}{2}R \approx 5 \text{ cal} \cdot \text{mol}^{-1} \cdot \text{K}^{-1}$$

这是根据能均分定理得到的结论。

表 4-1 给出了几种气体在 0 ℃时 $C_{V,\text{m}}$ 的实验值,表 4-2 和表 4-3 给出了几种双原子气体的 $C_{V,\text{m}}$ 随温度变化的实验数据。

表 4-1　在 0 ℃时,几种气体 $C_{V,\text{m}}$ 实验值的比较　　　单位:cal $\cdot$ mol^{-1} $\cdot$ K^{-1}

原子数	单原子			双原子				
气体	氦	单原子氮	单原子氧	氢气	氧气	氮气	一氧化碳	一氧化氮
	He	N	O	H_2	O_2	N_2	CO	NO
$C_{V,\text{m}}$	2.980	2.979	3.286	4.849	5.096	4.968	4.970	5.174

原子数	三原子及以上				
气体	二氧化碳	水蒸气	甲烷	乙炔	丙烯
	CO_2	H_2O	CH_4	C_2H_2	C_3H_6
$C_{V,\text{m}}$	6.579	6.015	6.311	8.020	12.340

表4-2　在不同温度下几种双原子气体 $C_{V,m}$ 实验值的比较

温度/℃	$C_{V,m}/(\text{cal} \cdot \text{mol}^{-1} \cdot \text{K}^{-1})$			
	氢气	氧气	氮气	一氧化碳
0	4.849	5.006	4.968	4.970
200	4.998	5.374	5.053	5.095
400	5.035	5.838	5.317	5.412
600	5.130	6.183	5.638	5.753
800	5.292	6.422	5.920	6.033
1 000	5.486	6.592	6.144	6.247
1 200	5.694	6.729	6.317	6.407
1 400	5.896	6.851	6.450	6.528

表4-3　在不同温度下，氢气的 $C_{V,m}$ 实验值的比较

温度/℃	-233	-183	-76	0	500	1 000	1 500	2 000	2 500
$C_{V,m}/(\text{cal} \cdot \text{mol}^{-1} \cdot \text{K}^{-1})$	2.980	3.250	4.380	4.849	5.074	5.486	5.990	6.387	6.688

4.7.3　经典理论的缺陷

　　将以上由经典热容理论值与以上各表中的实验数据相比可见，理论值并不是在任何情况下都与实验值符合得很好，仅在特定条件下才与实验值相一致。对于单原子气体，$C_{V,m}$ 的理论值与实验值很好地符合；对于双原子气体，理论值显然与实验值不符。根据经典理论，一切双原子气体应该具有完全相同的 $C_{V,m}$，但实际上不同双原子气体的 $C_{V,m}$ 是有差别的，氢气、氧气、氮气热容的实验值各不相同。更重要的是，根据经典理论，气体的 $C_{V,m}$ 应与温度无关，然而实验表明，一切双原子气体的 $C_{V,m}$ 都随温度的升高而增大。例如，氢气的 $C_{V,m}$ 在低温时约为 $\frac{3}{2}R$，在常温时约为 $\frac{5}{2}R$，只有在高温时才接近 $\frac{7}{2}R$。图4-15中画出了氢气的 $C_{V,m}$ 随温度变化的情形。其他双原子气体的 $C_{V,m}$ 随温度变化的情形也与氢气相类似。

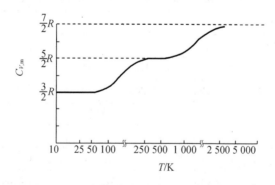

图4-15　氢气的 $C_{V,m}$ 随温度变化的情形

氢气的热容的理论值与实验值所以不符,似乎可以这样解释:双原子分子在低温时只有平动自由度,所以只有平动动能,在常温时开始有转动,这时有了转动动能,在高温时才有振动,从而分子具有振动动能和势能。这在经典理论中是不可理解的。实际上,理论与实验不符的根本原因在于,上述热容理论建立在能均分定理之上,而这个定理是以经典概念(能量的连续变化)为基础的。原子、分子等微观粒子的运动遵从量子力学规律,经典概念只有在一定的限度内才能适用。只有量子理论才能对气体热容,进行比较完满的解释。

为了说明经典理论的限度,下面简单介绍一下量子理论的结果。根据量子理论,分子的平动动能及其对气体热容的影响可以用能均分定理来计算,而振动动能和转动动能则一般不然。

1.振动动能对热容的影响

根据量子理论,双原子分子的振动动能只能取一系列不连续的值,变化时不能连续变化,只能做不连续的跳跃式的变化。如果把原子的振动近似地看作谐振动,则振动动能只能取下列数值:

$$\varepsilon_S = \left(n + \frac{1}{2} \right) h\nu \quad n = 0, 1, 2, \cdots \tag{4-45}$$

式中　正整数 n——振动量子数;

h——普朗克常量,$h = 6.626\,068\,96 \times 10^{-34}$ J·s;

ν——振动频率,对于不同的气体其数值不同。

一般说来,普朗克常量 h 和振动频率的乘积约等于玻尔兹曼常量 k 的几千倍。这就是说,要使一个分子的振动状态发生变化(例如从 $n=1$ 的状态变到 $n=2$ 的状态),必须一下子供给它几千个 k 的能量,否则就不会发生变化。但是当气体的温度在几十开尔文以下时,几乎所有分子的动能都只有几十个 k,所以在碰撞时就不可能使分子的振动动能发生变化。因此,这时振动动能实际上对热容没有影响。在常温时,振动动能开始有影响,但仍很小,在高温时,振动动能的影响才变得显著。在温度 $T \gg h\nu \gg k$ 的情形下,根据量子理论计算出的平均振动动能近似地等于 kT,即量子理论过渡到经典理论。这时,就可应用能均分定理来计算振动动能对热容的贡献了。

2.转动动能对热容的影响

转动动能的影响在性质上与振动动能的影响相类似。根据量子理论,分子的转动动能也只能取一些不连续的值:

$$\varepsilon_r = \frac{h^2}{8\pi^2 I} l(l+1) \quad l = 0, 1, 2, \cdots \tag{4-46}$$

式中　l——转动量子数;

I——两原子绕质心的转动惯量。

一般说来,$\dfrac{h^2}{8\pi^2 I}$ 约等于几十个 k,所以在温度为几开尔文的情形下,转动动能对热容的影响很小。温度在几十开尔文时,量子理论就过渡到经典理论。例如,对于氧气,在 20 K 时转动动能对 $C_{V,m}$ 的贡献就已等于 R。只有氢气,由于其原子质量小,转动惯量是其他气体的几十分之一,所以在 40 K 时,转动动能对 $C_{V,m}$ 还无贡献,到 197 K 时 $C_{V,m}$ 还小于 $\dfrac{5}{2}R$。

对于多原子气体,情形是类似的。有时由于分子的振动频率低,在室温下振动动能对 $C_{V,m}$ 就已有影响。

例题 4 - 6　标准状态下 22.4 L 的氧气和 22.4 L 的氦气相混合达到平衡,问:

(1)氦原子的平均能量是多少?

(2)氧原子的平均能量是多少?

(2)氦气所具有的内能占系统总内能的百分比是多少?

解　(1)氦原子是单原子分子,其自由度为 3,平均能量为

$$\bar{\varepsilon}_1 = \frac{3}{2}kT = \frac{3}{2} \times 1.38 \times 10^{-23} \times 273 = 5.65 \times 10^{-21} \text{ J}$$

(2)273K 时,氧原子可当作是双原子分子处理,其自由度为 5,平均能量为

$$\bar{\varepsilon}_2 = \frac{5}{2}kT = \frac{5}{2} \times 1.38 \times 10^{-23} \times 273 = 9.42 \times 10^{-21} \text{ J}$$

(3)按照题设条件,混合系统中所含氦分子数和氧分子数都等于阿伏伽德罗常数 N_A,所以,氦气所具有的内能 U_1 与系统的总内能 U 的比率为

$$\frac{U_1}{U} = \frac{N_A \cdot \frac{3}{2}kT}{N_A \cdot \frac{3}{2}kT + N_A \cdot \frac{5}{2}kT} = \frac{3}{8} = 37.5\%$$

本 章 小 结

1.分子动理论的基本观点

(1)宏观物体是由大量微观粒子——分子(或原子)组成的,分子间存在着一定的空隙。

(2)物体内的分子在不停地运动,这种运动是无规则的,其剧烈程度由物体的温度高低标志。

(3)分子之间有相互作用力(引力和斥力)。

2.理想气体的微观模型

(1)分子本身的线度与分子间平均距离相比较可以忽略不计,即分子可以看作是质点。

(2)分子在运动过程中除碰撞的瞬间以外,分子间以及分子与器壁之间的相互作用力可以忽略。

(3)分子间的碰撞以及分子与器壁间的碰撞是完全弹性碰撞,即分子的碰撞不损失动能。

3.理想气体的压强

(1)公式: $p = \frac{2}{3}n\left(\frac{1}{2}m\overline{v^2}\right) = \frac{2}{3}n\bar{\varepsilon}_k$

理想气体的压强取决于分子数密度 n 和分子的平均平动动能 $\bar{\varepsilon}_k$。

(2)统计意义:压强是宏观量,它是气体对单位面积器壁所施的恒定的作用力,从微观上说,它是大量气体分子在单位时间内对单位面积器壁所施加的平均冲量。总之,压强体

现了大量分子无规则运动的集体效应,因而具有统计意义。

4.温度的统计意义

关系式

$$\overline{\varepsilon}_k = \frac{1}{2}m\overline{v^2} = \frac{3}{2}kT$$

气体分子运动的平均平动动能只与气体的温度有关,揭示了温度是大量气体分子热运动的集体表现,因而具有统计意义。对于单个分子无温度可言。

5.气体分子的速率分布律

(1)速率分布函数 $f(v)$

$$f(v) = \frac{\mathrm{d}N}{N\mathrm{d}v}$$

该式表示分布在速率 v 附近单位速率区间内的分子数占总分子数的比率。

(2)麦克斯韦速率分布律

$$\frac{\mathrm{d}N}{N} = f(v)\mathrm{d}v = 4\pi\left(\frac{m}{2\pi kT}\right)^{\frac{3}{2}}\mathrm{e}^{-mv^2/2kT}v^2\mathrm{d}v$$

该式表示在平衡状态下,气体分子速率在 v 到 $v + \mathrm{d}v$ 区间内的分子数占总分子数的比率。

(3)三种速率

最可几速率:$v_p = \sqrt{\frac{2kT}{m}} = \sqrt{\frac{2RT}{M}}$

平均速率:$\overline{v} = \sqrt{\frac{8kT}{\pi m}} = \sqrt{\frac{8RT}{\pi M}}$

方均根速率:$\sqrt{\overline{v^2}} = \sqrt{\frac{3kT}{m}} = \sqrt{\frac{3RT}{M}}$

6.能量均分定理

在温度为 T 的平衡状态下,物质分子的每一个自由度都具有相同的平均动能,其大小都等于 $\frac{1}{2}kT$。考虑到分子具有各种形式的运动能量(包括平动动能、转动动能和振动动能),则分子的平均总动能量为 $\frac{1}{2}(t + r + 2s)kT$。

7.理想气体的内能和热容

(1)1 mol 理想气体的内能为

$$U_m = \frac{1}{2}(t + r + 2s)RT$$

(2)质量为 m 的理想气体的内能为

$$U = \frac{m}{M}\frac{1}{2}(t + r + 2s)RT$$

一定量理想气体的内能只是热力学温度的单值函数。

（3）理想气体的摩尔定容热容

$$C_{V,\mathrm{m}} = \frac{1}{2}(t + r + 2s)R$$

8. 热力学第二定律的统计意义

一个不受外界影响的孤立系统，其内部发生的过程总是由概率小的状态向概率大的状态进行，由包含微观状态数目少的宏观状态向包含微观状态数目多的宏观状态进行。

思　考　题

4.1　布朗运动是否就是分子运动？如果不是，二者有何关系？

4.2　据气体分子运动论知，气体分子有的运动速度快，有的运动速度慢，能否说速度快的分子温度高，速度慢的分子温度低？

4.3　速率分布函数的物理意义是什么？试说明下列各量的意义：

（1）$f(v)\mathrm{d}v$；

（2）$Nf(v)\mathrm{d}v$；

（3）$\int_{v_1}^{v_2} f(v)\mathrm{d}v$；

（4）$\int_{v_1}^{v_2} Nf(v)\mathrm{d}v$；

（5）$\int_{v_1}^{v_2} vf(v)\mathrm{d}v$；

（6）$\int_{v_1}^{v_2} Nvf(v)\mathrm{d}v$

4.4　在推导理想气体压强公式的过程中，哪些地方用到了理想气体微观模型的假设，哪些地方用到了平衡态的条件，哪些地方用到了统计平均的概念？

4.5　试指出下列各式所表示的物理意义：

（1）$\frac{1}{2}kT$；

（2）$\frac{3}{2}kT$；

（3）$\frac{1}{2}(t+r+s)kT$；

（4）$\frac{1}{2}(t+r+2s)kT$；

（5）$\frac{1}{2}(t+r+2s)RT$；

（6）$\frac{1}{2}\frac{m}{M}(t+r+2s)RT$。

4.6　两容器分别储有气体 A 和 B，温度和体积都相同，试说明在下列各种情况下它们的分子的速率分布是否相同？

（1）A 为氮气，B 为氢气，而且氮气和氢气的质量相等，即 $m_A = m_B$；

（2）A 和 B 均为氢气，但 $m_A \neq m_B$；

（3）A 和 B 均为氢气，而且 $m_A = m_B$，但使 A 的体积等温地膨胀到原体积的 1 倍。

4.7　图 4 - 16 所示为麦克斯韦速率分布曲线，图中 A、B 两部分面积相等，试说明图中 v_0 的意义。

4.8　设分子的速率分布曲线如图 4 - 17 所示，试在横坐标轴上大致标出最可几速率、平均速率和方均根速率的位置。

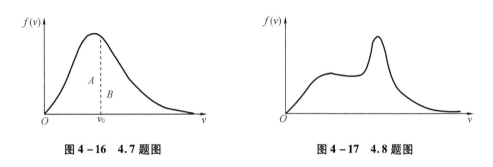

图 4 - 16　4.7 题图　　　　　　　　　　图 4 - 17　4.8 题图

4.9　两种不同的理想气体，如果它们的分子的平均速率相等。

（1）它们的方均根速率是否相等？

（2）它们的最可几速率是否相等？

（3）它们的分子的平均平动动能是否相等？

4.10　为了表明气体分子速率的分布情况，为什么图线表示法要以 $f(v) = \dfrac{dN}{N} dv$ 为纵坐标而不直接以 $\dfrac{dN}{N}$ 为纵坐标？

4.11　随着气体温度的升高，在包含最可几速率的给定范围（即区间宽度）Δv 内，气体分子占总分子数的百分率是增加还是减少？

4.12　试说明，分布在方均根速率附近一固定小速率区间 dv 内的分子数，随气体温度的升高而减少。

4.13　何谓自由度？单原子分子和双原子分子各有几个自由度，它们是否随温度而变？

4.14　某种气体由 N 个粒子组成

（1）证明：不论这些粒子的速率如何分布，其方均根速率恒大于或等于平均速率，即

$$\sqrt{v^2} \gg \bar{v}$$

（2）在什么情况下 $\sqrt{v^2} = \bar{v}$？

4.15　何谓统计规律？何谓涨落？二者有何联系？

4.16　试确定下列物体的自由度：

（1）小球沿长度一定的杆运动，而杆又以一定的角速度在平面内转动；

（2）小球沿一固定的弹簧运动，弹簧的半径和节距固定不变；

（3）长度不变的棒在平面内运动；

（4）在三度空间里运动的任意物体。

4.17　何谓内能？理想气体的内能有什么特点？

4.18　从分子动理论的观点说明大气中氢含量极少的原因。

4.19　A、B两瓶装有温度相同的氮气，若 $V_A = 2V_B$，$p_A = 2p_B$，试分析两瓶内氮气的内能是否相同？

4.20　一容器内储有某种气体，如果容器漏气，则容器内气体分子的平均动能是否会变化？气体的内能是否会变化？

习　题

4.1　设某种气体的分子速率分布函数为 $f(v)$，则速率在 $v_1 \sim v_2$ 内的分子平均速率应如何表示？

4.2　在标准状态下，体积比为 1∶2 的氧气和氦气（均视为理想气体）相混合，混合气体中氧气和氦气的内能之比是多少？

4.3　一容器内储有氧气，其压强为 $1.01 \times 10^5\,\text{Pa}$，温度为 27 ℃，求：

（1）单位体积内的分子数；

（2）氧气的密度；

（3）氧分子的质量；

（4）分子间的平均距离；

（5）分子的平均平动动能。

4.4　A、B、C 三容器中皆装有理想气体，它们的分子数密度之比为 $n_A:n_B:n_C = 4:2:1$，而分子的平均平动动能之比为 $\overline{\varepsilon}_{kA}:\overline{\varepsilon}_{kB}:\overline{\varepsilon}_{kC} = 1:2:4$，则它们的压强之比 $p_A:p_B:p_C$ 为多少？

4.5　设有一群粒子按速率分布如表 4-4 所示。

表 4-4　4.5 题表

粒子数 N_i	2	4	6	8	2
速率 $v_i/(\text{m} \cdot \text{s}^{-1})$	1.00	2.00	3.00	4.00	5.00

试求：

（1）平均速率 $\overline{v}$；

（2）方均根速率 $\sqrt{\overline{v^2}}$；

（3）最可几速率 v_p。

4.6　计算 300 K 时氧分子的最可几速率、平均速率和方均根速率。

4.7　有六个微粒，试就下列几种情形计算它们的方均根速率：

（1）六个微粒的速率均为 $10\,\text{m} \cdot \text{s}^{-1}$；

（2）三个微粒的速率为 $5\,\text{m} \cdot \text{s}^{-1}$，另三个微粒的速率为 $10\,\text{m} \cdot \text{s}^{-1}$；

（3）三个微粒静止，另三个微粒的速率为 $10\,\text{m} \cdot \text{s}^{-1}$。

4.8　气体的温度为 273 K,压强为 1.01×10^3 Pa,密度为 1.29×10^{-5} g·cm^{-3}。求:

(1)气体分子的方均根速率;

(2)气体的相对分子质量,并确定它是什么气体。

4.9　计算氧分子的最可几速率,设氧气的温度为 100 K、1 000 K 和 10 000 K。

4.10　根据麦克斯韦速率分布律,求速率倒数的平均值 $\overline{\dfrac{1}{v}}$。

4.11　某种理想气体分子在温度 T_1 时的方均根速率等于温度 T_2 时的算术平均速率,则 $T_2 : T_1$ 为多少?

4.12　用总分子数 N、气体分子速率 v 和速率分布函数 $f(v)$ 表示下列各量:

(1)速率大于 v_0 的分子数有多少?

(2)速率大于 v_0 的那些分子的平均速率是多少?

(3)多次观察某一分子的速率,发现其速率大于 v_0 的概率是多少?

4.13　一容器内储有某种气体,若已知气体的压强为 3×10^5 Pa,温度为 27 ℃,密度为 0.24 kg·m^{-3},则此种气体是何种气体? 并求出此气体分子热运动的最可几速率。

4.14　某柴油机的汽缸充满空气,压缩前空气的温度为 47 ℃,压强为 8.61×10^4 Pa。当活塞急剧上升,把空气压缩到原体积的 1/17,此时压强增大到 4.25×10^6 Pa,求这时空气的温度。

4.15　已知温度为 27 ℃的气体作用于器壁上的压强为 $10.0 \times 1.01 \times 10^5$ Pa,求此气体单位体积内的分子数。

4.16　在 90 km 高空空气的压强为 0.18 Pa,密度为 3.2×10^6 kg·m^{-3},求该处的温度和分子数密度。空气的摩尔质量取 29.0 g·mol^{-1}。

4.17　目前实验室中所能获得的真空,其压强约为 1.33×10^{-11} Pa,则在 27 ℃的条件下,在这样的真空中每立方厘米内有多少个气体分子?

4.18　一个温度为 17 ℃,容积为 11.2×10^{-3} m^3 的真空系统已抽到其真空度为 1.33×10^{-3} Pa。为了提高其真空度,将它放在 300 ℃的烘箱内烘烤,使吸附于器壁的气体分子也释放出来,烘烤后容器内压强为 1.33 Pa。器壁原来吸附了多少个分子?

4.19　如果在封闭容器中,储有处于平衡态的 A、B、C 三种理想气体。A 种气体分子数密度为 n_1,压强为 p_1;B 种气体分子数密度为 $2n_1$;C 种气体分子数密度为 $3n_1$。求混合气体的压强。

4.20　在一房间内打开空调后,其温度从 7 ℃上升至 27 ℃。试计算打开空调前后房间空气密度之比。(房间内压强可认为不变。)

4.21　2.0×10^{-2} kg 氢气装在 4.0×10^{-3} m^3 的容器内,当容器内的压强为 3.90×10^5 Pa 时,氢气分子的平均平动动能为多大?

4.22　一个能量为 1.6×10^{-7} J 的宇宙射线粒子射入氖管中,氖管中含有氖气 0.01 mol,如射线粒子能量全部转变成氖气的内能,问氖气温度升高多少。

4.23　7 g N_2 封闭在一容器内,温度为 273 K 时,试计算:

(1)N_2 分子的平均平动动能和平均转动动能;

(2)气体的内能。

4.24　温度为 27 ℃时,1mol 氧分子具有多少平动动能和转动动能？ 1 g 氮气、氢气各有多少内能？

4.25　1 mol 氦气,其分子热运动动能的总和为 3.75×10^3 J。求氦气的温度。

4.26　质量为 6.2×10^{-14} g 的微粒悬浮于 27 ℃的液体中,观察到它的方均根速率为 1.4 cm·s⁻¹。由这些结果计算阿伏伽德罗常数 N_A。

4.27　体积为 1.0×10^{-3} m³ 的容器中含有 1.01×10^{23} 个氢分子,如果其中压强为 1.01×10^5 Pa。求该氢分子的方均根速率。

4.28　求温度为 127 ℃的氢分子和氧分子的平均速率、方均根速率及最可几速率。

4.29　导体中自由电子的运动可看作类似于理想气体的运动(称为电子气)。设导体中共有 N 个自由电子,其中电子的最大速率为 v_{max},电子在速率 $v \sim v + v \mathrm{d}v$ 的分布为

$$\frac{\mathrm{d}N}{N} = \begin{cases} Av^2 \mathrm{d}v & (v_{max} \geqslant v \geqslant 0) \\ 0 & (v > v_{max}) \end{cases}$$

式中,A 为常数,试用 N、v_{max} 求出常数 A。

4.30　有 N 个粒子,其速率分布函数为

$$f(v) = \frac{\mathrm{d}N}{N \mathrm{d}v} = \begin{cases} C & (v_0 \geqslant v \geqslant 0) \\ 0 & (v > v_0) \end{cases}$$

(1)画出速率分布曲线；

(2)由 N、v_0 求出常数 C；

(3)求粒子的平均速率。

4.31　有 N 个假想的气体分子,其速率分布如图 4–18 所示(当 $v > 2v_0$ 时,粒子数为零)：

(1)由 N 和 v_0 求出常数 a；

(2)求速率在 $1.5v_0$ 到 $2.0v_0$ 之间的分子数；

(3)求粒子的平均速率。

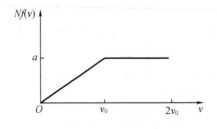

图 4–18　4.31 题图

4.32　飞机在起飞前机舱中的压强计指示为 10^5 Pa,温度为 27 ℃,起飞后压强计指示为 8×10^4 Pa,温度仍为 27 ℃。试计算飞机距地面的高度。

4.33　上升到什么高度处大气压强减为地面的 75%？设空气的温度为 0 ℃。

4.34　设地球大气是等温的,温度为 5.0 ℃,海平面上的大气压强为 10^5 Pa,今测得某

山顶的大气压强 7.87×10^4 Pa,求山高。已知空气的平均相对分子质量为 28.97。

4.35　在室温 300 K 下,1 mol 氢气和 1 mol 氮气的内能各是多少? 1 g 氢气和 1 g 氮气的内能各是多少?

4.36　某种气体的分子由四个原子组成,它们分别处在正四面体的四个顶点。

(1)求这种分子的平动、转动和振动的自由度;

(2)根据能均分定理求这种气体的摩尔定容热容。

第 5 章　气体内的输运过程

在前几章中,我们通过对气体(主要是理想气体)的研究,介绍了用气体动理论研究热学问题的基本观点和方法。但所涉及的都是气体在平衡态下的性质和规律,然而,实际上,自然界各种宏观系统一般都处于非平衡态和在非平衡态下的变化过程。而平衡态只是个别的暂时的情况,准静态过程也只是与实际过程近似的、理想化的过程。与平衡态、准静态过程相比,非平衡态、非静态过程的情况复杂得多,对它们的描述和处理也复杂得多,本书只介绍比较简单的情况,即接近平衡态的非平衡过程,具体讨论气体的黏滞、热传导和扩散这三种典型的由非平衡态趋向平衡态的变化过程。由于这三种过程中都发生某种物理量的输运或迁移,故统称为输运过程,又称为内迁移现象。为使问题简化,我们只讨论每一种单纯的输运过程。

研究输运过程必须考虑到分子间相互作用对运动的影响,本章先将分子看作刚球,把分子间的碰撞机制简化为刚球的弹性碰撞,从而引入分子平均自由程的概念;然后分别从宏观、微观两种不同的角度研究这三种输运过程的规律,并通过对经这两种途径所得的结果的比较,认识三种输运系数(黏滞系数、热传导系数、扩散系数)的微观实质,以及它们之间的内在联系。同时,通过这些现象的研究,再一次检验气体动理论这一理论的正确性。

在输运过程中,气体所处的状态就总体来说是非平衡态,但在偏离平衡态不远的情况下,可以认为每个局部区域仍处于平衡态,故仍可用温度、压强等状态参量表示,并且平衡态下的气体的分子速率分布定律——麦克斯韦速率分布律以及由此导出的分子平均速率公式仍然适用。

5.1　气体分子的平均自由程

为要从气体动理论观点研究气体输运过程,我们首先介绍处理这一类问题用到的一种气体微观模型,并在此基础上引入气体分子平均自由程和分子平均碰撞频率的概念。

5.1.1　分子间的碰撞与无引力的弹性刚球模型

如前所述,在室温下,气体分子的平均速率约为每秒几百米。这样看来。气体中的一切过程好像应该在一瞬间就会完成。但是,为什么打开香水瓶后,香气并不是立即传到远处?为什么冬天点燃火炉后,屋子里不是马上变热?克劳修斯首先提出"分子间相互碰撞"的概念回答了这个问题。他指出,这是因为分子的运动并不是畅通无阻,而是频繁地受到其他分子的碰撞,致使其路程变得迂回曲折(图 5 -1),分子由 A 点移至 B 点的过程中不断地与其他分子碰撞。由此看来,分子间的碰撞问题对于气体内的输运过程具有重要的影响,不能像前一章研究理想气体压强那样,可以不考虑分子间的碰撞且不影响所得的结果。根据这些事实,提出了另一种气体微观模型。这种模型把分子看作无引力的弹性刚球,两刚球质心间距为 d,两个分子之间的距离为 r、势能为 E_p,则有如下关系:

当 $r > d$ 时,

$$E_\mathrm{p} = 0$$

当 $r \leqslant d$ 时,

$$E_\mathrm{p} = \infty$$

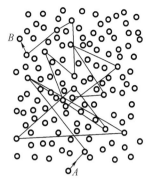

图 5 – 1 气体分子间的碰撞

当两分子间的距离较大时,它们之间无相互作用力,分子做匀速直线运动,当二者质心间的距离减小到一定距离 d(即分子有效直径)时,便突然发生无穷大的斥力,以阻止分子间的接近,并使分子的运动改变方向。

我们知道分子是一个复杂的系统,把两个分子间的这种相互作用过程看成是两个无引力的弹性刚球之间的碰撞,只不过是为了使问题简化和形象化。这种模型与理想气体微观模型相比,同样忽略了分子间的引力(因此,同样只适用于稀薄气体),但考虑了分子斥力起作用时,两个分子质心之间有一定的距离,即考虑了分子体积,而不是像理想气体微观模型那样,忽略了分子本身的大小。

5.1.2 分子的平均碰撞频率

气体输运过程的快慢与分子间相互碰撞的频繁程度有密切的关系,为了表示这种频繁程度,我们引入分子碰撞频率的概念。

每个分子在单位时间内与其他分子发生碰撞的次数的多少是偶然的。从统计观点来说,对于研究气体的性质和规律特别重要的是每个分子平均在单位时间内与其他分子相碰的次数。这个量称为分子的平均碰撞频率,以 Z 表示,其数值的大小反映气体分子间发生碰撞的频繁程度。

为了推导分子平均碰撞频率的公式,我们来追踪一个分子 A,计算它在单位时间内与多少个分子相碰。推导时,我们先把其他的分子看作静止的,而考虑分子 A 以平均相对速率 $\bar{v}$ 运动,在时间 t 内,分子走过的平均路程为 $\bar{v}t$。由图 5 – 2 可以看出,虽然分子的半径仅为 $d/2$,但当分子 A 前进时,只要其他分子的中心与 A 所扫过的圆柱体的轴线的距离小于 d,就能彼此相碰并使 A 改变方向(当然由于假定分子是刚球,碰撞时两分子质心之间的距离仍为 d)。由此可以设想,如果以分子 A 的中心的运动轨迹为轴线,以分子的有效直径 d 为半径做一个曲折的圆柱体,则凡是中心在此圆柱体内的分子都会与 A 分子相碰,也只有在此圆柱体内的分子才会与分子 A 相碰。为了便于计算分子碰撞频率,可以想象把这曲折圆柱体折合成一个直圆柱体(体积不会改变)。柱体的截面 $\sigma = \pi d^2$,称为分子的碰撞截面。在时间 t 内,相应的圆柱体的体积为 $\sigma \bar{v} t$。如果以 n 表示气体分子数密度,则在此圆柱体内的总分子数为 $n \sigma \bar{v} t$。在时间 t 内,有这些分子与分子 A 相碰,由此得出气体分子的平均碰撞频率为

$$Z = \frac{n\sigma t \bar{v}}{t} = n\sigma \bar{v}$$

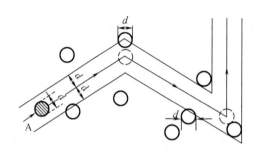

图 5 - 2　凡是中心在圆柱内的分子都会与分子 A 相碰

上面是假定一个分子运动而其余分子都静止所得出的结果。实际上一切分子都在运动,因此上式必须修正,如果考虑所有分子都在运动并按麦克斯韦速率分布律分布,就可从理论上求出气体分子平均相对速率 $\bar{u}$ 与平均速率 $\bar{v}$ 之间存在以下关系:

$$\bar{u} = \sqrt{2}\,\bar{v}$$

由此得出气体分子的平均碰撞频率为

$$Z = \sqrt{2}\,n\sigma \bar{v} = \sqrt{2}\,n\pi d^2 \bar{v} \qquad (5-1)$$

由此式可以看出,分子平均碰撞频率除与分子平均速率 $\bar{v}$、分子数密度 n 成正比外,还与分子有效直径 d 的平方成正比。可见,分子的大小对碰撞的频繁程度起着重要的作用。我们曾经指出,在输运过程中,可以认为,由麦克斯韦速率分布定律导出的气体分子平均速率公式 $\bar{v} = \sqrt{8kT/(\pi m)}$ 对局部区域的平衡态仍然成立。此式表示 $\bar{v}$ 与气体种类 (m) 和状态 (T) 有关。又因 d 与分子种类有关,而 n 与气体状态有关,所以气体分子的平均碰撞频率的大小与气体的种类和所处的状态有关。

5.1.3　分子平均自由程

此外,每个分子在任意两次连续碰撞之间所通过的自由路程的长短具有偶然性。对于研究气体的性质和规律,特别重要的是分子在连续两次碰撞之间所通过的自由路程的平均值。所以,我们还可以从另一侧面描述气体分子间发生碰撞的频繁程度,为此引入分子平均自由程的概念。分子在连续两次碰撞间所经过的自由路程的平均值,称为分子平均自由程,以 λ 表示。由于在时间 t 内分子平均走过的距离为 $\bar{v}t$,而在这过程中分子平均地经过了 Zt 次碰撞,于是根据定义平均自由程为

$$\lambda = \frac{\bar{v}t}{Zt} = \frac{\bar{v}}{Z} = \frac{1}{\sqrt{2}\,\pi d^2 n} \qquad (5-2)$$

平均自由程与分子有效直径 d 的平方及分子数密度 n 成反比,而与平均速率 $\bar{v}$ 无关。这就是说,当分子大小和分子数密度一定时,平均地说,分子每走多远碰撞一次是确定的,而不论分子运动的快慢。运动越快只不过是在相同的时间内碰撞的次数越多。分子平均自由程的数值由气体种类和所处的状态决定,对一定种类的气体而言,当其越稀薄时,分子

的平均自由程越大。为了找出 λ 与气体状态参量的关系，可以近似地将 $p = nkT$ 的关系代入式(5-2)，于是得

$$\lambda = \frac{kT}{\sqrt{2}\pi d^2 p} \tag{5-3}$$

这说明，当温度一定时，分子平均自由程与压强成反比。

例题 5-1　计算空气分子在标准状态下的平均自由程和碰撞频率，取分子的有效直径 $d = 3.5 \times 10^{-10}$ m。已知空气的平均相对分子质量为 29。

解　已知 $T = 273$ K，$p = 1.01 \times 10^5$ Pa，$d = 3.5 \times 10^{-10}$ m，$k = 1.38 \times 10^{-23}$ J·K^{-1}，各值代入式(5-3)得

$$\lambda = \frac{kT}{\sqrt{2}\pi d^2 p} = \frac{1.38 \times 10^{-23} \times 273}{1.41 \times 3.14 \times (3.5 \times 10^{-10})^2 \times 1.01 \times 10^5} = 6.9 \times 10^{-8} \text{ m}$$

可见，在标准状态下，空气分子的平均自由程约为其有效直径 d 的 200 倍。

已知空气的平均摩尔质量为 29×10^{-3} kg·mol^{-1}，代入 $\bar{v} = \sqrt{8kT/(\pi m)}$ 可求出空气分子在标准状态下的平均速率为 $\bar{v} = 448$ m·s^{-1}，将 $\bar{v}$ 和 λ 代入式(5-2)，可求出空气分子的碰撞频率为

$$Z = \frac{\bar{v}}{\lambda} = \frac{448}{6.9 \times 10^{-8}} = 6.5 \times 10^9 \text{ s}^{-1}$$

即平均地讲，每个分子每秒与其他分子碰撞 65 亿次。

例题 5-2　试计算氮气在标准状态下的分子平均碰撞频率和平均自由程，已知氮分子的有效直径为 3.70×10^{-10}m。

解　(1)根据分子平均速率

$$\bar{v} = \sqrt{\frac{8RT}{\pi M}} = 1.59\sqrt{\frac{8.31 \times 273}{2.8 \times 10^{-4}}} = 453 \text{ m·s}^{-1}$$

在标准状态下任何气体分子的数密度为 $n_0 = 2.69 \times 10^{25}$ m^{-3}，将数据代入式(5-1)即可计算碰撞频率：

$$\begin{aligned}
Z &= \sqrt{2}\, n_0 \pi d^2 \bar{v} \\
&= \sqrt{2} \times 3.14 \times (3.70 \times 10^{-10})^2 \times 453 \times 2.69 \times 10^{25} \\
&= 7.41 \times 10^9 \text{ s}^{-1}
\end{aligned}$$

即平均每个分子每秒与其他分子碰撞 70 亿次。

(2)平均自由程为

$$\lambda = \frac{\bar{v}}{Z} = \frac{453}{7.41 \times 10^9} = 6.11 \times 10^{-8} \text{ m}$$

即平均自由程为万万分之几米，约为氮分子有效直径的 200 倍。

当维持温度不变时将压强降至 $p = 1.33 \times 10^{-2}$ Pa 时，根据式(5-3)，分子的平均自由程变为

$$\lambda_2 = \frac{p_1}{p_2}\lambda_1 = \frac{1.01 \times 10^5}{1.33 \times 10^{-2}} \times 6.11 \times 10^{-8} = 0.464 \text{ m}$$

假若容器的线度是 10 cm，则分子在容器中要往返若干次才会与另外的分子碰撞，尽管

可以计算出这时每立方厘米中还约有 4×10^{12} 个分子,但可以认为容器内是十分空旷的,分子可自由地在容器中飞来飞去。

表 5-1 所列的数据是在 15 ℃,1.01×10^5 Pa 下,几种气体分子的平均自由程 λ 和分子有效直径 d。表 5-2 列出了 0 ℃时,不同压强下空气分子的平均自由程 λ。

表 5-1　在 15 ℃,1.01×10^5 Pa 下,几种气体分子的 λ 和 d

气体	λ / m	d / m
氢气	11.8×10^{-8}	2.7×10^{-10}
氮气	6.28×10^{-8}	3.7×10^{-10}
氧气	6.79×10^{-8}	3.6×10^{-10}
二氧化碳	4.19×10^{-8}	4.6×10^{-10}

表 5-2　在 0 ℃,不同压强下,空气分子的 λ

压强/1.33 kPa	λ / m
760	7×10^{-8}
1	5×10^{-5}
10^{-2}	5×10^{-2}
10^{-3}	5×10^{-1}
10^{-6}	50

5.1.4　分子按自由程的分布

分子在任意两次连续碰撞之间所通过的自由程有长有短,而我们所说的自由程具有平均的意义。现在进一步研究,在全部分子中,自由程介于任一给定长度区间 $x \sim x + \mathrm{d}x$ 内的分子有多少,即研究分子按自由程的分布。

设某一时刻一组分子总数为 N_0 个,它们在随后的运动中将与组外其他分子相碰,每发生一次碰撞,这组分子就减少一个。设这组分子通过路程 x 时还剩下 N 个,而在下一段路程 $\mathrm{d}x$ 上,又减少了 $\mathrm{d}N$ 个($-\mathrm{d}N$ 表示 N 的减少量)。下面来确定 N 和 $\mathrm{d}N$。

设分子的平均自由程为 λ,则在单位长度的路程上,每个分子平均碰撞 $1/\lambda$ 次,在长度为 $\mathrm{d}x$ 路程上,每个分子平均碰撞 $\mathrm{d}x/\lambda$ 次,而 N 个分子在 $\mathrm{d}x$ 路程上平均碰撞 $N\mathrm{d}x/\lambda$ 次,因此,分子数的减少量为

$$-\mathrm{d}N = \frac{1}{\lambda} N \mathrm{d}x \qquad (5-4)$$

取不定积分,即得

$$\ln N = -\frac{x}{\lambda} + C$$

式中,C 为积分常数。初始条件当 $x = 0$ 时,$N = N_0$,代入上式可得

$$\ln N_0 = C$$

最终可得

$$\ln \frac{N}{N_0} = - \frac{x}{\lambda}$$

把对数式化为指数式,可得

$$N = N_0 e^{- \frac{x}{\lambda}} \qquad (5-5)$$

式(5-5)中 N 表示在 N_0 个分子中自由程大于 x 的分子数。将式(5-5)代入式(5-4)中得

$$- dN = \frac{1}{\lambda} N_0 e^{- \frac{x}{\lambda}} dx \qquad (5-6)$$

显然 dN 表示在自由程介于 $x \sim x + dx$ 内的分子数,式(5-5)和式(5-4)就是分子按自由程分布的规律。

例题 5-3 在 N_0 个分子中,自由程大于和小于 λ 的分子各有多少?

解 已知 $x = \lambda$,代入式(5-5)即可求出自由程大于 λ 的分子数:

$$N = N_0 e^{-1} \approx N_0 / 2.7 \approx 0.37 N_0$$

自由程小于 λ 的分子数为

$$N' = N_0 - N \approx 0.63 N_0$$

5.2 输运过程的宏观规律

从表面上看来,气体的黏滞现象、热传导现象和扩散现象好像互不相关,但实际上这三种现象具有共同的宏观特征和微观机制。因此,本节集中介绍这三种现象的宏观规律,在下节中再从分子动理论的观点统一地阐明它们的微观实质。

5.2.1 黏滞现象及其宏观规律

在力学中曾讨论过流体的黏滞现象,当流体各层的流速不同时,则通过任一平行于流速的截面,相邻两部分气体将平行于截面互施作用力:力的作用使流动慢的气层加速,使流动快的气层减速。这种现象称为黏滞现象或内摩擦现象。这种相互作用力称为内摩擦力或黏滞力。为了使讨论简单,设气体平行于 xOy 平面沿 y 轴正方向流动,流速 u 随 z 逐渐加大(图 5-3)。如在 $z = z_0$ 处垂直于 z 轴取一截面将气体分成 A、B 两部分,则 A 部分将施于 B 部分一平行于 y 轴负方向的力,而 B 部分将施于 A 部分一大小相等、方向相反的力。根据对实验结果的分析可以确定,如以 f 表示 A、B 两部分相互作用的黏滞力的大小,以 dS 表示所取的截面积,以 $\left(\dfrac{du}{dz} \right)_{z_0}$ 表示截面所在处的速度梯度,则

$$f = \eta \left(\frac{du}{dz} \right)_{z_0} dS \qquad (5-7)$$

式(5-7)称为牛顿黏滞定律,式中的比例系数 η 称为气体的黏滞系数,它与气体的性质和

状态有关,其单位为 $N \cdot s \cdot m^{-2}$。

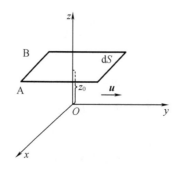

图 5 – 3　动量的输运

黏滞现象的基本规律还可用另一种形式来表述。从效果上看,黏滞力的作用将使 B 部分的流动动量减小,使 A 部分的流动动量加大。如以 dK 表示在一段时间 dt 内通过截面积 dS 沿 z 轴正方向输运的动量,即由 A 部分传递给 B 部分的动量,则根据动量定理 $dK = fdt$,式(5 – 7)可写作

$$dK = -\eta \left(\frac{du}{dz} \right)_{z_0} dSdt \qquad (5 – 8)$$

因为动量是沿着流速减小的方向输运的,若 $\left(\frac{du}{dz} \right) > 0$,则 $dK < 0$,而黏滞总是正的,所以应加一负号。

5.2.2　热传导现象的宏观规律

热传导是热传递的三种方式(热传导、对流、热辐射)之一。当气体内各处的温度不均匀时,就会有热量从温度较高处传递到温度较低处,这种现象称为热传导现象。为简单起见。设温度沿 z 轴正方向逐渐升高,如果在 $z = z_0$ 处垂直于 z 轴取一截面 dS 将气体分成 A、B 两部分,则热量将通过 dS 由 B 部分传递到 A 部分。如以 dQ 表示在时间 dt 内通过 dS 沿 z 轴正向传递的热量,以 $\left(\frac{dT}{dz} \right)_{z_0}$ 表示 dS 所在处的温度梯度,则热传导的基本规律可写作

$$dQ = -\kappa \left(\frac{dT}{dz} \right)_{z_0} dSdt \qquad (5 – 9)$$

式中的比例系数 κ 称为气体的导热系数,其单位为 $W \cdot m^{-1} \cdot K^{-1}$,负号表明热量沿温度减小的方向输运。式(5 – 9)称为傅里叶定律。

5.2.3　扩散现象

在混合气体内部,当某种气体的密度不均匀时,则这种气体将从密度大的地方移向密度小的地方,这种现象称为扩散现象。例如从液面蒸发出来的水汽分子不断地散播开来,就是依靠扩散。扩散过程比较复杂,单就一种气体来说,在温度均匀的情况下,密度的不均匀将导致压强的不均匀,从而产生宏观气流,这样在气体内主要发生的就不是扩散过程。

就两种分子组成的混合气体来说,也只有保持温度和总压强处处均匀的情况下,才可能发生单纯的扩散过程。本节只研究单纯的扩散过程,而且只研究一种最简单的情形:两种气体的化学成分相同,但其中一种气体的分子具有放射性(例如,两种气体都是 CO_2,但两种气体分子中的 C 却是不同的同位素,一种是 ^{12}C,一种是 ^{14}C,后者具有放射性),它们的温度和压强都相同,放置在同一容器中,中间用隔板隔开[图 5-4(a)]。若将隔板抽去,扩散就开始进行。在设想的情况下,总的密度各处一样,各部分的压强是均匀的,所以不产生宏观气流;又因温度均匀,相对分子质量相近,所以两种分子的平均速率接近相等。这样,每种气体将因其本身密度的不均匀而进行单纯的扩散[图 5-4(b)]。下面,我们就来讨论其中任一种气体(如具有放射性的二氧化碳)的扩散规律。

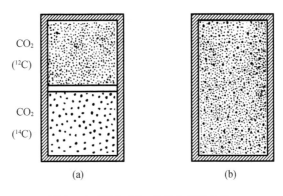

图 5-4　两种 CO_2 气体分子的扩散

扩散的基本规律在形式上与黏滞现象及热传导现象的相似。设气体的密度沿 z 轴正方向逐渐加大,如在 $z = z_0$ 处垂直于 z 轴取一截面 dS 将气体分成 A、B 两部分,则气体将从 B 部分扩散到 A 部分,而在时间 dt 内沿 z 轴正方向穿过 dS 的气体的质量为

$$dm_g = -D\left(\frac{d\rho}{dz}\right)_{z_0} dS dt \tag{5-10}$$

式中　$\left(\dfrac{d\rho}{dz}\right)_{z_0}$——$z = z_0$ 处的密度梯度;

　　　D——气体的扩散系数,$m^2 \cdot s^{-1}$;

　　　负号的意义同前。

式(5-10)称为斐克定律。需要特别指出的是,这个定律对任意两种不同气体(如氧和氮)的相互扩散过程同样适用。

由以上的讨论可见,上述三种现象具有共同的宏观特征。这些现象的发生都是由于气体内部存在着一定的不均匀性,式(5-8)、式(5-9)和式(5-10)右端的梯度正是对这些不均匀性的定量描述,而各式左端表示的乃是消除这些不均匀性的倾向;从定性的意义上讲,这些现象乃是从各个不同的方面揭示出气体趋向于各处均匀一致的特性。

5.3　输运过程的微观解释

气体内部所以能够发生输运过程,首先是由于分子不停地热运动,当气体内存在着不均匀性时,一般可以说,各处的分子就具有不同的特点。例如,当气体的温度不均匀时,各处的分子就具有与该处温度相对应的平均能量,热运动使分子由一处转移到另一处,结果就使各处的"特点"不断地混合起来。因此,原来存在着不均匀性的气体,由于各处分子的这种不断地相互"掺混",会逐渐趋于均匀一致。值得指出的是,分子的热运动虽然是气体内输运过程的一个重要因素,但却不是唯一的主要因素。在研究输运过程时,我们还必须注意到另一个因素,即分子间的相互碰撞。碰撞使分子沿着迂回曲折的路线运动,因而直接影响着分子迂回各处的效率。分子间的碰撞越频繁,分子运动所循的路线就越曲折,分子由一处转移到另一处所需的时间也就越长,分子的"掺混"就进行得越缓慢。因此,分子间相互碰撞的频繁程度直接决定着输运过程的强弱。

5.3.1　黏滞现象的微观解释

从分子动理论的观点来看,当气体流动时,每个分子除了具有热运动动量外,还附加有定向运动动量。如果用 m 表示分子的质量,u 表示气体的流速,则每个分子的定向运动动量为 mu。按照前面的假设,气体的流速沿 z 轴的正方向增大,所以截面 $\mathrm{d}S$ 以下 A 部分分子的定向动量小,而截面以上 B 部分分子的定向动量大。由于热运动,A、B 两部分的分子不断地交换,A 部分分子带着较小的定向动量转移到 B 部分,B 部分分子带着较大的定向动量转移到 A 部分。结果 A 部分总的流动动量增大,而 B 部分的则减小,其效果在宏观上就相当于A、B 两部分互施黏滞力,因此,黏滞现象是气体内定向动量输运的结果。

为了推导出黏滞现象的宏观规律,我们来计算在一段时间 $\mathrm{d}t$ 内由热运动和碰撞所引起的定向动量的输运。在时间 $\mathrm{d}t$ 内,沿 z 轴正方向输运的总动量就等于 A、B 两部分在这段时间内交换的分子对数乘以每交换一对分子所引起的动量改变。

首先,我们计算在时间 $\mathrm{d}t$ 内,由 A 部分通过 $\mathrm{d}S$ 面移到 B 部分的分子数,实际上 A 部分的分子是沿着一切可能的方向移到 B 部分的。为了使计算简单见,我们可以根据分子热运动的无规则性做一简化假设:设分子等分成三队,其中一队平行于 z 轴运动,另两队分别平行于 x 轴和 y 轴运动,显然,有意义的只是第一队中通过 $\mathrm{d}S$ 面向上运动的一半,这就是说,包含在任一体积内的所有分子中,平行于 z 轴向上运动的分子数只占总数的1/6。为了求出在时间 $\mathrm{d}t$ 内通过 $\mathrm{d}S$ 面的分子数,我们可用 $\mathrm{d}S$ 为顶,作一高度为 $\bar{v}\mathrm{d}t$ 的柱体(图 5-5)。显然,在任一时刻,在这个柱体内平行于 z 轴向上运动的分子,经过时间 $\mathrm{d}t$ 后都能通过 $\mathrm{d}S$。它们的数目就等于包含在这柱体内的分子总数的1/6。如果用 n 表示单位体积内的分子数,则在时间 $\mathrm{d}t$ 内由 A 部分通过 $\mathrm{d}S$ 面移到 B 部

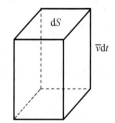

图 5-5　$\mathrm{d}S$ 为顶,高度为 $\bar{v}\mathrm{d}t$ 的柱体

的分子数就等于

$$dN = \frac{1}{6}n\bar{v}dSdt \tag{5-11}$$

由于气体各部分具有相同的温度和分子数密度,所以根据同样的道理,在这段时间内有同样多的分子由 B 部分移到 A 部分,即 A、B 两部分交换的分子数目相同。因此,在时间 dt 内通过 dS 面交换的分子对数就等于 $\frac{1}{6}n\bar{v}dSdt$。

其次,我们来计算 A、B 两部分每交换一对分子所输运的动量,由于 A、B 两部分分子的定向动量不同,所以每交换一对分子,A 部分就得到一定的动量 mu_A,而 B 部分就失去一定的动量 mu_B,交换一对分子沿 z 轴正方向输运的动量为 $mu_A - mu_B$。根据给定的条件,流速是沿 z 轴正方向逐渐增大的,所以不论对 A 部分或是对 B 部分来说,处在不同气层内的分子的定向动量仍然是不同的。因此,要具体计算出交换一对分子沿 z 轴正方向输运的动量,就必须解决一个问题:由 A 部分转移到 B 部分(或由 B 部分转移到 A 部分)的分子究竟具有多大的定向动量?

前面曾经提到,平衡态的建立和维持是分子间相互碰撞的结果,说得更具体一些,设想把几个分子注入温度为 T 的气体中,则不管它们原来的速度如何,最后它们必然变得与其他分子无从区别,可以说它们被"同化"了。在输运过程的简化理论中,为了计算这个问题提出一个所谓"一次碰撞同化"假设。它们所以会被"同化"而获得集体的特点,正是由于与其他分子碰撞的结果。根据这样的事实,在输运过程的简单理论中,解决分子带多大定向动量的问题,依靠一个基本的简化假设,即分子受一次碰撞就被完全"同化"。这就是说当任一分子在运动过程中与某一气层中的其他分子发生碰撞时,它就舍弃掉原来的定向动量,而获得受碰处的定向动量。

由于黏滞力是发生在以 dS 为界的相邻两层气体之间的,根据这个假设,我们可以认为 A、B 两部分所交换的分子都具有通过 dS 面前最后一次受碰处的定向动量。显然,各个分子通过 dS 面前最后一次受碰的位置是不相同的。但是根据分子按自由程分布的规律不难求出,所以 B 部分(或 A 部分)向下(或向上)通过 dS 面前最后一次受碰处与 dS 面之间的平均距离正好等于分子的平均自由程 λ。这就是说,B 部分的分子通过 dS 面前所带的定向动量为 $mu_{z_0+\lambda}$,而 A 部分的分子通过 dS 面前所带的定向动量则为 $mu_{z_0-\lambda}$。因此,可以把 $mu_A - mu_B$ 具体写作

$$dk = mu_A - mu_B = mu_{z_0-\lambda} - mu_{z_0+\lambda}$$

式中,$mu_{z_0-\lambda}$ 和 $mu_{z_0+\lambda}$ 分别表示气体在 $z = z_0 - \lambda$ 和 $z = z_0 + \lambda$ 处的流速。

如果 $\left(\frac{du}{dz}\right)_{z_0}$ 表示 $z = z_0$ 处的速度梯度,显然

$$u_{z_0-\lambda} - u_{z_0+\lambda} = -2\lambda\left(\frac{du}{dz}\right)_{z_0} \tag{5-12}$$

代入前式,即得

$$mu_A - mu_B = -2m\lambda\left(\frac{du}{dz}\right)_{z_0} \tag{5-13}$$

将式(5-11)和式(5-13)相乘,就得到在时间 dt 内通过 dS 面沿 z 轴正方向的输运的

总动量：

$$dK = -\frac{1}{3}nm\bar{v}\lambda\left(\frac{du}{dz}\right)_{z_0}dSdt = -\frac{1}{3}\rho\bar{v}\lambda\left(\frac{du}{dz}\right)_{z_0}dSdt$$

式中,$\rho = nm$ 为气体的密度。这就是从分子动理论的观点导出了黏滞现象的规律,把这个结果与式(5-8)相比较,可得

$$\eta = \frac{1}{3}\rho\bar{v}\lambda \tag{5-14}$$

可见气体的黏滞度与 ρ、v、λ 有关,因而取决于气体的性质和状态,从而揭示了这一系数的微观实质。

5.3.2　热传导现象的微观解释

下面研究热传导现象的微观机制,并由气体动理论推导导热系数。

从分子动理论的观点来看,A 部分的温度低,分子的平均热运动能量小,B 部分的温度高,分子的平均热运动能量大。由于热运动,A、B 两部分不断交换分子,发生了能量的不等值交换,结果使一部分热运动能量从 B 部分输运到 A 部分,这就形成宏观上热量的传递。

从气体动理论可以推导出热传导的宏观规律。设 A 部分的温度为 T_A,B 部分的温度为 T_B。在温度差不很大的情况下,我们可近似地认为 $n_A\bar{v}_A = n_B\bar{v}_B = n\bar{v}$,因此,在时间 dt 内通过 dS 面,A、B 两部分交换的分子对数为 $\frac{1}{6}n\bar{v}dSdt$。根据能均分定理,A 部分分子的平均热运动能量为

$$\frac{1}{2}(t+r+2s)kT_A$$

B 部分子的平均热运动能量为

$$\frac{1}{2}(t+r+2s)kT_B$$

因此,每交换一对分子,沿 z 轴正方向输送的能量为

$$\frac{1}{2}(t+r+2s)kT_A - \frac{1}{2}(t+r+2s)kT_B$$

而在时间 dt 内通过 dS 面输运的总能量,即沿 z 轴正方向传递的热量为

$$dQ = \frac{1}{6}n\bar{v}dSdt\frac{(t+r+2s)}{2}k(T_A - T_B)$$

用温度梯度来表示温度差,则有

$$T_A - T_B = -2\lambda\left(\frac{dT}{dz}\right)_{z_0}$$

因此

$$dQ = -\frac{1}{3}n\bar{v}\lambda\frac{(t+r+2s)}{2}k\left(\frac{dT}{dz}\right)_{z_0}dSdt$$

与热传导的宏观规律式(5-9)相比,可得导热系数为

$$\kappa = \frac{1}{3}n\bar{v}\lambda\frac{(t+r+2s)}{2}k \tag{5-15}$$

如第 3.4 节中指出,气体的定容热容为

$$C_V = \frac{dU}{dT} = \frac{(t+r+2s)Nk}{2}$$

而比定容热容(在体积不变的情况下,单位质量的某种物质温度升高 1 K 所吸收的热量)为

$$c_V = \frac{C_V}{m} = \frac{(t+r+2s)Nk/2}{m}$$

式中　m——气体的质量;

　　　N——分子数。

把这个关系代入式(5-15),可得导热系数为

$$\kappa = \frac{1}{3}\rho\bar{v}\lambda c_V \tag{5-16}$$

此式表明,气体热传导系数与气体密度、比定容热容、分子平均速率和平均自由程成正比,从而揭示了热传导系数大小的微观机制。

5.3.3　扩散现象的微观解释

下面以放射性 CO_2 气体为例从气体动理论推导扩散系数。从分子动理论的观点来看,A 部分的密度小,单位体积内的分子数目少,B 部分的密度大,单位体积内的分子数目多。因此,在相同的时间内,由 A 部分转移到 B 部分的分子数目少,而由 B 部分转移到 A 部分的分子数目多,结果在 A、B 间发生了放射性 CO_2 气体分子数量的不等值交换,这就形成了宏观上物质的输运,从而引起扩散现象。按照前述关于黏滞现象和热传导现象的讨论,可以确定,在时间 dt 内通过 dS 面沿 z 轴正方向输运的气体的质量为

$$dm_g = m\left(\frac{1}{6}n_A v dS dt - \frac{1}{6}n_B v dS dt\right)$$

将上式与宏观规律式(5-10)相比,可得扩散系数

$$D = \frac{1}{3}\bar{v}\lambda \tag{5-17}$$

此式给出了扩散系数这一宏观量的统计平均值与微观量的统计平均值平均速率和平均自由程之间的关系,从而揭示了扩散系数的微观机制。

5.3.4　理论结果与实验的比较

下面,我们从几方面将理论结果与实验相比较。

1. η、κ 和 D 与气体状态参量之间的关系

将 $\rho = mn$，$\bar{v} = \sqrt{\dfrac{8kT}{\pi m}}$，$\lambda = \dfrac{1}{\sqrt{2}\sigma n}$ 及 $n = \dfrac{p}{kT}$ 代入式(5-14)、式(5-16)和式(5-17),可得

$$\eta = \frac{1}{3}\rho\bar{v}\lambda = \frac{1}{3}\sqrt{\frac{4km}{\pi}}\frac{T^{1/2}}{\sigma} \tag{5-18}$$

$$\kappa = \frac{1}{3}\rho\bar{v}\lambda c_V = \frac{1}{3}\sqrt{\frac{4km}{\pi}}c_V\frac{T^{1/2}}{\sigma} \tag{5-19}$$

$$D = \frac{1}{3}\bar{v}\lambda = \frac{1}{3}\sqrt{\frac{4kT}{\pi m}}\frac{1}{\sigma n} = \frac{1}{3}\sqrt{\frac{4k^3}{\pi m}}\frac{T^{3/2}}{\sigma p} \tag{5-20}$$

从以上三式可以看出,在一定的温度下,黏滞系数 η 和导热系数 κ 与压强 p 或单位体积内的分子数 n 无关;扩散系数 D 与 p 或 n 成反比。η 与 p 无关的结论最初是由麦克斯韦从理论上推断出的,乍看起来很难理解,因为当 p 降低时,n 减小,dS 面两边交换的分子对数减少,因而 η 似乎应减小。但是,麦克斯韦、德国物理学家迈耶等曾在零点几千帕到几百千帕压强范围内做实验证实了这个推论,这对气体分子动理论的建立起到了重要作用。实际上,η 和 κ 与 p 无关的结论可以这样理解:当 p 降低时 n 减小,通过 dS 面两边交换的分子对数确实减少;但同时分子的平均自由程增大,两边的分子能够从相距更远的气层无碰撞地通过 dS 面。由于存在着这两种相反的作用,使 η 和 κ 都与 p 无关。在一定的温度下,D 与 p 成反比的推论也同样可由分子热运动和分子间碰撞所起的作用予以解释。

从以上三式还可看出,在一定的压强下,η、κ 和 D 都随温度 T 的升高而增大;η 和 κ 与 $\sqrt{T}$ 成正比,D 与 $\sqrt{T}$ 成正比,根据实验结果,当 T 升高时,η、κ 和 D 的增大程度都比理论预期的结果更加显著;η 和 κ 约与 $T^{0.7}$ 成正比,D 约与 $T^{1.75}$ 至 T^2 成正比。理论结果之所以与实验有偏差,是因为在上述简单理论中,我们把分子看作了刚性球,认为它们的碰撞截面 σ 不随 T 改变,而这是与实际不尽相符的。如前所述,两个分子除了在极接近时有很强的斥力作用外,在比较接近时还有较弱的引力作用,在一定的温度下,引力作用将使分子的碰撞频率增大,即使分子的有效碰撞截面 σ 加大;而当温度升高时,随着分子平均速率的加大,引力对碰撞频率的影响减弱,有效碰撞截面因而减小。显然,考虑到 σ 随 T 的升高而略有减小,就可定性的理解实验结果。

2. η、κ 和 D 之间的关系

根据上述简单理论推断,η、κ 和 D 之间存在着简单的关系,由式(5-14)和式(5-16),可得

$$\frac{\kappa}{\eta} = c_V \text{ 或} \frac{\kappa}{\eta c_V} = 1 \qquad (5-21)$$

而由式(5-14)和式(5-17),可得

$$\frac{D}{\eta} = \frac{1}{\rho} \text{或} \frac{D\rho}{\eta} = 1 \qquad (5-22)$$

这个事实说明,式(5-14)、式(5-16)和式(5-17)中的系数实际上都并不等于 1/3,而且都与气体的性质有关。在上述简单理论中,除了用到刚性球模型外,还做了许多简化假设,例如,未考虑分子按速率的分布,认为所有的分子都以相同的速率 v 运动,都具有相同的自由程 λ,认为分子受到一次碰撞就被完全"同化"等,所有这些都是与实际情况有出入的,因此在上述理论结果中出现的系数 1/3 本来就是粗略的、不可靠的。

$\frac{\kappa}{\eta c_V}$ 理论值与实验值的偏差之所以很大,一个重要的原因就是在上述理论中未考虑分子按速率的分布。实际上,分子的速率有大有小,而且速率大的分子通过任一截面 dS 的机会要比速率小的分子多。在热传导过程中,更多的速率大的分子通过 dS 面同时将输运更多的热运动能量,而在黏滞现象中,更多的速率大的分子通过 dS 面并不输运更多的定向动量。由此可理解,$\frac{\kappa}{\eta}$ 的实验值将大于式(5-21)所确定的理论值。

3. n、κ 和 D 的数量级

例题 5-4　试估算在 15 ℃时氮气的黏滞度,氮分子的有效直径取 $d = 3.8 \times 10^{-10}$ m,已知氮的相对分子质量为 28。

解　根据式(5-18),黏滞系数为

$$\eta = \frac{1}{3}\rho \bar{v}\lambda = \frac{1}{3}\sqrt{\frac{4km}{\pi}}\frac{T^{1/2}}{\sigma}$$

氮的相对分子质量为 28,所以氮分子的质量为

$$m = \frac{28 \times 10^{-3}}{6.02 \times 10^{23}}\ \text{kg} = 4.6 \times 10^{-26}\ \text{kg}$$

已知 $T = 288$ K, $d = 3.8 \times 10^{-10}$ m, $k = 1.38 \times 10^{-23}$ J·K^{-1},代入上式即得

$$\eta = \frac{1}{3}\sqrt{\frac{4kmT}{\pi^3}}\frac{1}{d^2}$$

$$= \frac{1}{3}\sqrt{\frac{4 \times 4.6 \times 10^{-26} \times 1.38 \times 10^{-23} \times 288}{3.14^3}} \times \frac{1}{(3.8 \times 10^{-10})^2}\ \text{Pa·s}$$

$$= 1.1 \times 10^{-5}\ \text{Pa·s}$$

5.3.5　低压下的热传导和黏滞现象

　　上面得到的导热系数 κ 和黏度 η 与压强 p 无关的结论,仅在常压下成立。实验指出,当气体的压强很低时, κ 和 n 都与 p 成正比。如图 5-6 所示,设有两块平行的板 1 和 2,它们之间的距离为 l,温度分别保持在 T_1 和 T_2,并设 $T_1 > T_2$ 当两板间气体的压强很低,以致分子的平均自由程 λ 等于或大于 l 时,气体热传导的机制与上面讲的有所不同,在这种情形下,任一分子与板 1 相碰时就获得与温度 T_1 对应的平均热运动能量 $\bar{\varepsilon}_1$,然后这个分子将无碰撞地跑到板 2,与板 2 相碰时能量变为与温度 T_2 对应的平均能量 $\bar{\varepsilon}_2$,即将一部分能量传递给板 2。分子就这样彼此无碰撞地往返于两板之间,不断地将能量由板 1 输运到板 2。如果继续降低压强,则单位体积内的分子数 n,亦即参与输运能量的分子数将减少,而分子的自由程仍被限制为两板间的距离 l,即分子仍旧彼此无碰撞地往返于两板之间,所以气体的导热性能将减弱。由此可见,当气体的压强很低,分子的平均自由程实际上被限制为两板间的距离时,气体的导热系数随压强的降低而减小,即与压强成正比。

　　根据类似的道理可以说明,当压强很低时气体的黏滞系数对压强的依赖关系。

　　杜瓦瓶(热水瓶胆,图 5-7)就是根据低压下气体导热性随压强的降低而减弱的原理制成的。杜瓦瓶是具有双层薄壁的玻璃容器,两壁间的空气被抽得很稀薄,以使参与输运热运动能量的分子数减少,而且使分子的平均自由程大于两壁间的距离。这样,杜瓦瓶就具有良好的隔热作用,从而可用来储存热水或各种液态气体。

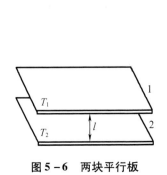

图 5-6　两块平行板

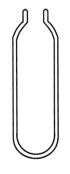

图 5-7　杜瓦瓶

附录 5.1 分子通过 dS 面前最后一次受碰处与 dS 间的平均距离

先考虑 dS 面上方 B 部分向下运动的分子。为简单计，取 $z_0 = 0$，B 部分的分子就是 z 为 $0 \sim +\infty$ 的空间内的分子。设在坐标 z 处取一底面积为 dS 高度为 dz 的体积元，则在该体积元内的分子数应为 $n\mathrm{d}S\mathrm{d}z$。由于每个分子的碰撞频率为 $\bar{v}/\lambda$，所以该体积元中在时间 dt 内先后有 $(n\mathrm{d}S\mathrm{d}z)(\bar{v}/\lambda)\mathrm{d}t$ 个分子与其他分子碰撞。分子在碰撞后向各个方向运动。平均地讲，只有其中 1/6 的分子沿 z 轴负方向朝 dS 面运动，即有 $\frac{1}{6}(n\mathrm{d}S\mathrm{d}z)(\bar{v}/\lambda)\mathrm{d}t$ 个分子向下通过 dS。在离开该体积元后能无碰撞地向下通过 dS 的分子，只可能是自由程大于 z 的，因此，在时间 dt 内在 z 处的体积元 $\mathrm{d}S\mathrm{d}z$ 内受碰，而后再无碰撞地通过 dS 的分子数应为 $\frac{1}{6}(n\mathrm{d}S\mathrm{d}z)(\bar{v}/\lambda)\mathrm{d}t\mathrm{e}^{-z/\lambda}$。因此，从 $z > 0$ 的 B 部分各处出发，在时间 dt 内无碰撞地向下通过 dS 的分子的总和应为

$$\int_0^\infty \frac{1}{6}n(\bar{v}/\lambda)\mathrm{e}^{-z/\lambda}\mathrm{d}S\mathrm{d}z\mathrm{d}t = \frac{1}{6}n\bar{v}\mathrm{d}S\mathrm{d}t$$

这与简化假设式 (5-11) 所得出的 dN 一致。由上面的分析可知，在时间 dt 内向下通过 dS 前在 z 处受碰的分子数为

$$\frac{1}{6}n(\bar{v}/\lambda)\mathrm{e}^{-z/\lambda}\mathrm{d}S\mathrm{d}z\mathrm{d}t$$

它们在通过 dS 前，最后一次受碰处与 dS 间的距离之和为

$$z \cdot \frac{1}{6}n(\bar{v}/\lambda)\mathrm{e}^{-z/\lambda}\mathrm{d}S\mathrm{d}z\mathrm{d}t$$

所以这些分子通过 dS 前最后一次受碰处与 dS 间的平均距离就是

$$\bar{z} = \int_0^\infty \frac{1}{6}n(\bar{v}/\lambda)z\mathrm{e}^{-z/\lambda}\mathrm{d}S\mathrm{d}z\mathrm{d}t \Big/ \left(\frac{1}{6}n\bar{v}\mathrm{d}S\mathrm{d}t\right) = \lambda$$

同样可求出，A 部分的分子向上通过 dS 面前最后一次受碰处与 dS 间的平均距离也是 λ。

附录 5.2 三种输运现象的共性

以上三种输运过程显然有许多共同之处，三种输运过程的结果比较如表 5-3 所示。

表 5-3 三种输运过程的结果比较

现象	不均匀的宏观量	输运的宏观量及其规律	交换的物理量	系数
黏滞	流速	动量 $dK = -\eta \left(\dfrac{du}{dz} \right)_{z_0} dSdt$	分子的定向动量	$\eta = \dfrac{1}{3} \rho \bar{v} \lambda$
热传导	温度	热量 $dQ = -\kappa \left(\dfrac{dT}{dz} \right)_{z_0} dSdt$	分子无规则运动的平均总能量	$\kappa = \dfrac{1}{3} \rho \bar{v} \lambda c_V$
扩散	密度	质量 $dm_g = -D \left(\dfrac{d\rho}{dz} \right)_{z_0} dSdt$	分子数	$D = \dfrac{1}{3} \bar{v} \lambda$

由上表可以看出,从宏观来看,各种输运现象的产生都是由于气体内部存在某种物理量的不均匀性,各种物理量的梯度表示了这种不均匀性的程度,各相应的物理量的输运方向都倾向于消除该物理量的不均匀性,直到这种不均匀性消除(梯度为零),输运过程才停止,系统才由非平衡态达到平衡态。

从微观来看,在物理量不均匀的外部条件下之所以发生输运过程的根本原因在于分子的无规则运动,由于这种运动,原来存在于气体中的不均匀的物理性质才能因分子的这种不断"掺混"而趋于均匀一致。至于输运过程的快慢,在输运截面 dS 和不均匀量的梯度一定的条件下,它一方面决定于分子无规则运动的平均速率 $\bar{v}$,同时还决定于分子间碰撞的频繁程度,在分子平均速率相同的情况下碰撞越频繁,输运过程就进行得越缓慢。输运过程具有一定的速率是分子运动和分子碰撞这两方面矛盾统一的结果。各种迁移系数中都含有 $\bar{v}\lambda \left(= \dfrac{\bar{v}^2}{Z} \right)$ 正是反映了输运过程的这一微观机制。

本 章 小 结

1. 分子的平均碰撞频率和平均自由程

分子间的碰撞是使气体由非平衡态向平衡态过渡的一个决定因素。一个分子平均每秒和其他分子碰撞的次数称为平均碰撞频率;气体分子在相继两次碰撞间自由通过的路程的平均值称为平均自由程,二者都反映了分子间碰撞的频繁程度,基本关系式分别为

$$Z = \frac{\bar{v}}{\lambda}$$

$$Z = \sqrt{2} n \pi d^2 \bar{v}$$

$$\lambda = \frac{1}{\sqrt{2} \pi d^2 n} = \frac{kT}{\sqrt{2} \pi d^2 p}$$

2. 输运过程的宏观规律

(1)黏滞现象的宏观规律——牛顿黏滞定律：

$$dK = -\eta \left(\frac{du}{dz}\right)_{z_0} dSdt$$

(2)扩散现象的宏观规律——斐克定律：

$$dm_g = -D \left(\frac{d\rho}{dz}\right)_{z_0} dSdt$$

(3)热传导现象的宏观规律——傅里叶定律：

$$dQ = -\kappa \left(\frac{dT}{dz}\right)_{z_0} dSdt$$

3. 气体内部发生输运过程的微观机制

(1)分子的热运动,使气体内部的各种不均匀性不断地混合起来,起到相互"掺混"的作用。

(2)分子间的相互碰撞,使分子之间交换动量和能量,并影响输运的快慢。

4. 输运系数

(1)黏滞系数：

$$\eta = \frac{1}{3}\rho\bar{v}\lambda$$

(2)扩散系数：

$$D = \frac{1}{3}\bar{v}\lambda$$

(3)热传导系数：

$$\kappa = \frac{1}{3}\rho\bar{v}\lambda c_V$$

思　考　题

5.1　何谓自由程和平均自由程？平均自由程与气体的状态及分子本身的性质有何关系？在计算平均自由程时,哪里体现了统计平均？

5.2　用哪些方法可使气体分子的平均碰撞频率减小？用哪些方法可使分子的平均自由程增大？这种增大有没有一个限度？

5.3　分子平均碰撞频率 Z,是一个分子在较长的一段时间内的平均值,还是大量分子在单位时间内的平均值？

5.4　在讨论扩散问题时,为什么要用分子质量相等、分子大小差不多的两种气体进行互扩散？不满足此条件可以进行扩散吗？

5.5　容器内储有 1 mol 的气体,设分子的碰撞频率为 Z,则容器内所有分子在 1 s 内总共相碰多少次？

5.6　理想气体定压膨胀时,分子的平均自由程和碰撞频率如何变化？

5.7　容器内贮有一定量的气体,保持容积不变,使气体温度升高,则分子的平均碰撞频率和平均自由程各怎样变化?

(1)设想分子是无相互作用的刚性球;

(2)设想分子是有相互吸引力的刚性球。

5.8　在重力作用下,分子的平均自由程和碰撞频率是否随高度变化?

5.9　如果把分子看作相互间有引力作用的刚球,则分子的碰撞截面和平均自由程如何随温度变化?

5.10　在讨论三种输运系数的微观理论时,我们做了哪些简化假设? 提出这些假设的根据是什么?

5.11　在(a)等体过程,(b)等压过程中,方均根速率$\sqrt{\overline{v^2}}$、平均自由程 λ 及碰撞频率 Z 随温度 T 而变化的关系怎样?

5.12　混合气体由两种分子组成,其有效直径分别为 d_1 和 d_2,如果考虑这两种分子的相互碰撞,则碰撞截面为多大? 平均自由程为多大?

5.13　分子热运动和分子间的碰撞在输运过程中各起什么作用? 哪些物理量体现了它们的作用?

5.14　理想气体在等压加热时,分子的 λ 和 Z 随温度如何变化? 在等温压缩时,λ 和 Z 与压强有什么关系? 绝热膨胀时,λ 和 Z 与压强有什么关系?

5.15　有一空心圆柱体,内、外表面的温度不同,则在柱层中不同半径处的温度梯度相同吗?

5.16　在一个球形容器中,如果气体的平均自由程大于容器的直径,对于容器中的分子,可否把容器当成是真空的?

5.17　η、κ、D 与气体的温度及压强有什么关系? 你能简单地说明这些关系的道理吗?

5.18　三种输运过程遵从怎样的宏观规律? 它们有哪些共同的特征? 阐明三个梯度和三个输运系数的物理意义。

5.19　在讨论三种输运过程的微观理论时,我们做了哪些简化假设? 提出这些假设的根据是什么?

习　　题

5.1　氢气在 1.01×10^5 Pa,15 ℃时的平均自由程为 1.18×10^{-7} m。求氢分子的有效直径。

5.2　氧分子的有效直径为 3.6×10^{-10} m,求其平均碰撞频率。已知:

(1)氧气的温度为 27 ℃,压强为 1.01×10^5 Pa;

(2)氧气的温度为 27 ℃,压强为 0.101 Pa。

5.3　真空管的真空度约为 1.33×10^{-3} Pa,求在 27 ℃时单位体积中的分子数及分子平均自由程和碰撞频率。(已知空气分子的有效直径 3×10^{-10} m,空气的平均摩尔质量

$2.89 \times 10^{-4} \text{ kg} \cdot \text{mol}^{-1}$)

5.4　某种气体分子在 25 ℃时的平均自由程为 2.63×10^{-7} m。

(1)已知分子的有效直径为 2.6×10^{-10} m,求气体的压强;

(2)求分子在 1.0 m 的路程上与其他分子的碰撞次数。

5.5　已知氦气和氩气的原子量分别为 4 和 40,它们在标准状态下的黏滞系数分别为 $18.8 \times 10^{-6} \text{ N} \cdot \text{s} \cdot \text{m}^{-2}$ 和 $21.0 \times 10^{-6} \text{ N} \cdot \text{s} \cdot \text{m}^{-2}$。求:

(1)氩分子与氦分子的碰撞截面之比;

(2)氩气与氦气导热系数之比;

(3)氩气与氦气扩散系数之比。

5.6　今测得温度为 15 ℃和压强为 1.01×10^5 Pa 时氩分子和氖分子的平均自由程分别为 6.7×10^{-8} m 和 13.2×10^{-8} m。

(1)氩分子和氖分子的有效直径之比是多少?

(2)在温度为 20 ℃,压强为 2.0×10^3 Pa 时,氩分子的平均自由程为多少?

(3)在温度为 – 40 ℃,压强为 10^4 Pa 时,氖分子的平均自由程为多少?

5.7　一定量气体先经过等体过程使其温度升高 1 倍,再经过等温过程使其体积膨胀为原来的 2 倍,则后来的平均自由程、黏滞系数、热传导系数、扩散系数为原来的多少倍?

5.8　已知氮气在 54 ℃时的黏滞系数为 $1.9 \times 10^{-5} \text{ N} \cdot \text{s} \cdot \text{m}^{-2}$,求氮分子在 54 ℃和压强为 6.67×10^4 Pa 时的平均自由程和分子有效直径。

5.9　已知氮气在 0 ℃时导热系数为 $2.37 \times 10^{-2} \text{ W} \cdot \text{m}^{-1} \cdot \text{K}^{-1}$,摩尔定容热容为 $20.9 \text{ J} \cdot \text{mol}^{-1} \cdot \text{K}^{-1}$,试计算氮分子的有效直径。

5.10　氧气在标准状态下的扩散系数为 $1.9 \times 10^{-5} \text{m}^2 \cdot \text{s}^{-1}$,求氧分子的平均自由程。

5.11　氮分子的有效直径为 3.8×10^{-10} m,求其在标准状态下的平均自由程和连续两次碰撞间的平均时间。

5.12　若在 1.01×10^5 Pa 下,氧分子的平均自由程为 6.8×10^{-8} m。则在什么压强下,其平均自由程为 1.0 mm? 设温度保持不变。

5.13　两个长圆筒共轴套在一起,两筒的长度均为 L,内筒和外筒的半径分别为 R_1 和 R_2,内筒和外筒分别保持在恒定的温度 T_1 和 T_2,且 $T_1 > T_2$。已知两筒间空气的导热系数为 κ。试证明:每秒由内筒通过空气传到外筒的热量为

$$Q = \frac{2\pi\kappa L}{\ln \dfrac{R_2}{R_1}}(T_1 - T_2)$$

第6章 实际气体 固体 液体

前面几章分别介绍了研究物质热运动规律的两种理论,即热力学(宏观理论)和分子动理论(微观理论),并以最简单的热力学系统——稀薄气体为例,讨论了运用上述两种理论研究热学问题的基本观点和方法。在研究稀薄气体时,我们是利用理想气体模型来处理的(研究输运过程中的碰撞问题时除外)。但在温度较低,压强较大的情况下,实际气体的行为与理想气体就有较大差异,因此,本章将运用范德瓦耳斯气体模型来研究实际气体,并介绍更为复杂的热力学系统——固体和液体的性质和规律。固体将主要介绍晶体和非晶体的区别,晶体的微观结构、晶体的结合、固体的热膨胀规律及微观解释;液体主要介绍表面张力现象。

6.1 范德瓦耳斯方程

6.1.1 CO_2 气体的等温压缩实验

1863 年,爱尔兰物理化学家安德鲁首先仔细地对 CO_2 气体的等温压缩变化做了实验。他的实验装置示意图如图 6 – 1 所示,右侧是水压机,旋转盘 S 可使活塞向下运动,压迫钢筒 P 内的水沿 T 管向左流动,水的压强可由连于 T 管上的压力表 G 读出。左侧是一个钢筒 B,其下端装有水银,另一厚壁下端开口的玻璃管 A 倒插在水银中,内装待研究的气体 CO_2。B 筒内的水银面上有水,和 T 管相通,当右端加压时,通过水将迫使 B 筒中水银进入玻璃管 A,而压缩其中的气体。A 管上端呈毛细状,它的内截面积可以预先测知,由其中水银面的位置即可求得待研究气体的体积。毛细管外通过恒温水,使气体的温度保持在某一恒定值。实验时,把一定量(如 1 mol)的 CO_2 气体装入 A 管并用水银封闭,在保持 A 管的温度为恒定的情况下,逐渐加大压强,并随时记录压强和相应的气体体积的数值。

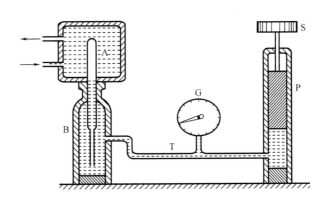

图 6 – 1　气体等温压缩实验装置示意图

根据记录数据就可以在 $p-V$ 图上绘出相图,这条曲线就是 CO_2 气体的实验等温线。改变 A 管外围的恒温水的温度,重复上述实验,就可以得到 CO_2 气体在另一温度下的等温线。图 6-2 所示给出了 CO_2 气体的等温线簇,其中 v 表示摩尔体积。

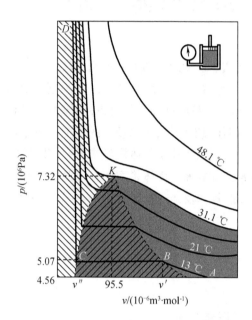

图 6-2　CO_2 气体的实验等温线

6.1.2　实际气体的实验等温线

实验表明,在较高温度时(如 100 ℃),气体的实验等温线和理想气体的等温线非常接近,即接近于双曲线,这时可以把气体看成是理想气体。当温度低于 48.1 ℃时,气体的实验等温线与理想气体等温线就有了差别。图 6-2 中,在温度较低时(13 ℃)的等温线 $ABCD$ 上,AB 段表示气态 CO_2 被压缩的过程。气体从压强很小、体积很大的 A 点开始被压缩,随着压强增大,体积逐渐减小,过程沿曲线 AB 部分进行,这段曲线与理想气体的等温线相似。当压强达到 B 点时,继续压缩将出现气体向液体的转变。在这一过程中,体积缩小但压强并不增大,体积的缩小是通过气体的量减小而液体量增多实现的(液体的比容比气体小),因此等温线在 BC 段是水平的,它代表了气液的平衡转变过程。到 C 点气体已经完全转变成液体。随后的压缩是液体压缩,压强急剧增大,体积减小缓慢,这个过程对应于曲线的 CD 段,它也反映了液体的不易压缩性。

从上面的分析可知,等温线水平段 BC 上的任一点,都表示气液平衡共存的状态,和液体平衡共存的蒸汽称为饱和蒸汽,这时的压强 p_s 称为该温度下的饱和蒸汽压。在 B 点,CO_2 全部是饱和蒸汽,其比容为 v'。B 点以后液化开始,到达 C 点,液化结束,CO_2 全部变成液体,其比容为 v''。BC 之间的任一点则表示气液共存态。在气液转变过程中,系统的总比容 v 不断变化,但两部分的分比容各自不变。总比容的变化是由气液各自所占质量的比例改变所造成的。若已知系统在某状态时,液态部分所占的质量比例为 x,则可求出此时系统

的总比容为

$$v = xv'' + (1 - x)v'$$

6.1.3　物质的临界状态

进一步分析图 6 - 2 所示的 CO_2 等温线簇就会发现,温度越高,等温线中的水平段 BC 越短,即 v'' 和 v' 越接近,C 点右移是因为温度升高,液体的体积膨胀,B 点左移是因为随着温度升高,饱和蒸汽压增大,蒸汽被压缩。气态和液态的比容 v'' 和 v' 相互接近,意味着气液两态的物理性质差别在减少。当温度升高到某一温度 T_K 时(对于 CO_2,$T_K = 31.1$ ℃),等温线上水平段部分缩成一点 K。这一点 K 称为临界点,它代表的是气液差别完全消失的状态,称为临界状态。过 K 点的等温线称为临界等温线,相应的温度 T_K 称为临界温度。温度高于临界温度的等温线不出现水平段部分,即在等温压缩过程中不出现气液共存的状态,这时无论加多大压强,气体也不会液化。因此,我们也可把临界温度定义为气体可被液化的最高温度。同临界点 K 对应的压强和体积分别称为临界压强(用 p_K 表示)和临界体积(用 V_K 表示)。p_K 是液体的最大饱和蒸汽压。V_K 是一广延量,与物质质量成正比。V_K 是液体比容的最大值,T_K、p_K 和 V_K 统称为物质的临界参量。表 6 - 1 列出了几种常见物质的临界参量。

表 6 - 1　几种常见物质的临界参量

物质	临界温度 T_K/K	临界压强 $p_K/10^5$ Pa	临界体积 $V_K/L \cdot mol^{-1}$
氦气 He	5.3	2.29	0.057
氢气 H_2	33.3	12.97	0.065
氮气 N_2	126.2	33.94	0.090
氧气 O_2	154.8	50.75	0.078
氨气 NH_3	4 055.0	112.70	0.073
二氧化碳 CO_2	304.2	73.80	0.094
氟利昂 12	384.7	40.10	0.218
乙醚	467.0	35.50	0.282
水蒸气 H_2O	647.4	221.10	0.056

从表中可以看出,水蒸气、乙醚、二氧化碳、氨气等气体的临界温度都比室温高,在常温下压缩就可使之液化;氦气、氢气、氮气、氧气等气体的临界温度都比室温低很多,所以在常温以至较低温度下通过压缩也不能使它们液化,历史上人们曾因此把它们称为"永久气体"或"真正气体"。在认识到物质具有临界温度这一事实后,人们就努力提高低温技术,在 19 世纪的后半期到 20 世纪初,使所有的气体都液化了。氦气是最后一个在 1908 年才被液化的气体,1928 年它又进一步被凝成固体。

从图 6 - 2 可以看出,把各等温线上的液化开始点(如 B 点)和终了点(如 C 点)分别连接起来,所形成的两条曲线(虚线 KB 和 KC),以及临界等温线,把 $p - V$ 平面划分成四个区域。在临界等温线以上的区域表示气态,其性质接近理想气体;在临界等温线以下,曲线 KB

（称为蒸汽线）右侧区域（图中没有斜线的灰色区域）表示蒸汽态（以汽表示），它与气态区域不同之处在于能通过等温压缩使之液化；曲线 KB 与曲线 KC（称为液相线）之间的区域（图中画有斜线的灰色区域）表示液气共存状态；在临界等温线和曲线 KC 以左的区域表示液态。四个区域的公共点就是临界点 K，它表示气液不分的临界状态。

6.1.4　范德瓦耳斯方程

前面我们介绍了实际气体的实验等温线，从中知道，在温度接近以至低于临界温度时，若压强很大，实验等温线将严重偏离理想气体等温线。这说明，理想气体状态方程在温度较低、压强较大时，已不能较好地反映实际气体的状况。因此，需要建立能更好地反映实际气体各状态参量间关系的方程式。历史上许多科学家为此进行了许多理论和实验的研究工作，导出了大量的非理想气体状态方程，它们在不同的范围内不同程度地反映了实际气体的状况。在这些方程中，最简单、物理意义较简明、也最有代表性的是范德瓦耳斯方程，由荷兰物理学家范德瓦耳斯于 1873 年提出。本节我们将先介绍建立范德瓦耳斯方程所采用的气体微观模型，然后介绍方程本身。

1. 理想气体微观模型的缺陷和范德瓦耳斯气体微观模型提出

在气体动理论中推导理想气体状态方程时，曾用了两个模型假设：（1）气体分子可当作质点，即分子固有的体积可略去不计；（2）气体分子之间的相互作用力，除碰撞外，可略去不计。范德瓦耳斯认为这两个假设与实际不符，这正是引起偏差的主要原因。事实是：分子本身应占有气体体积中的一部分；分子力的作用范围大于分子的线度。当气体的密度很大时，这些效应是不能忽略的。

首先估算气体分子本身的固有体积。若把分子看作是球形的，根据分子有效直径 d 的数量级为 10^{-10} m，可估计出 1 mol 气体内所有分子固有体积的总和为

$$N_A \cdot \frac{4}{3}\pi\left(\frac{d}{2}\right)^3 \approx 2.5 \times 10^{-6} \text{ m}^3$$

在标准状态下，1 mol 气体的体积约为 22.4×10^{-3} m³，这时 N_A 个分子总固有体积约为 1 mol 气体所占体积的万分之一，所以在常温常压下，分子的固有体积与气体的体积相比，是微不足道的完全可略去，这也正是常温常压下的气体能近似符合理想气体状态方程的原因。但当压强增加到 1.013×10^8 Pa 时，假设玻意耳定律仍能适用，则气体的体积约减少到 22.4×10^{-6} m³。很显然，在这种情况下，如果仍忽略分子本身的体积，理想气体状态方程当然不可能与实际情况相符了。

其次，分析分子间引力的影响。对于稀薄气体，由于分子之间的平均距离较大，分子力作用可忽略。理想气体的压强公式正是根据分子间不存在相互作用这个假设条件导出的。但当压强增大，分子间的距离减小到 10^{-9} m，分子间的引力作用就不能忽略了。考虑在气体比较稠密的情况下，理想气体模型已不能反映气体内部真实情况，于是范德瓦耳斯提出另一个模型——把气体分子看作具有相互吸引作用的弹性刚球模型，这种分子的势能曲线如图 6-3 所示。这一模型既考虑了分子间的斥力（把分子间斥力作用看作是具有一定直径的刚球之间发生弹性碰撞时的作用），又考虑了分子间的吸引力，通常称为范德瓦耳斯气体模型。这种模型把分子看成彼此之间有弱引力的弹性刚球，其分子势能 E_p 随分子质心

间距离 r 的变化关系为(其中,C 和 n 均为大于零的常数):

当 $0 < r \leqslant d$ 时,$E_p = \infty$

当 $r > d$ 时,$E_p = -\dfrac{C}{r^{n-1}}$

这样的微观模型就是范德瓦耳斯气体微观模型。这种模型把气体分子看成有引力的弹性刚球,显然比理想气体微观模型更符合实际。

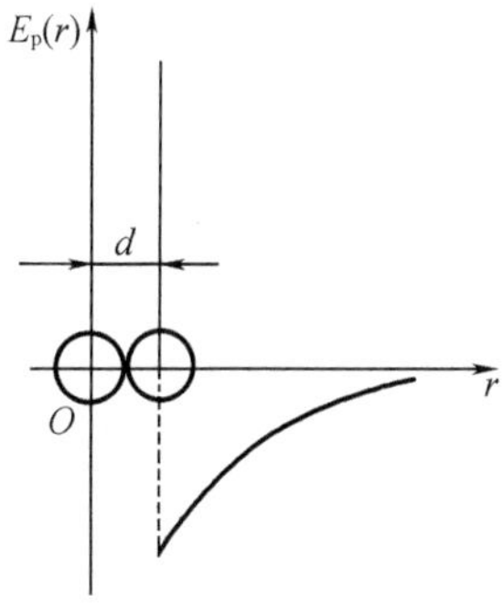

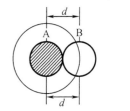

图 6-3　范德瓦耳斯气体分子势能曲线

2. 范德瓦耳斯气体方程

根据上述的范德瓦耳斯气体微观模型,我们可以对理想气体状态方程进行修正,从而得出比理想气体状态方程更符合实际气体状况的范德瓦耳斯气体方程。

(1)分子体积引起的修正

首先考虑分子具有体积所引起的修正。1 mol 理想气体的状态方程是 $pV_m = RT$。由于在理想气体微观模型中,我们把分子看成没有体积的质点,因而方程中的 V 也就是每个分子可以自由活动的空间体积,即容器的容积。当考虑到分子本身具有体积时,每个分子可以自由活动的空间体积不再是容器的容积 V_m,而应在 V_m 中减去一个反映气体分子占有体积的修正量 b。于是 1 mol 气体的状态方程修正为

$$p(V_m - b) = RT \qquad\qquad (6-1)$$

在上式中,令 $p \to \infty$,则 $V_m \to b$。因此,修正量 b 可以理解为当 1 mol 气体分子处于最紧密状态时所占有的体积。b 的数值在统计物理中可以从理论上推算出,约等于 1 mol 气体分子总体积的 4 倍。这个结论,也可粗略地推证如下:假设容器中只有 A、B 两分子,分子的有效直径为 d。由于分子占有体积,A、B 两分子自由活动的空间总共减少了 $4\pi d^3/3$,这相当于其中一个分子带着 $4\pi d^3/3$ 的不可入体积而运动,而另一个则看作几何点(图 6-4)。所

图 6-4　B 分子的质心不能进入以 A 分子为球心,半径为 d 的球内

以,因另一分子的存在,每个分子自由活动的空间体积平均减少了 $2\pi d^3/3$,若气体为 1 mol,则每个分子因其他$(N_A - 1)$分子的存在,自由活动空间的体积将平均减小:

$$b = (N_A - 1) \cdot \frac{2}{3}\pi d^3 \approx N_A \cdot \frac{2}{3}\pi d^3 = 4N_A \cdot \frac{4}{3}\pi \left(\frac{d}{2}\right)^3 \approx 10^{-5}\ \mathrm{m}^3 \cdot \mathrm{mol}^{-1}$$

这就是上述的结论。由于 $N_A = 6.022 \times 10^{23}\ \mathrm{mol}^{-1}$,分子有效直径 d 的数量级为 $10^{-10}\ \mathrm{m}$,由此可估计出 b 的数量级为 $10^{-5}\ \mathrm{m}^3 \cdot \mathrm{mol}^{-1}$。在标准状态下,气体的摩尔体积为 $V_m = 22.4 \times 10^{-3}\ \mathrm{m}^3 \cdot \mathrm{mol}^{-1}$,$b$ 仅有它的万分之四所以可以忽略。但是,如果压强增大,例如增大到 $1 \times 10^8\ \mathrm{Pa}$ 时,气体的摩尔体积约缩小为原来的千分之一,这时修正量 b 显然是不可忽略的,由修正后的状态方程(6-1)可得

$$p = \frac{RT}{V_m - b} \qquad\qquad (6-2)$$

式(6-2)说明,由于分子具有体积,即考虑分子间的斥力作用而引入的修正量 b 后,将使气体的压强比理想气体压强 $p = RT/V_m$ 大,这是因为分子自由活动空间的减小,使得分子与容器壁的碰撞更为频繁,故压强增大。

(2)考虑分子间的引力所引起的修正

引力随分子间距离的增大而急剧减小,分子间的引力有一定的有效作用距离 s ,超出此距离,引力实际上可以忽略。对于气体内部的任一分子 α ,只有处在以它为中心,以 s 为半径的球面内的分子才对它有引力作用,而由于这些分子是对称分布的,所以它们对 α 分子的引力作用互相抵消。但是靠近器壁的分子 β 则不同,由于它的分子作用球缺了一块,所受的周围分子对它的引力不再能完全抵消,其合力 f 垂直壁面并指向气体内部(图6-5)。这将减小分子与器壁碰撞时对器壁的冲力,因此压强要减小某一数值 Δp ,即气体施于器壁的实际压强为

$$p = \frac{RT}{V_m - b} - \Delta p \qquad (6-3)$$

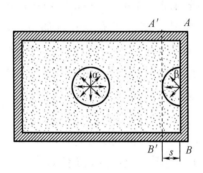

图6-5　分子引力作用减小了气体对容器壁的压强

通常称 Δp 为气体的内压强,显然, Δp 与每一个分子在壁面处所受的其他分子引力的合力 f 成正比,也与单位时间同单位面积器壁相撞的分子数 N 成正比,即 Δp 与 Nf 成正比。但 f 与 N 都与单位体积的分子数 n 成正比,所以

$$\Delta p \propto n^2 \propto \frac{1}{V_m^2}$$

写成等式有

$$\Delta p = \frac{a}{V_m^2} \qquad (6-4)$$

比例系数 a 由气体的性质决定,它表示 1 mol 气体在占有单位体积时,由于分子间相互吸引作用而引起的压强的减小量。因此,综合考虑分子具有体积和分子间存在引力作用这两种因素后,我们得到 1 mol 范德瓦耳斯气体的压强为

$$p = \frac{RT}{V_m - b} - \frac{a}{V_m^2} \qquad (6-4)$$

并可导出适用于 1 mol 气体的范德瓦耳斯气体方程:

$$\left(p + \frac{a}{V_m^2}\right)(V_m - b) = RT \qquad (6-5)$$

这就是范德瓦耳斯气体方程。方程中的修正量 a 和 b 对于一定的气体,在一定的温度、压强范围内可视为常数,其数值可由实验测定。几种常见气体的 a 和 b 的实验值见表6-2。

表6-2　几种常见气体的 a 和 b 值

物质	$a/(\mathrm{N \cdot m^4 \cdot mol^{-2}})$	$b/(\mathrm{m^3 \cdot mol^{-1}})$
氢气 H_2	0.024 80	2.261×10^{-5}
氦气 He	0.003 46	2.237×10^{-5}
氧气 O_2	0.138 00	3.183×10^{-5}
氮气 N_2	0.141 00	3.913×10^{-5}
二氧化碳 CO_2	0.364 00	4.267×10^{-5}
水蒸气 H_2O	0.554 00	3.049×10^{-5}

对于摩尔质量为 μ、质量取任意值 M 的气体,把体积 $V = \dfrac{M}{\mu} V_\mathrm{m}$ 关系代入式(6-5),就得到适用于任意质量的范德瓦耳斯气体方程

$$\left(p + \frac{M^2}{\mu^2} \cdot \frac{a}{V^2} \right) \left(V - \frac{M}{\mu} b \right) = \frac{M}{\mu} RT \tag{6-6}$$

为了说明范德瓦耳斯状态方程比理想气体状态方程更能精确地反映气体的实际行为,表6-3中列举了在 0 ℃下,由 1 mol 氢气所测得的各组 p、V_m 值计算得出的 pV_m 和 $\left(p + \dfrac{a}{V^2} \right)(V_\mathrm{m} - b)$ 值。根据理想气体状态方程,pV_m 值保持恒定;根据范德瓦耳斯方程 $\left(p + \dfrac{a}{V^2} \right)(V_\mathrm{m} - b)$ 应保持恒定。由表6-3可以看出在 10^7 Pa 时,按理想气体状态方程计算的结果产生了明显的误差,此方程已经不再适用,而范德瓦耳斯方程只是引入约2%的误差。显然,范德瓦耳斯方程适用范围广,精确度高,能更好地反映气体的实际行为。但是范德瓦耳斯方程毕竟也存在对于实际情况的偏离,说明它也具有一定的近似性。实际上,无论理想气体还是遵从范德瓦耳斯方程的范德瓦耳斯气体都是从实际气体抽象出的理想模型,它们都只有在不同的近似程度上反映气体的实际情况,只不过后者的近似程度高一些。

表6-3　在 0 ℃下,1 mol 氢气在不同压强下的 p、V 值和 $\left(p + \dfrac{a}{V_m^2} \right)(V - b)$ 值

p/Pa	$V/\mathrm{m^3}$	pV_m/J	$\left(p + \dfrac{a}{V_m^2} \right)(V - b)/\mathrm{J}$
1.013×10^5	2.241×10^{-2}	2.270×10^3	2.270×10^3
1.013×10^7	2.400×10^{-4}	2.431×10^3	2.290×10^3
5.065×10^7	6.170×10^{-5}	3.125×10^3	2.229×10^3
1.013×10^8	3.855×10^{-5}	3.905×10^3	1.915×10^3

6.2　实际气体的内能　焦耳－汤姆孙效应

6.2.1　非理想气体的内能

我们知道,理想气体的内能仅仅是温度的函数而与气体的体积无关。从气体动理论观点来看,理想气体的内能就是构成气体的所有分子无规则运动能量(包括分子内原子振动的势能)之和。根据能均分定理,对于一定量的某种气体,这个能量是由气体的温度决定的。因此,理想气体的内能只是温度的函数。对于非理想气体,由于分子间有相互作用力,气体的内能不仅包括所有分子无规则运动能量的总和 E_k,而且还包括分子之间相互作用势能的总和 E_p。因此,1 mol 非理想气体的内能应为

$$u = E_k + E_p \qquad (6-7)$$

式中,E_k 与理想气体内能相同,它由温度决定。1 mol 理想气体的内能为

$$u_p = C_{V,m}T + C$$

$E_k = u_p = C_{V,m}T + C$,因而式(6-7)又可写成

$$u = C_{V,m}T + E_p + C \qquad (6-8)$$

当气体体积改变时,分子间平均距离也发生改变。分子间距离改变时要克服分子间相互作用力做功,从而使分子间相互作用势能发生改变。因此 E_p 应与气体的体积有关。由此可见非理想气体的内能是气体温度和体积的函数,即 $U = U(T,V)$。

6.2.2　范德瓦耳斯气体的内能

作为范德瓦耳斯气体,其微观模型是气体分子被看成相互吸引的弹性小球,当气体膨胀因而分子间平均距离增大时,分子将克服引力(分子间的斥力作用已归结为刚球分子间的碰撞,因而分子力表现为引力)做功而使势能增大。因此范德瓦耳斯气体膨胀时分子间相互作用总势能 E_p 将增大,即 $\dfrac{dE_p}{dV} > 0$。

下面来推导范德瓦耳斯气体的内能与温度、体积之间的具体函数关系。在范德瓦耳斯气体的情况下,气体膨胀时不仅要克服外力做功,还要克服分子间的内力做功。此内力即分子间的相互引力,显然克服分子引力所做的功即等于气体分子间相互作用势能 E_p 的增量。如前所述,1 mol 范德瓦耳斯气体内部单位截面两边分子吸引力总和的数值为 a/V^2,对于 1 mol 气体来说,膨胀时克服此内力所做的功即为

$$dA = \frac{a}{V^2}dV$$

因此,势能的增量为

$$dE_p = \frac{a}{V^2}dV$$

积分可得

$$E_p = \int \frac{a}{V^2} dV = -\frac{a}{V} + C$$

式中,C 为积分常数。如果取气体无限稀薄,即 $V \to \infty$ 时分子间的势能为零,则 $C = 0$,所以

$$E_p = -\frac{a}{V} \tag{6-9}$$

将此结果代入式(6-8),即得出 1 mol 范德瓦耳斯气体的内能与温度、体积间的关系式为

$$u = C_{V,m}T - \frac{a}{V} + C \tag{6-10}$$

由此式可以看出,当范德瓦耳斯气体的内能保持不变时,体积的膨胀必然导致温度的降低。这是因为,克服内部分子引力做功(因而 E_p 增大)是以分子平均动能的减少(因而 T 降低)为代价的,气体绝热自由膨胀过程就是这样一种保持内能不变的膨胀过程。

6.2.3　焦耳－汤姆孙效应

由于焦耳实验很难确定实际气体的性质,1852 年焦耳和汤姆孙设计出了另一个实验来研究气体的内能。这个多孔塞实验的示意图如图 6-6 所示,在一个绝热良好的管道 L 中,装置一个由多孔物质(如棉、绒等)制成的多孔塞 H,多孔塞对气流有较大的阻滞作用,使气体不容易很快通过,从而使多孔塞两边的气体保持一定的压强差。实验时使气体不断地从高压一边经过多孔塞流向低压一边,并使气体保持稳定流动状态,即气体在流动中空间任何地方的情况(如截面上的热力学状态、流速等)都不随时间改变,亦即保持高压边的压强为 p_1,低压边为 p_2。图中 T_1、T_2 为两个温度计,用以测定两边气体在稳定情况下的温度及其温差。这种在绝热条件下高压气体经过多孔塞或细孔(如目前工业上一般使用的针尖型节流阀)流到低压一边的过程称为绝热节流过程。

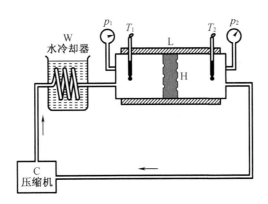

图 6-6　焦耳－汤姆孙多孔塞实验示意图

实验结果表明,在室温附近大多数气体(如空气、O_2、N_2 和 CO_2 等)通过多孔塞后温度降低,但 H_2 和 He 在通过多孔塞后温度却升高,气体在一定压强下经过绝热节流膨胀而发生温度变化的现象,称为焦耳－汤姆孙效应。若气体温度降低(即 $\Delta T < 0$),称为焦耳－汤姆孙正效应(即制冷效应);若气体温度升高(即 $\Delta T > 0$),则称为焦耳－汤姆孙负效应。例

如:在室温下,当多孔塞一边压强 $p_1 = 2.026 \times 10^5$ Pa,而另一边压强 $p_2 = 1.013 \times 10^5$ Pa 时,空气的温度将降低 0.25 ℃,而 CO_2 的温度则降低 1.3 ℃;在同样的压强改变下,H_2 的温度却升高 0.3 ℃,但当温度低于 -68 ℃时,H_2 节流膨胀后温度则将降低。节流制冷效应可用来使气体降温和液化,这是目前低温工程中的重要手段之一。

对于同一种实际气体而言,焦耳－汤姆孙效应可以是正的,也可以是负的,具体结果需由气体膨胀前的温度和压强而定。在一定的温度和压强下,如果气体经过节流膨胀后温度不发生变化,这种现象称为焦耳－汤姆孙零效应(但是这种零效应只是在特定的温度和压强下才发生,和下面即将分析的理想气体经节流膨胀永远发生零效应有原则的不同)。发生焦耳－汤姆孙零效应的温度称为转换温度。

以上我们从分子运动论的观点分析得出非理想气体的内能应该是温度和体积的函数,即 $U = U(T, V)$。现在运用这一理论并采用范德瓦耳斯气体模型来解释焦耳－汤姆孙效应,从而验证非理想气体的内能不仅与温度有关而且与体积有关这一论断的正确性。为了便于分析,我们将图 6－6 的节流膨胀过程简化为如图 6－7 所示。然后研究 1 mol 气体在节流膨胀过程中内能的改变与做功的关系,并由此分析温度的降低或升高与哪些因素有关。

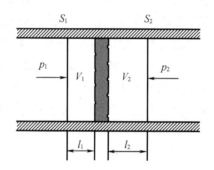

图 6－7　气体的节流膨胀

在图 6－7 中,有一定量的高压气体经过多孔塞,这部分气体原来的体积、压强和温度分别为 V_1、p_1 和 T_1;通过多孔塞后体积、压强和温度分别为 V_2、p_2 和 T_2。当体积为 V_1 的气体通过多孔塞前,外界对它所做的功为

$$A_1 = p_1 S_1 l_1 = p_1 V_1$$

当这些气体通过多孔塞后要推动其右方外界气体做功,于是外界对它所做的功为负功

$$A_2 = -p_2 S_2 l_2 = -p_2 V_2$$

这样,外界对这一定量的气体所做的净功为 $p_1 V_1 - p_2 V_2$。设这些气体在高压边内能为 U_1,在低压边内能为 U_2,这部分气体整体处于运动状态,还要考虑整体运动动能和势能的变化。但实际上,节流前后这些量变化不大,可略去这些能量的微小变化,并注意到绝热过程 $Q = 0$,于是根据热力学第一定律有

$$U_2 - U_1 = p_1 V_1 - p_2 V_2$$

将此式改写可得

$$U_2 + p_2 V_2 = p_1 V_1 + U_1$$

即

$$H_1 = H_2 \tag{6-11}$$

这说明节流膨胀前后,终态与初态的焓值相等。考虑到 $u = C_{V,m}T + E_p$,即可得出

$$C_{V,m}(T_2 - T_1) + (E_{p_2} - E_{p_1}) = p_1 V_1 - p_2 V_2 \tag{6-12}$$

下面讨论将此式应用于不同微观模型的气体:

1. 应用于理想气体

因为理想气体的分子之间无相互作用力,所以气体内部分子间的总势能 $E_p = 0$。又根据理想气体状态方程,对初、终态有

$$p_1 V_1 = RT_1 \qquad p_2 V_2 = RT_2$$

将这些关系式代入式(6-12)得出

$$(C_{V,m} + R)(T_2 - T_1) = 0$$

因 $C_{V,m}$ 与 R 均为正值,$C_{V,m}$ 与 R 不可能为零,只能得出 $T_2 = T_1$。

由此可知,理想气体经过节流膨胀后温度不发生改变。即无论气体原来的压强、温度和膨胀前后的压强差如何,理想气体的焦耳-汤姆孙效应恒为零效应。

2. 应用于范德瓦耳斯气体

按照范德瓦耳斯理论,实际气体的分子具有一定大小(实际上是分子斥力的体现),分子间有相互引力,相应地分别引入修正量 b 和 a,从而建立起范德瓦耳斯方程。将其改写为

$$pV = RT + \frac{bRT}{V} - \frac{a}{V} \tag{6-13}$$

将式(6-9)及式(6-13)代入式(6-12)则有

$$C_{V,m}\Delta T + 2a\left(\frac{1}{V_1} - \frac{1}{V_2}\right) = -R\Delta T - Rb\left(\frac{T_2}{V_2} - \frac{T_1}{V_1}\right)$$

再将 $T_2 = T_1 + \Delta T$ 代入上式,经整理可得

$$\Delta T = \frac{(RbT_1 - 2a)(V_2 - V_1)}{\left(C_{V,m} + R + \frac{Rb}{V_2}\right)V_1 V_2} \tag{6-14}$$

分析式(6-14),等号右边分母为正,分子中的 $V_2 - V_1 > 0$,所以 ΔT 的正负取决于 $(RbT_1 - 2a)$:当 $RbT_1 - 2a > 0$ 时,$\Delta T > 0$,这说明,气体经节流膨胀后升温(出现负效应);当 $RbT_1 - 2a < 0$ 时,$\Delta T < 0$,这说明,气体经节流膨胀后升温(出现正效应);当 $RbT_1 - 2a = 0$,温度不变(出现零效应)。因为 b 反映分子间的斥力,a 反映分子间的引力,故可以说当分子间斥力起主要作用时,产生焦耳-汤姆孙负效应;当分子间引力起主要作用时,产生焦耳-汤姆孙正效应;当斥力与引力的影响相互抵消时,产生焦耳-汤姆孙零效应。还可以求出焦耳-汤姆孙效应(当压强不大时)的转换温度为

$$T_i = \frac{2a}{bR} \tag{6-15}$$

如对于氮气

$$(T_i)_N = \frac{2a}{bR} = \frac{2 \times 1.39}{0.039\,1 \times 0.082\,1} = 866\ \text{K}$$

对于氢气

$$(T_i)_H = \frac{2a}{bR} = \frac{2 \times 0.245}{0.026\ 6 \times 0.082\ 1} = 223\ \text{K}$$

可见氮气的转换温度高于室温(空气、氧气、二氧化碳等大多数气体都如此),故在常温下通常出现降温效应。氢气的转换温度低于室温,故在室温下出现升温效应。

以上结论与实验事实大体相符,但不很精确,例如氢的转换温度的实验值为193 K(即 -80 ℃),而由式(6-15)算出的结果为223 K。又如式(6-15)只说明了转换温度与气体的范德瓦耳斯修正量 a、b 的关系,但实际上 T_i 还与气体的压强有关。其原因在于,以上所介绍的只是关于焦耳-汤姆孙效应的初步理论,我们在讨论中采取了一些近似处理的方法,所以结论只是近似的,尽管如此,它还是能够较好地解释焦耳-汤姆孙效应这一复杂的实验现象。

从以上讨论可知,根据范德瓦耳斯气体微观模型,认为气体分子有大小、分子之间有相互引力,可以比较成功地解释焦耳-汤姆孙效应,验证了这一理论的正确性。从而说明了实际气体由于分子间存在着相互引力,所以体积的变化必然引起势能的变化,因此实际气体的内能不仅是温度的函数,还是气体体积的函数。

例题6-1 1 mol 氮气做等温压缩,体积从标准状态下的体积减少到原来的1/100。设氮气遵从范德瓦耳斯方程。试计算此过程中外界对气体所做的功、气体内能的改变和放出的热量。

解 (1)根据公式

$$A = \int_{V_1}^{V_2} p\,\mathrm{d}V$$

可知需先求 $p(V)$ 的函数形式。

由范德瓦耳斯方程

$$\left(p + \frac{a}{V^2}\right)(V - b) = RT$$

得出

$$p = \frac{RT}{V - b} - \frac{a}{V^2}$$

所以

$$A = \int_{V_1}^{V_2} \left(\frac{RT}{V - b} - \frac{a}{V^2}\right)\mathrm{d}V$$

$$= \left[RT\ln\frac{V_2 - b}{V_1 - b} + a\left(\frac{1}{V_2} - \frac{1}{V_1}\right)\right]$$

$$= -1.03 \times 10^4\ \text{J}\cdot\text{mol}^{-1}$$

负号表示外界对气体做功。

(2)根据实际气体内能公式,可知

$$\Delta u = C_{V,\text{m}}\Delta T + \Delta E_p$$

因等温过程中 $\Delta T = 0$,又由式(6-9)得

$$\Delta E_p = -a\left(\frac{1}{V_2} - \frac{1}{V_1}\right)$$

所以

$$\Delta u = -a\left(\frac{1}{V_2} - \frac{1}{V_1}\right) = -623 \text{ J} \cdot \text{mol}^{-1}$$

(3)由热力学第一定律得出

$$Q = \Delta u + A = -623 - 10\ 300 = -1.09 \times 10^4 \text{ J} \cdot \text{mol}^{-1}$$

由以上结果可以看出,实际气体在等温压缩过程中内能减少,这是因为在此过程中温度不变,因而内能中的动能项不变,但势能项因气体体积减小而减少(分子间引力势能随分子间距离的减小而减小),因此内能减少。这与理想气体等温压缩过程中内能不变的特点是不相同的。

6.3　晶体的宏观特征与微观结构

通常情况下,物质有三种不同的聚集态:气态、液态和固态。从本节起,我们来研究固体和液体的性质。固体材料在科学研究、生产和生活中占有重要的地位。近代尖端技术,如原子能的利用、喷气飞行技术、计算技术、无线电电子技术和激光技术的飞速发展,需要各种各样的新材料和新器件,这些新材料和新器件利用了固体的力学、热学、电学、光学等各种性质,以及在极低温、超高压等特殊条件下固体的各种性质。在人们研究各种固体材料的结构、组成固体的粒子(原子、离子、电子等)之间的相互作用和运动规律,从而阐明固体各种性质的过程中,一门新的学科——固体物理学逐步发展起来。近年来,固体物理学的研究领域有了很大的扩展,其研究对象已涉及非晶态固体、液体、液晶及超流体等,因此这门学科又称为凝聚态物理。固体物理是一门建立在理论物理基础上,与实际应用密切相关的基础理论课,这个理论用于实际取得了多方面的成功,发展十分迅速,这里只介绍一些最基本的概念。

6.3.1　晶体的宏观特征

固体按其物理性质可分为晶体与非晶体两大类,晶体本身又可分为单晶体和多晶体。

1. 单晶体

仔细观察一些物质如岩盐、冰、石英(水晶)、云母等会发现,它们都有规则的形状,而玻璃、沥青、橡胶、塑料等都是非晶体,是黏性很大的液体。对于晶体的认识是从外部形状开始的,晶体都是由若干平面围成的几何多面体。图 6-8 所示分别是未经加工的立方体(NaCl)、八面体(石英)和立方八面混合体(方解石晶体)形状。同一种晶体如石英打碎后,许多更小一些的晶体从外形看来可能与图 6-8 并不完全相同,但却有共同的特点,如图 6-9 所示,即 a、b 两面间的夹角(a 面法线与 b 面法线间的夹角)总是 $141°47'$,b、c 间的夹角总是 $120°00'$,a、c 面间的夹角总是 $113°08'$。其他晶体中也存在这种规律,即同一种晶体的外形,尽管表面看上去很不一样,但却有共同的特点,即各相应晶面间的夹角恒定不变,称为晶面角守恒定律。该定律是晶体学中最重要的定律之一,是鉴别各种矿石的重要依据。

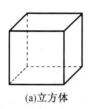

(a)立方体　　　　　(b)八面体　　　　(c)立方八面混合体

图 6-8　晶体的规则几何外形

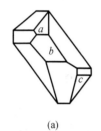 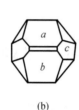 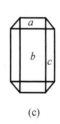  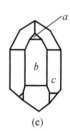

(a)　　　　　　(b)　　　　　　(c)　　　　　(d)　　　　　(e)

图 6-9　石英的晶面角守恒

　　实验发现,一块均匀的晶体,在不同的方向上可以有不同的物理性质。从力学性质看,晶体沿一定的平面易于裂开,如云母易于裂成薄片。晶体的这种易于断裂的平面称为解理面。解理面的存在表明,晶体在不同方向上强度不同,即力学性质不同。我们还可以做这样的实验:在一片云母和一片玻璃的一面各涂上一层薄薄的石蜡,然后分别用一根烧热的针尖去接触二者的另一面,结果熔化的石蜡在玻璃上呈圆形,而在云母上呈椭圆形(图 6-10),这说明云母在不同方向上导热性不同。实验证明晶体的电学性质和光学性质也随方向而异。所以单晶体的另一个特点是各向异性。

 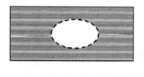 

(a)烧热的针尖接触　　　　(b)云母片(晶体)上石蜡　　　　(c)玻璃(非晶体)上石蜡
　　　　　　　　　　　　　　熔化后的形状　　　　　　　　　　熔化后的形状

图 6-10　晶体的各向异性实验

　　实验还表明,在一定压强下加热某一种纯净晶体时,可以得到图 6-11 中 A 曲线所示的结果。纵轴表示温度,横轴表示时间。图中 bc 段表示晶体吸热而温度升高,但达到 b 点所代表的状态,即温度升高到 T_0 时,晶体开始熔解,在整个 cd 段温度保持为 T_0。只是固态部分逐渐减少,液态部分逐渐增多,直到 d 点所代表的状态,物质全部变为液态;再继续加热,液体温度才逐渐上升(de 段)。我们把 T_0 称为晶体在该压强下的熔点,晶体在一定的压强下有固定的熔点,这是晶体的一个重要的宏观特性。图 6-11 中 B 曲线表示非晶体在加热过程中所发生的温度改变,随着温度的升高,它首先变软,然后逐渐由稠变稀。概括地说,具有一定的熔点是一切晶体的宏观特性,是晶体和非晶体的主要区别。

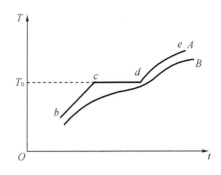

图6-11　晶体和非晶体的熔化曲线

2. 多晶体

金属也是晶体,但它没有规则的外形,且物理性质各向同性。这是因为金属是由许许多多的单晶组成的,虽然每个小单晶各向异性,但它们在空间的排列却是无规则的,从而使金属在总体上表现出各向同性。用金相显微镜观察被抛光了的金属表面,可以看到金属的晶粒,它们的线度一般为 $10^{-4} \sim 10^{-3}$ cm,每立方厘米金属中至少有1 000万个晶粒。在一定的压强下金属也有固定的熔点,表6-4列出了几种金属的熔点。

表6-4　几种金属的熔点

金属	铝	钨	铁	钢	铜	锡	铅
熔点/ ℃	659	3 357	1 528	1 300 ~ 1 400	1 083	212	327

6.3.2　晶体的微观结构

单晶体有规则的外形并呈各向异性,这启发人们设想组成晶体的粒子(原子、离子、电子)是否具有周期性的规则排列。1669年,人们发现了晶体具有恒定夹角的规律;18世纪,生产和科学的发展提出对晶体成分和结构进行研究的要求;19世纪,开始研究金属的微观结构,曾用显微镜观察用化学药品腐蚀的金属表面;1860年,有人设想晶体是由原子规则排列而成的;1895年,人们发现了X射线,它就成了人类"窥视"晶体微观结构的一个有力的工具,1912年,劳埃德用它首次证实了晶体内部粒子有规则排列的假设。实验事实表明,光在传播方向上遇到障碍物或小孔后,只要障碍物或孔的大小不比波长大很多,光的传播路径在此就要发生弯曲,光线会明显地绕到障碍物的后面去,这种现象称作光的衍射。X射线是一种波长很短的电磁波,其波长数量级为 10^{-8} cm,而构成晶体的粒子间距离的数量级也为 10^{-8} cm,因而X射线照射到晶体上就会发生衍射现象,晶体的X射线衍射首次确切地证实了晶体内部粒子规则排列的假设。现在已能直接用电子显微镜对晶体内部结构进行观察和照相,这为研究晶体内部结构提供了极大的方便。晶体的规则排列有两个特点:一是周期性,二是对称性,这两个方面的研究构成晶体几何学的内容,这是一门内容很丰富的学科,我们在此只介绍一些最基本的知识。

1. 晶体的空间点阵

为了了解晶体内部粒子规则排列的具体情况,通常从实际晶体中抽象出一种理想模型——晶体的空间点阵来进行研究。用点表示晶体粒子(分子、原子、离子或原子集团)的质心,这些点在空间的排列具有周期性。表示晶体粒子质心所在位置的这些点称为结点。这种表征晶体粒子空间排列的周期性的点系就称为空间点阵。实际上组成晶体点阵的粒子是紧密堆积的,如氯化钠晶体的钠离子和氯离子可以用互相挨着的圆球表示。但为了使晶体结构更易于理解,在图示时通常将两个相邻微粒间的距离加以延长。所谓空间点阵的周期性,是指从点阵中任何一个结点出发,向任何方向延展,经过一段距离以后,如遇到另一个结点,则再经过相同距离后一定会遇到第三个结点,如此类推,这种距离称为平移周期,如图 6-12 所示。晶体在不同的方向上有不同的平移周期。通过某一晶体界面上各结点所做的直线,在该平面上形成一个平行四边形的网。空间点阵可看作是这些网状平面等距离平行排列而成的,或者说晶体点阵是由三组平面的交点所组成,在每一组中,各平面平行而等距,这些平面将整个晶体所在的空间分成许多小的平行六面体,在这些平行六面体中,结点只在各个顶角上,内部和面上都没有结点,这种体积最小的平行六面体称为晶体点阵的基元晶胞或称原胞。

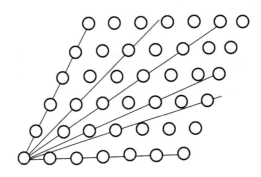

图 6-12　晶体的平移周期性

晶体的许多宏观特性都可以根据晶体内部粒子排列的规则性来解释。单晶体规则的几何外形显然是由内部粒子的规则排列所形成的。此外,单晶体的各向异性,可以根据晶体点阵在不同方向上有不同的平移周期来说明。又如晶体有一定的解理面,也是与晶体内部粒子规则排列分不开的。与晶体比起来,非晶体内部粒子的排列则是不规则的,由此不难解释为什么晶体有一定的熔点而非晶体没有。

2. 晶系和空间点阵分类

在结晶学中,一般按照原胞各边的长短 a、b、c 以及各边之间所夹的角度 α、β、γ 的不同,将晶体分为 7 个晶系,表 6-5 列出了这 7 大晶系的几何特征。如果只要求反映晶体的周期性特点,可取结点只在顶点的基元晶胞(原胞),但如果在反映周期性的同时又要反映对称性(如轴对称、中心对称和平面对称等等),则所取平行六面体不一定是最小的,其结点也不仅在顶角上,而且可以在体心或面心,但棱上仍无结点(即边长总是一个平移周期)。这样选取的平行六面体是反映整个晶体点阵对称性的基本构造单位,称为晶胞(或单胞)。晶胞各边的尺寸,称为点阵常数。晶胞比原胞稍微复杂,但它能进一步反映晶体结构的对称性。根据晶胞的面中心或体中心上包不包含结点,一个晶系又分为一种或几种类型,例如立方晶系又可分为简单立方点阵、面心立方点阵(岩盐、金刚石即属此类)、体心立方点阵。这样,7 个晶系又可分为 14 种类型,这里不再详述。

表 6-5　晶体的 7 大晶系的几何特征

晶系	组成晶格的平行六面体(原胞)的形状
三斜	$a \neq b \neq c; \alpha \neq \beta \neq \gamma \neq 90°$
单斜	$a \neq b \neq c; \alpha = \gamma = 90° \neq \beta$
正交	$a \neq b \neq c; \alpha = \beta = \gamma = 90°$
三方	$a = b = c; \alpha = \beta = \gamma \neq 90°$
六方	$a = b \neq c; \alpha = \beta = 90°; \gamma = 120°$
四方	$a = b \neq c; \alpha = \beta = \gamma = 90°$
立方	$a = b = c; \alpha = \beta = \gamma = 90°$

6.4　晶体中粒子的结合力与结合能

根据物质微观结构的基本观点、物质内部的粒子间有相互作用力,且粒子时刻都在做无规则运动。在晶体内部,粒子间的相互作用力占绝对优势,晶体中粒子间的相互作用力称为结合力。在化学中称这种结合力为化学键。晶体中粒子间的结合力有不同的性质,这一点决定了不同晶体的力学特性(密度、硬度、弹性)、热学特性(熔点、熔解热、热膨胀系数等)、光学特性和电磁特性等。例如灰色而柔滑的石墨和无色、透明而坚硬的金刚石,都是由碳原子构成的,但二者的性质却差别很大,其根本原因就在于构成它们的碳原子之间结合力的性质不同。因此,要了解晶体性质千差万别的原因,就必须首先研究构成晶体的粒子之间的结合力。

6.4.1　几种典型的结合力

晶体的几种典型的结合力,是离子键、共价键、金属键、范德瓦耳斯键和氢键。现对五种化学键分别简单进行介绍。

1.离子键与离子晶体

我们知道,正电性元素易于失去电子而带正电成为正离子;负电性元素易于得到电子而带负电成为负离子。当由正电性元素和负电性元素组成晶体时,正负离子之间的静电力使离子结合起来,将正、负离子结合起来的静电力称为离子键。由离子键作用而组成的晶体称离子晶体,图 6-13 所示为典型的离子晶体,NaCl 离子晶体,钠原子失去一个价电子而

成为钠离子 Na^+，而氯离子获得一个电子而成为氯离子 Cl^-，从晶体整体看，每一个 Cl^- 周围有六个 Na^+，每一个 Na^+ 周围有六个 Cl^-，离子晶体是正、负离子构成的一个整体，是正、负离子排列形成的空间点阵，Na^+ 和 Cl^- 都各自在空间形成面心立方点阵。因为离子键作用强，所以离子晶体具有高熔点、低挥发性和很大的压缩模量，如半导体材料中的硫化镉、硫化铝是重要的离子晶体。

2. 共价键与原子晶体

原子之间因共有电子（电子配对）而产生的结合力称为共价键。由共价键形成的晶体称为原子晶体。两个氢原子组成一个氢气分子时，其结合力就是共价键。完全由负电性元素组成晶体时，粒子间的结合力就是共价键。典型的原子晶体有金刚石，在金刚石中每一碳原子的周围有四个碳原子，每个碳原子都有一个电子与处于中间位置的碳原子的一个电子配对，这一对电子绕两个碳原子核运动而将两个原子结合在一起，如图 6-14 所示。正因为金刚石中的碳原子以共价键结合，要使其破裂必须折断这些牢固的共价键，这就导致了金刚石的坚硬性。又因碳原子中所有的价电子都形成共价键而无自由电子，故金刚石无导电性。所以共价键的作用很强，使原子晶体具有硬度大、熔点高、导电性低、挥发性低的特点。半导体中的重要材料硅、锗、碲都是原子晶体。

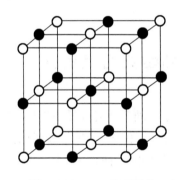

图 6-13　NaCl 离子晶体

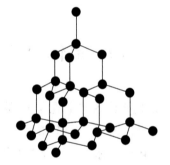

图 6-14　金刚石原子晶体

3. 金属键与金属晶体

金属都是正电性元素，它们的原子易于失去最外层的电子，在金属内部，金属的正离子做空间点阵排列，而脱离了原子的电子为所有的正离子所共有，它们可以在点阵内自由地运动，形成电子气。正离子与电子气间的相互作用使粒子结合在一起，这种结合力称为金属键。由金属键作用组成的晶体称为金属晶体。和离子晶体及原子晶体不同，由于金属晶体无方向性，金属中各粒子在排列上无严格要求，因而金属范性较大。金属键作用较强，所以金属具有很高的熔点和硬度，低挥发性，又因金属晶体有自由电子，所以有良好的导电性和导热性。

4. 范德瓦耳斯键与分子晶体

外层电子已经饱和的原子和分子在低温下组成晶体时，粒子间有一定的吸引力，这个力是很微弱的，这与气体中分子之间的吸引力性质相同，这种结合力称为范德瓦耳斯键，由这种稳定分子结合成的晶体为分子晶体。分子晶体的结合力是由于分子偶极矩之间的静电相互作用而产生的分子间的相互引力，范德瓦耳斯力包括下列三部分:(1)取向力是极性分子与极性分子间的相互作用。当两个极性分子相接近时,电偶极矩的作用引起它们发生转向,使它们相反的极性相对,从而出现引力。(2)诱导力是非极性分子受极性分子的"诱导"而被极化,产生诱导偶极矩,它与极性分子的固有偶极矩间的相互作用称为诱导力。(3)色散力是这种力不同于前两种力(它们本质上都是静电力),只有根据近代量子力学才能正确解释其性质和来源。简单地说,可以把色散力看作是非极性分子之间的瞬时偶极矩相互作用的结果。范德瓦耳斯键与分子内部的结合力相比很弱,所以这种晶体硬度小,熔点低,易于挥发。

5. 氢键

氢键是指由氢原子参与的一种特殊类型的化学键,是含氢化合物分子间的一种相互作用力,它的产生与含氢化合物分子的结构有关。以水为例,一个负电性很强的氧原子与两个氢原子以共价键相结合形成水分子 H_2O 时,由于量子效应,氧原子的最外层电子中有的电子可以成为氧和氢的共有电子而形成共价键,有的电子不成键,因氧原子的负电性很强,水分子中共价键的电子云显著地偏向氧的一边,使水分子中氢原子核"裸露"成为水分子的正电荷中心。当两个水分子接近时,其中一个水分子中的一个"裸露"的氢核与另一个水分子中氧的不成键,电子间就产生了相互吸引的静电力,这就是氢键。氢原子与其他负电性较强的原子(如 F、N、Cl 等)相结合也可以与第二个负电性较强的原子间形成氢键。与氢原子相结合的负电性原子,其负电性越强氢键越强。氢键不仅影响物质的沸点或熔点,还能影响晶体的结构和稳定性。

以上介绍了五种典型的结合力。在实际的晶体中,粒子间可以具有其中两种或两种以上形式的结合力。石墨就是一个典型的例子(图6-15)。石墨和金刚石一样也是由碳原子构成的空间点阵,但粒子间的结合力有共价键、金属键和范德瓦耳斯键三种形式。在同一层中每一个碳原子的四个价电子中有三个是与该层中相邻的其他碳原子中的一个电子组成共价键,另一个电子为该层中所有碳原子所共有,以金属键的形式在该层中起作用,造成石墨具有较高的熔点和良好的导电性。层与层之间的结合是由于较弱的范德瓦耳斯键在起作用,所以石墨呈层状结构,各层间易滑动,可用作润滑剂。石墨在纸上划过,它的细小片状结晶就会粘在纸上而留下灰色线痕,故可用于制造铅笔。又因各层之间距离较远,故石墨密度较金刚石低。

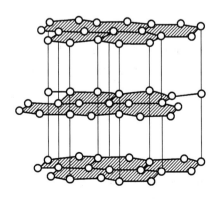

图6-15　石墨结构示意图

6.4.2　结合力的普遍性质　结合能

以上 5 种化学键,虽然起源不同、性质不同,不同的晶体具有不同类型的结合力,但这些不同的结合力却具有共同的特征,即组成晶体的粒子(可以是原子、分子或离子)之间的相互作用力包括引力和斥力,二者都是短程力,随粒子间距离的增大而急剧减小,其中描述斥力变化的曲线更陡。组成晶体的所有粒子间相互作用的势能之和就是整个晶体的势能。晶体的势能由下式表示:

$$E_{p} = \frac{A_m}{r^m} - \frac{A_n}{r^n} \tag{6-16}$$

式中第一项表示斥力势能,第二项表示引力势能。例如离子晶体 $n=1$,而 m 在 5 ~ 10 之间;分子晶体 $n=6$,而 m 在 9 ~ 12 之间。r 是两相邻粒子间的距离,A_m、A_n、m、n 的大小由晶体的结构和作用力的性质决定。可以看出,晶体的势能与两分子间的相互作用势能相似。

自由粒子的总能量与它们形成的晶体的总能量之差,称为晶体的结合能。换句话说,这也就是把组成晶体的所有粒子完全拆开所需的能量。其数值等于当晶体中相邻粒子间距离 r 为平衡距离 r_0(指当晶体不受外力时两相邻粒子间的距离,它对应着晶体的最低势能)时整个晶体相互作用势能(负值)的绝对值。因为如果外界供给这么大的能量,就能够将组成晶体的粒子完全拆开,所以结合能的大小反映了晶体中粒子结合的牢固程度。例如 1 mol 金刚石的结合能为 7.11×10^5 J。

由结合力的共同特点很容易说明固体的力学性质。固体在不受外力的情况下,内部粒子处于平衡位置、相邻粒子间的距离为 r_0,相应的作用力为零。当固体受到外力而被拉伸(或压缩)时,粒子间距离增大(或减小),此时相邻粒子间出现引力(或斥力)。所谓固体中的应力,从微观看来就是当粒子间的距离发生改变后,固体内部单位面积截面两边粒子间出现的相互作用力的合力。在拉伸形变下这种力宏观上表现为张力、在压缩形变下表现为压力。

6.5　晶体中粒子的热振动　　固体的热容与热膨胀

把晶体点阵中的粒子看作是固定在它们的平衡位置上,这是一种近似处理。实际上,晶体中的粒子在其平衡位置附近做无规则的微小振动,称为热振动。另外,晶体中粒子的热振动能量,也有一定的统计分布,在一定的温度下,总有少量的粒子具有足够的能量使它可以脱离其平衡位置而运动到更远的地方,下面我们分别介绍晶体中粒子运动的这两种形式。

6.5.1　热振动

热振动是晶体中粒子无规则运动的主要形式,在室温下,大多数晶体中粒子热振动振幅的数量级为 0.01 nm(不到粒子间距 0.15 ~ 0.2 nm 的 1/10)。根据晶体中粒子的热振动,可以在一定的精确程度上解释固体热容的规律,并对固体的热传导和热膨胀进行定性的微观解释。

1. 固体热容的经典理论 杜隆－珀替定律

晶体中粒子的振动极其复杂,但总可以将其分解为三个相互垂直方向上的振动,即粒子的振动有三个自由度。按照能均分定理,每一振动自由度的平均动能和平均势能都等于 $\frac{1}{2}kT$,每一振动自由度的平均能量为 kT,每一粒子平均振动能量为 $3kT$,所以 1 mol 晶体的总振动能量为

$$U_0 = N_A \cdot 3kT = 3RT \qquad (6-17)$$

式中,N_A 为 1 mol 晶体中的结构粒子数(如金属晶体中的正离子、原子晶体中的原子)。由于固体的热膨胀系数很小,当温度升高时体积变化不大,膨胀时对外做的功可以忽略不计(因而不必区别定压热容和定容热容),所以根据热力学第一定律有 $dU_0 = đQ$。按照摩尔热容的定义,对晶体而言,其摩尔热容即为 1mol 晶体温度升高 1 ℃时晶体所增加的振动能量,所以,固体的摩尔热容为

$$C_m = \frac{dU_0}{dT} = 3R = 25 \text{ J} \cdot \text{mol}^{-1} \cdot \text{K}^{-1} \qquad (6-18)$$

早在 1819 年,杜隆和珀替就根据实验总结出了这一规律,称为杜隆－珀替定律。它指出,除少数几个例外,一切金属的平均摩尔热容都约等于 25 J·mol^{-1}·K^{-1}(表6-6)。这说明,要使固体的温度升高一给定的数值,每个粒子所需的能量几乎都相同,而与单个粒子的质量无关。以上由分子动理论推出的结论式(6-18)与实验结果的基本一致性,给物质的分子理论提供了显著的证据,但是,进一步的实验事实说明,摩尔热容是随温度改变的,当 $T \to \infty$ 时,摩尔热容趋近于零,当 $T \to -\infty$ 时一切固体的摩尔热容都接近杜隆－珀替值 25 J·mol^{-1}·K^{-1}。不同物质达到这个值时的温度是不一样的,如,铅约在 200 K(室温以下)时达到此值,而金刚石则在 2 000 K 以上才能达到该值。上述热容的经典理论与实验结果之间的偏离,暴露了经典理论的缺陷,只有建立在量子理论基础上的固体热容理论才能得到与实验事实完全相符的结果。

表6-6 常温下一些固体的摩尔热容值

物质		摩尔热容 /(J·mol^{-1}·K^{-1})	物质		摩尔热容 /(J·mol^{-1}·K^{-1})
铝	Al	25.70	铜	Cu	24.70
金刚石	C	5.65	锡	Sn	27.80
铁	Fe	26.60	铂	Pt	26.30
金	Au	26.60	银	Ag	25.70
镉	Cd	26.60	锌	Zn	25.50
硅	Si	19.60	硼	B	10.50

2. 固体的热膨胀和热应力

固体的体积随温度升高而增大的现象称为热膨胀。固体热膨胀时,它在各个线度上

(如长、宽、高及直径等)都要膨胀。我们把物体线度的增长称为线膨胀;将体积的增大称为体膨胀。首先研究固体线膨胀的规律。实验表明固体线度的增长与原长和温度的增量成正比,即

$$\Delta l \propto l_0 t \tag{6-19}$$

式中　Δl——固体线度的增量,即 $l - l_0$;

　　　l_0——固体在 0 ℃时的原长;

　　　t——固体的终温,℃。

写成等式为

$$\Delta l = \alpha l_0 t \tag{6-20}$$

式中的比例系数 $\alpha = \dfrac{\Delta l}{l_0 t}$ 称为线膨胀系数,其单位是 K^{-1}。不同物质线膨胀系数不同,表 6-7 列出了几种物质的线膨胀系数。

表 6-7　室温附近一些固体的线膨胀系数

物质	线膨胀系数/K^{-1}	物质	线膨胀系数/K^{-1}
铝	26×10^{-6}	磷	124×10^{-6}
黄铜	19×10^{-6}	硅	7×10^{-6}
铜	17×10^{-6}	银	19×10^{-6}
铁	12×10^{-6}	钠	80×10^{-6}
钼	5×10^{-6}	锌	28×10^{-6}
钢	11×10^{-6}	钨	4×10^{-6}

式(6-20)可以改写为另一形式:

$$l = l_0(1 + \alpha t) \tag{6-21}$$

如果已知物体在 0 ℃时的长度和线膨胀系数,即可由此计算出在任何温度下物体的长度。但一般情况是已知物体在 t_1 时的长度 l_1,要求物体在 t_2 时的长度 l_2。这时,可直接按下面的近似公式计算

$$l_2 \approx l_1[1 + \alpha(t_2 - t_1)] \tag{6-22}$$

式中,l_1 是任意温度下的物体原长。

例题 6-2　某钢梁大桥的桥身在 0 ℃时长 1 080 m,当温度从 -15 ℃变到 40 ℃时桥身的长度变化了多少?

解　设钢梁在 $t_1 = -15$ ℃时长度为 l_1,在 $t_2 = 40$ ℃时长度为 l_2,则根据式(6-21)有

$$l_1 = l_0(1 + \alpha t_1)$$
$$l_2 = l_0(1 + \alpha t_2)$$

所以

$$l_2 - l_1 = l_0 \alpha(t_2 - t_1) = 1\,080 \times 11 \times 10^{-6}(40 + 15) = 0.65 \text{ m}$$

固体体膨胀的规律与线膨胀相似,由下式表示:

$$V = V_0(1 + \beta t) \tag{6-23}$$

式中　V——t ℃时的体积；

　　　V_0—— 0 ℃时的体积；

　　　β——固体的体膨胀系数。

不难证明,对于各向同性的固体来说,它的体膨胀系数是线膨胀系数的 3 倍,即 $\beta = 3\alpha$。

式(6-23)对气体和液体的体膨胀也适用。值得注意的是,固体的线膨胀系数虽然很小,由温度变化引起线度的增减也不大,但是当固体的两端被固定,致使当温度变化其膨胀或收缩受到阻碍时,内部就会出现不可忽视的应力,通常称为热应力。如铁制物品,当温度变化 1 ℃时产生的热应力约为 2×10^6 N·m^{-2}。因此,工程技术上为了防止热应力带来的危害,必须采取一定的措施。例如,钢铁桥梁只固定一端而另一端架在滚子上;钢轨连接处要留一定的空隙,两种不同材料做成的紧密装配在一起的仪器零件要选用线膨胀系数相近的材料等,都是为了防止温度发生变化时产生热应力。

例题 6-3　试推导出计算热应力的公式。

解　设金属棒 0 ℃时长度为 l_0,其由 0 ℃加热到 t ℃时伸长应为 $\Delta l = l_0 \alpha t$。如果加热时将棒两端固定,则因其不能自由膨胀而在棒内产生压应力,其数值与靠外力将棒压回原长时产生的应力相等。设棒的横截面积为 A,压缩 Δl 长度所需的压力为 F,则

由胡克定律和线膨胀公式可导出热应力公式为

$$p = \frac{F}{A} = E\frac{\Delta l}{l} = E\frac{l_0 \alpha t}{l_0(1 + \alpha t)}$$

式中　E——材料的杨氏模量;

　　　α——线膨胀系数。

因为 αt 的数值远小于 1,在分母中与 1 相比可以忽略,故得出热应力与材料的杨氏数量、线膨胀系数和温度变化(由 0 ℃变到 t ℃)成正比的简单关系:

$$p = E\alpha t \tag{6-24}$$

6.5.2　晶体中热缺陷的产生与运动扩散

在第 6.3 节中我们所讨论的是完整晶体中粒子的排列情况,这是理想结构,在实际晶体中粒子的排列通常不像理想结构那样完整,而是存在着各种各样的缺陷。这种缺陷一般分为点缺陷、线缺陷和面缺陷三类,下面只讨论点缺陷的形成和运动。晶体中各个粒子的热振动能量并不完全相同,而是服从一定的统计分布,在一定温度下总会有一些粒子具有足够的能量脱离平衡位置而形成缺陷。由于它是粒子无规则运动而形成的缺陷,故又称作热缺陷,这种缺陷的线度约为一个原子的尺寸范围,热缺陷又可分为填隙粒子和空位两种。填隙粒子的形成和运动如图 6-16 所示,表面上的两个粒子 α 和 β 通过填隙的方式移动到图 6-16(b)所示的位置。空位的形成和运动如图 6-17 所示。开始时表面上有一个粒子 α 移动到表面上另一正规位置,使在表面上产生一个空位,因而附近粒子就可以跑到这空位上去而使空位往里移动。图中所标数字 1,2,3,4,5,6 表示粒子跳动的先后顺序。$1',2',3',$ $4',5'$ 表示另一空位形成时粒子跳动的先后次序。通过上述方式,空位和填隙粒子这两种热缺陷就可以出现在晶体中的任何地方。如粒子的半径比较小,就可以以填隙的方式从一处

移到另一处;如粒子的半径比较大,则在周围出现空位后,就可以跳到周围的空位上去,待附近出现另一空位时再行跳动,因此也可以从一处移到另一处。由于热缺陷的存在和热缺陷在晶体中的运动,可以使晶体中的粒子由一处移到另一处,形成晶体中的扩散。同类粒子在点阵中的自扩散(如铜原子在铜晶体中的扩散)和异类原子在点阵中的异扩散(如碳和铝在铁晶体中的扩散)都是由于热缺陷造成的。异扩散常被用于使固体具有特殊的性质,如向铁晶体内扩碳(即热处理中的渗碳)可提高硬度,向铁晶体内扩铝可提高熔点,向硅片扩磷和扩硼可得到单向导电性等。

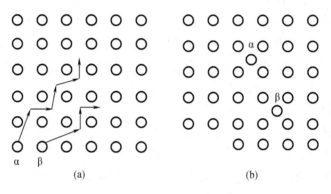

图 6 - 16　填隙粒子的形成机制

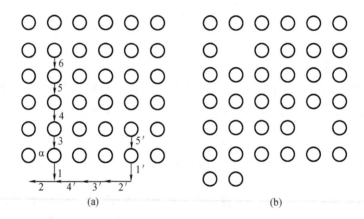

图 6 - 17　空位的形成和运动

6.6　液体的微观结构　溶液中的输运现象

6.6.1　液体的微观结构

在通常条件下物质有三种聚集态:气态、液态和固态。固体有固定的形状,不易被压缩;气体没有一定的形状,易于压缩,且有流动性;而液体的宏观性质居于二者之间。它一方面像固体那样有一定的体积,不易压缩,另一方面又像气体那样没有一定的形状,具有流动性。固、液、气三态的性质之所以有这些差别,是由于物质内部分子之间的相互作用力与分子无规则运动这一对矛盾的力量对比不同。在固体中,分子间的相互作用力占主导地位,因而形成空间点阵。分子的无规则运动则主要表现为围绕固定的平衡位置做无规则的振动。在气体中,分子的无规则运动占主导地位。因此,气体总是充满整个容器,没有一定的形状和体积,且有流动性液体的微观结构更接近于固体还是更接近于气体? 这只能由实验事实来回答。对大多数物质而言,在熔解时体积只增加10%左右,即分子间距离只增加3%左右;而在汽化时,体积约增为原来的 1 000 倍,分子间距离约增为原来的 10 倍,此外各种物质的汽化热都远大于熔解热。这些事实说明液体中分子的排列情况更接近于固体。用 X 射线研究熔解与结晶过程发现,液体分子约在 10^{-7} cm 的小区域内短时间保持一定的规则排列,称为短程有序(与此对比,晶体内粒子的排列则是长程有序)。液体可以看作是由许多这样的小区域彼此之间方位完全无序地集合在一起的,因此,宏观上表现为各向同性。液体分子的无规则运动主要是在平衡位置附近做微小振动。但液体分子不像固体分子那样长时间围绕一个平衡位置振动,而是在某一平衡位置振动一段时间以后就挣脱周围分子的束缚而到另一个新的平衡位置继续振动,即液体分子的平衡位置是不断改变的。此外,液体分子在每一平衡位置振动的时间长短也不同。但在一定的温度和压强下,各种液体的这种振动时间都有其一定的平均值,称为定居时间。对液态金属而言,其数量级为 10^{-10} s,对水而言,其数量级为 10^{-11} s。定居时间 τ 的长短取决于分子力的大小和分子无规则运动的强弱。分子力越大,τ 越大;温度越高,分子无规则运动越剧烈,平衡位置越易改变,τ 就越小。一般液体所表现的流动性,就是由于通常所受外力的作用时间 t 比 τ 大得多,假如力的作用时间 $t<\tau$,液体就会像固体那样表现出脆性。

6.6.2　液体内部压强的微观解释

如上所述,液体分子的排列情况更接近于固体,分子间距离很近,彼此有较强的相互作用力。从这点出发,可以解释液体内部压强的实质。

前面曾经指出,范德瓦耳斯气体的压强可以看作是由分子无规则运动引起的压强和分子力引起的压强两部分构成的,但与分子的无规则运动引起的压强比起来,分子力引起的压强只占次要地位。可以定性地认为,液体内部压强也由这两部分组成,但由于液体分子间距离比气体分子间距离小得多,以致分子力引起的压强占主导地位。理论上算出,液体内部单位面积截面两边分子间的引力之和以及斥力之和的数量级都为 10^9 Pa,实际表现出的压强是二者的代数和。所以在一般情况下液体内部压强的数量级只有 10^5 Pa。

液体内部压强的其他性质也可由此得到解释。例如,液体因分子排列的长程无序(尽管是短程有序)而显出各向同性,所以在液体中一定位置上无论沿何方向选取截面,截面两边分子之间的相互作用情况都相同,所以液体内部压强与方向无关。又如,由于重力的作用使液体分子间的平均距离随液体深度的增加而减小,致使分子间的斥力随深度的增加而增大,所以静止液体内部压强随深度的增加而增大。应当指出,当液体深度增加时,分子间平均距离的变化是很小的,因此在不太大的深度变化范围内,液体密度随深度的变化可以忽略;但是由于分子间的斥力随距离的减小而急剧增大,所以由此引起的分子斥力随深度变化,从而使液体压强随深度的变化是不可忽略的。

6.6.3　液晶简介

1888 年,奥地利植物学家莱尼兹尔在合成胆甾醇脂时发现,此类有机化合物在固态向液态转化的过程中存在着混浊状的中间态。第二年,德国物理学家莱曼发现,这个由固态向液态转化的中间态液体具有和晶体相似的性质。这种中间过渡态称为液晶态,具有液晶态的物质称为液晶物质,简称液晶。液晶在力学性质上与液体相同,例如有流动性、连续性,可形成液滴等,在光学性质、电磁性质等方面又具有明显的各向异性。因而又具有晶体的某些特性。

液晶被发现后在一段相当长的时期内没有得到实际的应用,被人们称作"实验室的珍品"。后来发现液晶分子的排列可以受到电的控制而改变其光学性质,从而可当作显示材料,这才引起了人们的兴趣。液晶物质多为芳香族高分子聚合物,分子呈长棒形,在排列上往往在某一方向上为短程有序,而在另一方向上为长程有序。由高分子聚合物加热熔化而成的液晶称热致液晶;由高分子聚合物溶解于溶剂(如水、硫酸、甲苯等)而成的液晶称溶致液晶。热致液晶按分子的排列状态又可分为三类。

1. 长丝状液晶(又名向列型液晶)。这种液晶的分子呈长棒形,在自然无约束状态下,分子有彼此平行排列的倾向,它们沿一定方向的排列比较整齐,但彼此间前后左右位置可以变动,并不规则,好像装在铅笔盒中的许多铅笔,它们能够滚动,还可前后滑动,但保持排列方向不变。

2. 螺旋状液晶(又名胆甾型液晶)。这种液晶的分子分层排列,每层分子的排列方向相同,但相继各层中分子的取向相差一个小角度,形成各层分子排列方向依次旋转。构成一个螺旋状结构。螺旋状液晶具有显著的温度效应,随着温度的变化,它可以有选择地反射光,从而呈现不同颜色。这种物质的颜色与温度间的关系,现已用于医学上的诊断。诊断过程中,将这种液晶涂在患者的皮肤上,可以根据其颜色揭示病理情况。此外还可以利用这种温度效应来探知金属材料和零件的缺陷等等。

3. 碟层状液晶(又名近晶型液晶)。在这种液晶中,分子是分层有序排列的,在每一层内分子具有晶体那样的有序程度,各层中的分子只能在本层平面内运动,可以绕分子长轴自旋。层与层之间的距离可以改变,这种液晶分子取向的有序性更接近于晶体。

目前,液晶显示技术已经有了广泛的应用,如液晶手表和液晶袖珍计算器都是采用液晶显示的。

液晶除用于显示技术以外,还在其他许多方面引起了人们的兴趣。现在对液晶的研究已形成了多方位的边缘科学,它包括液晶化学、晶体结构与缺陷、液晶连续体弹性形变理论、液晶相变理论、液晶电子学、液晶光学、液晶生物学等。液晶应用的方面也越来越广泛,目前,在液晶显示方面,最有吸引力的课题是超小型和超大型液晶电视的研制。另外,对于聚合物液晶的研究也非常活跃,这是因为聚合物具有各种特殊的功能,例如利用溶致聚合物液晶制造高强度聚合物,其强度与钢不相上下,而密度却只有钢的五分之一,而且耐腐蚀,多用于装甲、轮胎布和海上钻井架的锚泊缆。此外,人们开始注意到大分子液晶的内部结构与生物学的联系,现在已经在生物组织中观察到聚合物液晶的结构,聚合物液晶的结构对物理、化学环境(如电场、温度、压强和 pH 值)是敏感的。这种因环境改变而产生大分子结构的变化,能否给生物体结构、生物遗传等方面的研究提供信息? 这些问题引起了物理学、化学、生物学工作者的关注。

6.7　液体的表面性质

很多现象说明液体的表面有如紧张的弹性薄膜,有收缩的趋势。如钢针放在水面上不会下沉,仅仅将液面压下,略见弯形;荷叶上的小水珠和焊接金属时熔化后的焊锡呈球形。液体与空气接触形成表面层,其厚度的数量级与分子力作用球半径的数量级相同,由于表面层内液体分子受力情况不同于液体内部,使得液体表面具有一种不同于液体内部的特殊性质,即液体内部相邻液体间的相互作用表现为压力,而液体表面相邻液面间的相互作用则表现为张力。由于这种力的存在,引起弯曲液面内外出现压强差,以及常见的毛细现象等。本章最后各节将分别研究这些问题,现在先介绍表面张力。

6.7.1　表现张力现象

表面张力的大小可以用表面张力系数 γ 来描述。设想在液体表面上作一长为 L 的线段,则张力的作用表现在,线段两边液面以一定的拉力 F 相互作用,而且力的方向恒与线段垂直,大小与线段长 L 成正比,即

$$F = \gamma L \qquad (6-25)$$

式中,比例系数 γ 称为表面张力系数,其数值等于液面上作用在每单位长度截线(或周界)上的表面张力。许多现象表明,液体表面有自动收缩的趋势。这一事实可以通过以下实验进行观察和分析。

取一个钢丝制成的矩形框架如图 6-18 所示,矩形的一边长为 L 的 BC 边可以在框架上自由滑动。将框架浸入浓肥皂液后取出,框架上就会形成一个矩形肥皂膜 $ABCD$,用手轻轻扶住 BC 两端,即加以外力 F',液膜面积可保持不变。如果除去外力,则见到液膜自动收缩。则

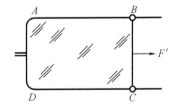

图 6-18　表面张力系数的推导

$$F' = 2\gamma L$$

设想 BC 边移动一距离 Δx,则在这个过程中,外力 F' 所做的功为

$$\Delta A = F' \Delta x = 2\gamma L \cdot \Delta x = \gamma \Delta S$$

式中,$\Delta S = 2L\Delta x$ 是在 BC 边移动过程中所增加的液面面积。由此可见,表面张力系数 γ 等于增加单位表面积时,外力所需要做的功。这就是表面张力系数 γ 的另一个定义。

不受任何外力作用的液体,即液体所受的重力和其他外力的合力为零时,在表面张力的作用下应使表面自由能为极小。因表面自由能与表面面积成正比,所以液体应取表面积为最小的球体形状。

表面张力系数的大小主要由物质种类决定。表 6-8 给出了一些液体表面张力系数(与空气或水的交界面)。由此可见,首先,一般说来,密度小、易挥发的液体表面张力系数

小,而熔化金属的表面张力系数则很大。其次,表面张力系数与温度有关,温度升高,系数减小。表 6 -9 给出了水的表面张力系数与温度的关系。液体表面张力系数还跟与液体相邻的物质种类的化学性质有关。例如,在 20 ℃ 时,在水与苯为界的情形,水的表面张力系数为 33.6×10^{-3} N·m^{-1},在与醚为界的情况下则为 12.2×10^{-3} N·m^{-1}。最后,决定液体表面张力系数大小的因素还包括杂质的影响,加入杂质能显著改变液体的表面张力系数,有的杂质能使表面张力系数减小,而有的杂质能使其增大。使其表面张力系数减小的物质称为表面活性物质。肥皂就是最常见的使水的表面张力系数显著减小的表面活性物质。肥皂水的表面张力系数(约为 40×10^{-3} N·m^{-1})比水的表面张力系数小得多。一般情况,醇、酸、醛、酮等有机物大都是表面活性物质。在冶金工业上,为了促使液体金属结晶速度加快,就在其中加入表面活性物质。在钢液结晶时,加入少量的硼就是为了这个目的。硼的含量在 0.1% 以下时,能使钢的表面张力系数大大减小,见表 6 -10 所示。

表 6 - 8 一些液体的表面张力系数

物质	$t/℃$	$\gamma/(10^{-3}N·m^{-1})$
水	18	73
液体空气	-190	12
酒精	18	22.9
苯	18	29
醚	20	16.5
汞	18	490
铅	335	473
铂	2 000	1 819
水 - 苯	20	33.6
水 - 醚	20	12.2
汞 - 水	20	472

表 6 - 9 水的表面张力系数与温度的关系

$t/℃$	$\gamma/(10^{-3}N·m^{-1})$
0	75.6
20	72.5
50	67.9
100	58.8

表 6 - 10 钢的表面张力系数与硼的含量的关系

硼的含量/%	0.00	0.01	0.02	0.06	0.12
$\gamma/(10^{-3}N·m^{-1})$	1 380	1 280	1 240	1 180	1 200

6.7.2　表面能

我们再从能量角度研究表面张力现象。由于液面有自动收缩的趋势,所以增大液体表面需要克服表面张力做功。由图 6-18 可以看出,设使 BC 边向右移动距离 Δx,则此过程中克服表面张力所做的功为

$$\Delta A = F' \Delta x = 2\gamma L \cdot \Delta x = \gamma \Delta S$$

式中,ΔS 表示 BC 边移动 Δx 时液膜的两个表面所增加的总面积,在等温过程的条件下,这个功转变为液体表面能的增量 ΔE,所以可以得出

$$\gamma = \frac{\Delta E}{\Delta S} \tag{6-26}$$

此式表示:表面张力系数在数值上等于在等温条件下液体表面增加单位面积时所增加的表面能,应该指出,表面能不同于表面内能,可以认为,它是表面内能的一部分,是在等温条件下能够转变为机械功的那一部分,在热力学中称为表面自由能。这是表面张力系数的第三个定义,或者说表面张力系数就是单位表面的表面自由能。

理论和实验事实表明,在等温条件下,体积一定的液体在平衡态对应于表面自由能取极小值,而由 ΔS 和 ΔE 的正比关系可知,这也对应于表面积取最小值,由此可以说明液体表面为何有收缩的趋势。此外,我们知道体积一定的物质取球形时表面积最小,由此可知为什么液滴的形状都接近球形,如果能够抵消重力的影响,应该可以看到液滴呈正球形。

从微观角度来看,液体表面并不是一个真正的几何面,而是一个厚度为分子力有效作用距离 s(数量级为 10^{-9} m)的薄层,称为表面层。考虑表面层中任意一点 O。若以 O 为球心,以分子力有效作用距离 s 为半径作一分子力作用球,则此球有一部分落在液体之外(图 6-19),因而表面层内的分子与在液体内部的分子相比缺少了一些能吸引它的分子,使得引力所引起的势能的绝对值小一些,但引力势能是负值,所以液体分子处于表面层中的势能比在液体内部的势能高。表面积越大的液面,表面层中的分子数越多,表面总势能越高,但系统的能量总是越小越稳定,因此液体表面面积趋向缩小。而液体又极不易压缩,体积是一定的,于是表面缩小的趋势使液面呈紧张状态而出现表面张力。以上分析中没有提到分子间的斥力,这是因为斥力的有效作用距离比引力更短,只有在分子 O 周围紧邻的分子才对它有斥力作用,这就使表面层内分子受斥力的情况与液体内部情况基本相同。

6.7.3　球形液面内外附加压强差

实验事实表明,由于表面张力的作用,使弯曲液面内无限接近液面处液体的压强与液面外的压强之间存在着压强差,此压强差称为弯曲液面下的附加压强。在凸面情况下,附加压强是正的,即液面内部的压强大于液面外部的压强(如大气压强);在凹面情况下,附加压强是负的,即液面内部的压强小于液面外部的压强。

为计算球形液面下附加压强的公式,如图 6-20,设在液面处割出一球冠形小液块,通过分析它的受力情况,来研究此液块的平衡,从而求其压强。小液块受三部分力的作用,一部分是通过小液块边线作用在液块上的表面张力;第二部分是由附加压强引起的通过底面(底面积为 πr^2)作用于液块的力 $p\pi r^2$,实际上下液体通过底面有压力作用于液块,外部大气

通过球形液面也有压力作用于液块,这个力就是两个压力之差;第三部分就是小液块所受的重力,它比前两部分力小得多,可以忽略不计。下面的计算是根据小液块平衡时所受合力为零这一条件,求解球形液面下的附加压强。

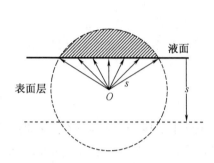

图 6 – 19　液体表面层内的分子

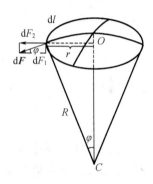

图 6 – 20　计算球形液面下的附加压强

设想将圆周分成许多小段,每段长度为 $\mathrm{d}l$,则在这一小段上的表面张力为

$$\mathrm{d}F = \gamma \mathrm{d}l$$

此力的方向如图 6 – 20 所示,可分解为平行和垂直于底面的两个分量,由图 6 – 20 很易求出垂直于底面的分力:

$$\mathrm{d}F_1 = \mathrm{d}F \sin\varphi = \gamma \mathrm{d}l \sin\varphi$$

平行于底面的分力:

$$\mathrm{d}F_2 = \mathrm{d}F \cos\varphi = \gamma \mathrm{d}l \cos\varphi$$

因底面周边的轴对称性,整个圆周上所受表面张力沿与底面 πr^2 平行方向的分力互相抵消,所以球冠状小液块所受表面张力的合力即为圆周上所有表面张力的垂直分力之和。所以表面张力的合力为

$$F_1 = \int \mathrm{d}F_1 = \int \gamma \mathrm{d}l \sin\varphi = \gamma \sin\varphi \int \mathrm{d}l = \gamma \sin\varphi \cdot 2\pi r$$

将 $\sin\varphi = \dfrac{r}{R}$ 代入上式可得

$$F_1 = \frac{2\pi r^2 \gamma}{R}$$

根据平衡条件有

$$F_1 = p\pi r^2$$

可得

$$p = \frac{2\gamma}{R} \tag{6 – 27}$$

由此可见,表面张力系数越大,球面的半径越小,附加压强就越大。式(6 – 27)适用于凸液面。如果是凹液面,则液面内部的压强小于液面外部的压强,附加压强是负的,即

$$p = -\frac{2\gamma}{R} \tag{6 – 28}$$

对于一个球形液膜来说,液膜具有内外两个表面,因液膜很薄,内外表面的半径可看作

相等,在球形液膜内取 C 点,在液膜外取 A 点,两点压强差可以计算如下。

在液膜中取一点 B,A、B、C 三点的压强分别用 p_A、p_B、p_C 表示,液膜外表面是一个凸液面,所以

$$p_B - p_A = \frac{2\gamma}{R}$$

液膜的内表面是一个凹液面,附加压强为负值,因而

$$p_B - p_C = -\frac{2\gamma}{R}$$

从两式中消去 p_B,最后得到

$$p_C - p_A = \frac{4\gamma}{R}$$

如用连通器吹出大、小不同的两个肥皂泡然后使其连通,则见小泡变小,大泡变大,这个例子就可以验证上述结论。

例题 6 – 4 在半径 $r = 3.0 \times 10^{-4}$ m 的细玻璃管中注水(图 6–21),可见到管内的液面呈半径为 r 的半球面,管的下端形成水滴。设水滴形状可以看作是半径为 $R = 3.0 \times 10^{-3}$ m 的球体的一部分(不是半球),试求管中水柱的长度 h。

解 如图 6–21 所示,在液体中取 A、B 两点,由式(6–27)可知

$$p_A - p_0 = -\frac{2\gamma}{r} \text{ 和 } p_B - p_0 = \frac{2\gamma}{R}$$

r、R 都为绝对值,第一式中取负号是因 A 处液面为凹液面。

根据流体静力学原理,当平衡时应有

$$p_0 + \frac{2\gamma}{R} = p_0 - \frac{2\gamma}{r} + \rho g h$$

即

$$p_0 + \frac{2\gamma}{R} = p_0 - \frac{2\gamma}{r} + \rho g h$$

由此得出水柱长度

$$h = \frac{2\gamma}{\rho g}\left(\frac{1}{r} + \frac{1}{R}\right) = 5.5 \times 10^{-2} \text{ m}$$

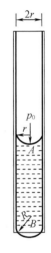

图 6 – 21 例题 6 – 4 图

这一结果也可通过对表面张力的分析求出,此处不再详述。

例题 6 – 5 将压强为 $p_0 = 10^5$ Pa 的空气等温地压缩进肥皂泡内,最后吹成半径为 $r = 2.5$ cm 的肥皂泡。设肥皂泡的胀大过程是等温的,求吹成这肥皂泡所需做的总功。设肥皂水的表面张力系数 $\gamma = 4.5 \times 10^{-2}$ N·m^{-1}。

解 设 p 表示泡内空气的压强,p_0 表示泡外的大气压强,γ 表示表面张力系数,则

$$p = p_0 + \frac{4\gamma}{r}$$

用于增大肥皂泡内外表面的面积所需做的功为

$$A_1 = \gamma \cdot 8\pi r^2$$

因肥皂泡的膨胀是等温进行的,所以压强为 p_0 的空气等温压缩到压强为 p 的状态,压缩过程所需做的功为

$$A_2 = pV\ln\frac{p}{p_0} = p_0\left(1 + \frac{4\gamma}{rp_0}\right) \cdot \frac{4}{3}\pi r^3\ln\left(1 + \frac{4\gamma}{rp_0}\right)$$

由于 $\frac{4\gamma}{rp_0} \ll 1$,所以

$$\ln\left(1 + \frac{4\gamma}{rp_0}\right) \approx \frac{4\gamma}{rp_0}$$

而

$$A_2 \approx \frac{2}{3} \cdot 8\pi r^2\gamma = \frac{2}{3}A_1$$

因此,吹成此肥皂泡所需要做的总功为

$$A = A_1 + A_2 \approx 8\pi r^2\gamma\left(1 + \frac{2}{3}\right) = \frac{40}{3}\pi r^2\gamma = 1.2 \times 10^{-3}\text{ J}$$

6.8　毛细现象及毛细管公式

6.8.1　润湿和不润湿　接触角

一滴水落在干净的玻璃板上,会在板面上扩散开来,即水润湿玻璃,但若将水银滴在玻璃上,它总是近似呈球形,且极易在板面上滚动,即水银不润湿玻璃,但如果将水银滴在干净的锌板或铜板上,则水银会在板面上展开,所以水银润湿锌或铜。可见,同一种液体能润湿某些固体但对另一些固体则不能润湿。

润湿和不润湿现象就是液体和固体接触处的表面现象。实验事实表明,不同液体对不同固体的润湿程度是不同的,为表明这种润湿的程度,引入接触角这个物理量,在液体、固体壁和空气交界处做液体表面的切面。此面与固体壁在液体内部所夹的角度 θ 就称为这种液体对该固体的接触角。图 6-22 表明 θ 角为锐角时,液体润湿固体;θ 角为钝角时,液体不润湿固体。如果 $\theta = 0°$,液体将延展在全部固体表面上,这时液体完全润湿固体;如果 $\theta = 180°$,则液体完全不润湿固体。水润湿玻璃,故其接触角是锐角,水与洁净的玻璃润湿程度最大,$\theta = 0°$。水银不润湿玻璃,接触角为钝角,数值为 $\theta = 138°$。

润湿和不润湿现象的产生,主要是由于液体分子间的引力与固体分子与液体分子间的相互引力间的强弱对比不同所引起的。下面仅从能量的角度简单解释这种现象的形成原理。在液体与固体接触处,沿固体壁有一层液体称为附着层,其厚度等于液体分子间引力的有效作用距离或液体分子与固体分子之间引力的有效作用距离(以较大者为准)。

在附着层中,液体分子受固体壁分子引力的合力称为附着力,受其余液体分子引力的合力称为内聚力。当内聚力大于附着力时,附着层内较多的液体分子被吸引到液体内部,这与液体自由表面相类似,附着层有收缩倾向,呈现不润湿现象。当附着力大于内聚力时,分子在附着层中的势能比在液体内部时要低,更多的分子进入附着层,使附着层有伸张倾

向,即液体沿固体面扩展,呈润湿现象。冶金工业中提纯矿物的方法之一——浮选法,就是利用矿粒不润湿液体而粘附在气泡上浮向液面,从而将矿粒与润湿液体的无矿岩渣(沉于液槽底部)分离开来的。

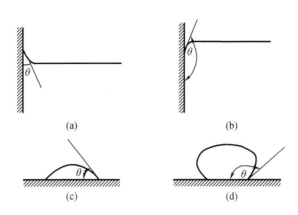

(a)　　　　　　　　　　(b)

(c)　　　　　　　　　　(d)

图 6－22　润湿与不润湿的接触角

6.8.2　毛细现象

由于液体对固体的润湿或不润湿,在液体表面与固体的接触处形成一定的接触角,所以盛在各种容器里的液体的表面都不是真正的平面。在广阔容器中,绝大部分的液面是平面,仅仅在器壁附近不太大的范围内是弯曲的,因此对整个液面而言附加压强趋于零。但在狭窄的容器如毛细管中,液体的表面成为一个弯月面,由表面张力造成的附加压强显著,使得管中的液面升高或降低,这种现象称为毛细现象。能够发生毛细现象的管子称为毛细管,如将内径很细的玻璃管插入水中,可以看到管内水面升高,而且管的内径越小,水面升得越高。如果将玻璃管插入水银中,情形则刚好相反,管内水银面会降低。管的内径越小,水银面降得越低。

下面我们研究液体在毛细管中上升(或降低)的高度 h 与哪些因素有关。先考虑液体润湿管壁的情形。当毛细管刚插入液体中时(图 6－23),由于接触角为锐角,管内液面形成凹面,使液面下 B 点的压强 p_B 小于液面之上的大气压强 p_0,而与 B 处于同一水平面但在管外的一点 C 的压强 p_C,仍与液面上方的大气压强相等,因此 $p_C > p_B$。根据流体静力学原理,当流体静止时,相同高度两点的压强应相等,因此液体不能平衡而要在管内上升,直到 B 点的压强与 C 点的压强相等为止。

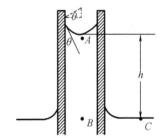

图 6－23　润湿情况下的毛细管

这时管内液体已升高 h,设毛细管截面为圆形,则管内液面可以近似地看作是半径为 R 的球面,因此弯曲液面下的附加压强,即液面下 A 点的压强与液面上大气压强之差为

$$p_A - p_0 = -\frac{2\gamma}{R}$$

在凹液面的情况下,R 本身为负值。

根据流体静力学基本原理有

$$p_B = p_A + \rho g h = p_0 - \frac{2\gamma}{R} + \rho g h$$

和

$$p_B = p_C = p_0$$

因而

$$\frac{2\gamma}{R} = \rho g h$$

由图 6-23 可以看出，液面球半径 R 与管半径 r 的关系为

$$R = \frac{r}{\cos\theta}$$

所以

$$h = \frac{2\gamma\cos\theta}{\rho g r} \qquad\qquad (6-29)$$

此式表明，毛细管中液面上升的高度与液体的种类（它决定液体的密度 ρ 和表面张力系数 γ）、组成毛细管的材料（接触角 θ 与它有关）及管径 r 有关。当液体种类及毛细管材料确定时，h 与 r 成反比，因而管子越细，液面上升的高度越高。这个关系可以用来测定液体的表面张力系数。

若液体不润湿管壁，例如玻璃细管插入水银中的情况，这时管内水银下降。在以上推导中，我们实际已经兼顾到不润湿即凸液面的情况，因此，式(6-29)对管内液面下降的情况也适用。需要指出，式(6-29)仅适用于圆形毛细管，而毛细管的内截面形状可以是多种多样的。一般来说，当我们讨论内截面不是圆形的毛细管内液面上升的高度时，须利用附加压强公式（或根据表面张力分析）针对具体情况进行计算。

在自然界和日常生活中所见的毛细管是多种多样的，如纸张、棉布、灯芯、土壤以及植物的根、茎等等都是，毛细现象的应用也几乎处处可见。例如，对于刚种好的麦田总要将土壤压一压，以便在土壤中形成许多毛细管，使地下的水分沿毛细管上升来浸润麦种，促使麦种早发芽；而如果想要保湿，使地下水分不至上升到地面蒸发掉，就必须破坏土壤里的毛细管，这就是松土的作用。

毛细现象在生理学中有很大作用，因为植物和动物的大部分组织都是以各种各样的管道连通起来的。

例题 6-6　如图 6-24 所示表示两铅垂玻璃平板部分浸入水中，设其间距为 $d = 0.50$ mm，问两板间水上升高度 h 为多少？水的表面张力系数 $\gamma = 7.3 \times 10^{-2}$ N·m^{-1}，接触角 θ 可视为零。

解　两玻璃平板间水面是柱面，考虑到接触角等于 0，两相互垂直的正截口的曲率半径分别为

$$R_1 = \frac{d}{2}, R_2 = \infty$$

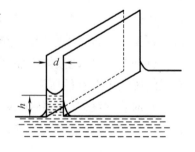

图 6-24　例题 6-6 图

附加压强为

$$p = \gamma \left(\frac{1}{R_1} + \frac{1}{R_2} \right) = \frac{2\gamma}{d}$$

因而,根据流体静力学的基本原理,水上升的高度为

$$h = \frac{p}{\rho g} = \frac{2\gamma}{\rho g d} = 3.0 \times 10^{-2} \text{ m}$$

本 章 小 结

1. 实际气体的实验等温线

实际气体的实验等温线与理想气体等温线间有显著的差别:当温度高于临界温度时,实验等温线并不是严格的双曲线,温度越低,偏离双曲线越大;当温度低于临界温度时,实验等温线中出现了水平段(表示发生了气、液间的转变),温度越低水平段越长。根据实验等温线的特点和所代表的状态,把 $p - V$ 平面分成四个区域:经等温压缩永不液化的气态区;经等温压缩可使之液化的气态区;液态区;气、液平衡共存区。四个区的公共点即临界点,它所代表的是气液不分的临界状态。临界点的临界参量分别称为临界温度、临界压强和临界体积。

2. 范德瓦耳斯方程

为了更好地描述实际气体的状态,范德瓦耳斯提出"有吸引力的弹性刚性"这一气体分子模型,在这基础上建立了范德瓦耳斯方程:

$$\left(p + \frac{a}{V_m^2} \right) (V_m - b) = RT$$

方程中的 b 是反映分子占有体积的修正数,约等于 1 mol 气体总体积的 4 倍;$\frac{a}{V_m^2}$ 表示内压强,即由分子间的引力作用而使气体对器壁压强的减少量,它等于气体内部单位截面两边气体分子通过截面互施的合引力,修正数 a 反映了气体分子的引力作用。

3. 范德瓦耳斯等温线

范德瓦耳斯等温线与实际气体等温线非常相似,这反映了范德瓦耳斯方程较好地描述了实际气体的状态。此外,范德瓦耳斯等温线还可说明气体的过饱和状态和液体的过热状态;通过等面积法则可以确定某温度的饱和蒸汽压;通过两个修正数 a 和 b 可以求出临界温度、临界压强和临界体积。但是范德瓦耳斯气体模型毕竟与实际气体有差距,因此存在近似性。

4. 实际气体的内能

实际气体与理想气体的不同,除体现在状态方程中以外,还体现在内能方面。实际气体的内能不仅是温度的函数,而且也是气体体积的函数,这时由于实际气体内能不仅包含所有分子热运动的总动能,还包含所有分子相互间的总势能 $u = E_k + E_p$。对于 1 mol 范德瓦耳斯气体,其内能为

$$u = C_{V,m}T - \frac{a}{V} + C$$

实际气体内能与体积有关的论断在焦耳－汤姆孙实验中得到证实。气体的绝热节流膨胀是焓不变的过程;气体经这一过程后出现的温度变化的现象称为焦耳－汤姆孙效应;温度降低现象称为正效应,温度升高现象称为负效应,温度不变现象称为零效应,发生零效应的温度称为转换温度。焦耳－汤姆孙正效应在低温技术中得到了广泛的应用,但要使气体经绝热节流膨胀后温度降低,必须把气体的温度先降低到转换温度以下。

5. 晶体的微观结构

(1)晶体粒子的排列——长程有序的空间点阵,特点是具有周期性和对称性,由此可以说明单晶体在宏观上具有的规则外形、各向异性和确定的熔点等特性。

(2)晶体粒子的结合力主要类型包括:离子键、共价键、金属键、范德瓦耳斯键和氢键等。结合力性质的不同决定了晶体具有不同的性质。不同类型的结合力有着共同的特征——都包含着引力和斥力,由结合力的共同特征,可解释晶体的弹性、热膨胀等性质。

(3)晶体粒子的热运动,其主要形式是在平衡位置附近的热振动,由此可解释有关固体热容的杜隆－珀替定律;其次要形式是缺陷的运动,由此产生固体内的扩散现象。

6. 固体和液体的热学性质

与物质状态变化过程有关的性质称为物质的热学性质,固体和液体的热学性质相近,主要有:

(1)热膨胀

$$l = l_0(1 + \alpha t)$$

(2)热容,对于由元素组成的晶体在较高温度时其摩尔热容几乎都等于 25 J·mol^{-1}·K^{-1},这个结论称为杜隆－珀替定律。它可由晶体粒子的热运动情况和能均分定理得出。

(3)熔点和沸点、熔解热和汽化热,在一定压强下有确定的熔点是晶体和非晶体的主要特征。熔点和沸点都与压强有关。

7. 液体的微观结构

液体分子和晶体粒子一样是紧密地聚集在一起的,它们在一个小范围内和一个短暂时间内有规则地排列,即具有近程有序性。液体分子一方面也像晶体粒子一样时刻在做无规则的热振动,另一方面其平衡位置却不断地改变。液体不易压缩、具有流动性和各向同性等宏观特性,还可解释液体内部压强产生的原因和遵循的宏观规律。

8. 液体的表面现象

(1)表面张力:$F = \gamma L$,$\gamma = \frac{\Delta E}{\Delta S}$,$\gamma$ 称为表面张力系数,数值上等于单位表面的表面能。不同液体 γ 不同,温度越高、γ 越小,加入表面活性物质 γ 减小。

(2)弯曲液面内外压强差

$$p = \frac{2\gamma}{R}$$

(3)润湿与不润湿现象:当内聚力大于附着力时,出现不润湿现象,这时接触角 $\theta > \pi/2$,当附着力大于内聚力时,出现润湿现象,这时 $\theta < \pi/2$。

(4)毛细现象:液体在细管内液面上升或下降的现象称为毛细现象,上升或下降的高度为

$$h = \frac{2\gamma\cos\theta}{\rho g r}$$

思 考 题

6.1 怎样理解范德瓦耳斯方程中 $\left(p + \dfrac{a}{V^2}\right)$ 和 $(V-b)$ 的物理意义?其中 p 表示的是理想气体的压强还是范德瓦耳斯气体的压强?

6.2 常说:当气体越稀薄,或温度越高、压强越低时越符合理想气体状态方程,试用范德瓦尔斯方程对此加以说明。

6.3 在由范德瓦耳斯方程计算实际气体内能时,为什么不计算分子之间的斥力势能?

6.4 液体的热膨胀系数与温度有什么关系,与压强有什么关系?

6.5 为什么液体中物质的扩散系数随温度的升高而增加得很快?

6.6 为什么液体的黏度和温度的关系与气体截然不同?

6.7 雪花为什么是六角形?

6.8 用一小管吹肥皂泡,当管的一端开口时(即不再吹气)肥皂泡将发生什么变化,为什么?

6.9 将两块玻璃板竖直插入水中,使两者距离很近,且部分露出水面,这时,两板将各受到一个使其互相靠近的力,试解释此现象。

6.10 大小两个肥皂泡,用玻璃管连通,其中哪一个肥皂泡要缩小,缩小到什么程度?

6.11 何为接触角?何为润湿与不润湿?从微观上加以说明。

6.12 为什么粗管不存在毛细现象?

6.13 一滴很大的水银掉到地面上,分成许多小的水银滴,需要多大的能量?

6.14 为什么毛细管插入水中时,管子里的水面会升高,插入水银中时,管子里的水银面会降低?

习 题

6.1 试计算密度为 $100 \text{ kg} \cdot \text{m}^{-3}$,压强为 $1.01 \times 10^7 \text{ Pa}$ 的氧气的温度,并与理想气体比较。(氧气的范德瓦耳斯修正量 $a = 1.38 \times 10^{-1} \text{ m}^6 \cdot \text{Pa} \cdot \text{mol}^{-2}, b = 3.18 \times 10^{-5} \text{ m}^3 \cdot \text{mol}^{-1}$)

6.2 一立方容器的容积为 V_0,其中贮有 1 mol 气体。设把分子看作直径为 d 的刚球,并设想分子是一个一个地放入容器的。

(1)第一个分子放入容器后,其中心能够自由活动的空间体积是多大?

(2)第二个分子放入容器后,其中心能够自由活动的空间体积是多大?

（3）第 N 个分子放入容器后，其中心能够自由活动的空间体积是多大？

（4）平均地讲，每个分子的中心能够自由活动的空间体积是多大？

由此证明，范德瓦耳斯方程中的修正量 b 约等于 1 mol 气体所有分子体积总和的 4 倍。

6.3　在 20 km^2 的湖面上，下了一场 50 mm 的大雨，雨滴半径 $r = 1.0$ mm。设温度不变，求释放出来的能量。

6.4　一球形泡，直径为 1.0×10^{-5} m，刚处在水面下，如水面上的气压为 1.0×10^5 Pa，求泡内压强。已知水的表面张力系数 $\gamma = 7.3 \times 10^{-2}$ N·m^{-1}。

6.5　一个半径为 1.0×10^{-2} m 的球形泡，在压强为 1.013×10^5 Pa 的大气中吹成。如泡膜的表面张力系数 $\gamma = 5.0 \times 10^{-2}$ N·m^{-1}，则周围的大气压强为多少，才能使泡的半径增为 2.0×10^{-2} m？设这种变化是在等温情况下进行的。

6.6　在深为 $h = 2.0$ m 的水池底部产生许多直径为 $d = 5.0 \times 10^{-5}$ m 的气泡，当它们等温地上升到水面上时，这些气泡的直径多大？水的表面张力系数 $\gamma = 7.3 \times 10^{-2}$ N·m^{-1}。

6.7　在内直径为 d_1 的玻璃管中，插入一外直径为 d_2 的玻璃棒，然后插入密度为 ρ_1、表面张力系数为 γ 的液体中（棒与管共轴），试求液体在管中上升的高度。（设液体与玻璃的接触角为零。）

6.8　一毛细管插入水中，其下端在水面下 $h_1 = 10$ cm 处，管中液面比周围水面高 $h_2 = 4$ cm，若从上管口向下吹气，想在管下端吹出一个半球状的气泡，则管中压强应为多少？设水与毛细管的接触角为零。

6.9　把内直径为 $d = 0.5$ mm 的管子浅浅地插入酒精中，则流入管中的酒精的质量是多少？已知酒精的表面张力系数 $\gamma = 22.9 \times 10^{-3}$ N·m^{-1}，与管的接触角为零。

6.10　将少量水银放在两块水平的平板玻璃间，则在板上加多大的负荷才能使两板间的水银厚度处处等于 1.0×10^{-4} m，并且每板和水银的接触面积都为 2.94×10^{-3} m^2？设水银的表面张力系数为 $\gamma = 0.45$ N·m^{-1}，水银与玻璃的接触角 $\theta = 135°$。

6.11　将一充满水银的气压计下端浸在一个广阔的盛水银的容器中，读数为 $p = 0.95 \times 10^5$ Pa。

（1）求水银柱的高度。

（2）考虑到毛细现象后，真正的大气压强为多少？已知毛细管的直径 $d = 2.0 \times 10^{-3}$ m，接触角 $\theta = 180°$，水银的表面张力系数 $\gamma = 0.49$ N·m^{-1}。

6.12　两块平行且竖直放着的玻璃板，部分地浸入水中，两板间保持距离 $d = 0.1$ mm。试求每块玻璃板内、外两侧所受压力的合力。已知板宽 $l = 15$ cm，水的表面张力系数为 $\gamma = 70 \times 10^{-3}$ N·m^{-1}，接触角 $\theta = 0°$。

第7章 相 变

7.1 单元系一级相变的普遍特征

物质的相变通常是由温度变化引起的。在一定压强下,当温度升高到或降低到某一值时,相变就会发生。也就是说,在一定压强下,相变是在一定的温度下发生的。众所周知,在1标准大气压下,冰在0℃时熔化为水,水在100℃时沸腾而变为蒸汽。由于相变时,固、液、气三相每摩尔物质所占体积不同,所以,对于单元系固、液、气三相的相互转变来说,相变时体积要发生变化。其次,在单元系固、液、气三相的相互转变过程中,还要吸收或放出大量的热量,这种热量称为相变潜热。例如,0℃和1标准大气压下,1 kg冰要吸收3.33×10^5 J的热量才能转化为同温度时的水,100℃和1标准大气压下,1 kg水要吸收2.27×10^6 J的热量才能转化为同温度的水蒸气。可见,单元系固、液、气三相的相互转变过程,具有两个特点,即相变时体积要发生变化,并伴有相变潜热。在有几个固相时,固相之间相互转变也具有这两个特点。凡具有这两个特点的相变都称为一级相变。另有一类相变,在相变时体积不发生变化,也没有相变潜热,只是热容、体膨胀系数、等温压缩率这些物理量发生突变,这类相变称为二级相变。例如:铁磁性物质在温度升高时转变为顺磁性物质;氦在温度降低时由正常氦转变为超流性氦;在无外磁场的情况下,温度降低时超导物质由正常态转变为超导态……这类相变都是二级相变。顺便提及,相变的分类所依据的是,相变时吉布斯自由能($G = U + pV - TS$)及其导数的连续性。一级相变时,G本身连续,但它对温度的一阶导数不连续。二级相变时,G及其一阶导数都连续,但二阶导数不连续。推而广之,$n(n \geqslant 2)$级相变时,G及其从1到$n-1$阶导数都连续,但n阶导数不连续。二级和二级以上相变统称为连续相变。目前,自然界中只观察到一级相变和二级相变。本章只讨论单元系的一级相变。

7.1.1 相变时体积变化

在液相转变为气相时,气相体积总是大于液相体积。例如,在1标准大气压下,水的沸点为373.15 K,此时水的比体积为$1.043\,46 \times 10^{-3}$ $m^3 \cdot kg^{-1}$,水蒸气的比体积为$1.673\,0$ $m^3 \cdot kg^{-1}$。在固相转变为液相时,对于大多数的物质,熔化时体积要增大,但也有少数物质,如水、铋、灰铸铁等,在熔化时体积反而要缩小,例如:在浇铸钢锭时,锭模的顶部要加帽口,以便使浇铸的钢水体积稍多一点,来补偿凝固时的体积收缩;而灰铸铁凝固时体积反而要膨胀,使铸件的形状直到细微部分都和模型很好地符合;铸造印刷用的铅字时,要在铅中加入锑、铋等金属,也是利用这种合金在凝固时体积膨胀的性质,以保证字形细微部分的清晰;此外冬季露在外面的水管,要采取妥善的保温措施(例如包扎稻草),不然因为结冰时体积膨胀,有可能将水管冻裂。

7.1.2　相变潜热

相变时要吸收(或放出)热量。单位物质在相变时吸收(或放出)的热称为相变潜热。单位物质从固相转变为液相所吸收的热称为熔解热;从液相转变为气相所吸收的热称为汽化热;从固相直接转变为气相所吸收的热称为升华热。相反过程将放出同量的热。不同的物质具有不同的相变潜热,同一物质的相变潜热也随温度的不同而有所变化。表7-1列出了一些物质在1标准大气压下的熔解热、熔点、汽化热和沸点。

表7-1　一些物质在1标准大气压下的熔解热、熔点、汽化热和沸点

物质	熔解热/(kJ·kg⁻¹)	熔点/℃	汽化热/(kJ·kg⁻¹)	沸点/℃
水	333.70	0.00	2 256.7	99.975
氮气	25.67	-210.00	199.4	-195.800
酒精	104.20	-114.40	854.0	78.300
水银	11.430	-38.86	295.6	356.580
铁	207.00	1 528.00	—	—
铜	206.00	1 083.10	4 726.0	2 566.000
金	66.10	1 064.43	1 700.0	2 808.000
银	88.20	961.93	2 323.0	2 163.000
乙醚	—	—	352.0	34.600
硫	38.60	—	1 510.0	

设单位物质在压强 p、温度 T 时,从1相转变为2相。以 u_1 和 u_2 分别表示1相和2相单位物质的内能,以 V_1 和 V_2 分别表示1相和2相单位物质的体积——称为比容。在相变过程中物质内能变化为 $(u_2 - u_1)$,物质对外界做的功为 $p(V_2 - V_1)$。根据热力学第一定律,相变过程物质吸收的热为

$$l = u_2 - u_1 + p(V_2 - V_1) \tag{7-1}$$

l 就是相变潜热。从上式可知,相变潜热可分为两部分:一部分是两相内能之差 $(u_2 - u_1)$,称为内潜热;另一部分是克服外部压强 p 做的功 $p(V_2 - V_1)$,称为外潜热。利用焓的定义式:$H = u + pV$,可把上式改写成

$$l = H_2 - H_1 \tag{7-2}$$

如果知道了两相的焓值,就可以方便地计算相变潜热 l。

例题7-1　在外界压强 $p = 1.013 \times 10^5$ Pa 时,水的沸点为 100 ℃,这时汽化热为 $l = 2.26 \times 10^6$ J·kg⁻¹。已知这时水蒸气的比体积 $V_2 = 1.673$ m³·kg⁻¹,水的比体积为 1.04×10^{-3} m³·kg⁻¹,求内潜热和外潜热。

解　外潜热为

$$p(V_2 - V_1) = 1.013 \times 10^5 \times (1.673 - 0.001) \text{J/kg} = 1.69 \times 10^5 \text{ J} \cdot \text{kg}^{-1}$$

内潜热为

$$u_2 - u_1 = l - p(V_2 - V_1) = 2.09 \times 10^6 \text{ J} \cdot \text{kg}^{-1}$$

7.2 气液相变 汽化曲线

物质从液相转变成气相的过程称为汽化,相反的过程称为液化(也称为凝结)。汽化有两种方式,一是蒸发,二是沸腾。下面我们分别介绍它们的特点与规律。

7.2.1 蒸发与凝结

从中学物理已经知道,发生在液体表面的汽化过程为蒸发。蒸发在任何温度下都能发生;不同液体在相同条件下蒸发的快慢不同;同一种液体温度越高,表面积越大,表面上方越通风,蒸发得越快;蒸发具有制冷作用,即液体蒸发成气体时需要吸收热量。单位质量的液体变成同温度的气体所需要的热量称为这种液体在该温度下的汽化热。实验证明,不同液体有不同的汽化热;同一种液体的汽化热随温度的升高而减小。

为什么液体的蒸发过程具有上述的特点和规律呢?这可以从液体蒸发的微观过程来说明。在一定温度下液体的分子有一定的平均动能,但不同分子其动能也有大有小。在表面层中总有些液体分子具有较大的动能,能够克服其他液体分子对它的引力作用而离开液面成为蒸汽分子。这就是蒸发的微观解释。由于在任何温度下,都有动能较大的液体分子能够跑出液面,所以蒸发在任何温度下都能进行。但是,温度越高,液体分子的平均动能越大,具有较大动能的液体分子就越多,因此能够跑出液面的分子数也越多,这在宏观上就表现为温度越高蒸发得越快的现象。由于不同的液体,分子间相互作用的引力大小不同,表面层中的分子跑出液面所需做的功也不同,所以不同的液体在相同的条件下蒸发的快慢是不同的。

必须注意,在液体分子跑出液面成为蒸汽分子的同时,蒸汽分子由于热运动也会受液面上液体分子的吸引而成为液体分子。在单位时间里,如果从液体跑出液面的分子数多于从蒸汽返回液体的分子数,在宏观上就表现为蒸发;如果从液体跑出液面的分子数少于从蒸汽返回液体的分子数,在宏观上就表现为凝结。因此,液体蒸发(或蒸汽凝结)的数量,实际上是上述两种相反过程相抵消后的剩余部分。当容器敞开时,由于跑出液面的分子总是不断地向远处扩散,或被流动的空气(即风)带走,跑出液面的分子数总是多于返回液体的分子数,因此盛于敞口容器中的液体总是在不断蒸发,直到全部汽化为止。液面上方越通风,蒸汽分子的数密度越小,返回液体的蒸汽分子数也越少,所以蒸发得越快。由于蒸发是在气液分界面上进行的,而在一定温度下单位时间内从单位表面积上净跑出的液体分子数是一定的,所以表面积越大蒸发得也就越快。

由于蒸发时能跑出液面的总是那些动能较大的分子,这就使得仍留在液体里的分子的平均动能减小,如果没有能量补充,蒸发的结果将使液体的温度降低,这就产生了蒸发制冷的效果。如果减少的分子平均动能能得到及时补充(吸收汽化热),液体的温度就将保持不变。由于在某一温度的汽化热等于在这温度下因汽化而引起的熵的增加,当温度升高时,液相和气相在微观和宏观上的差别都缩小,所以液体的汽化热随温度的升高而减小。

综上,对于同一种液体,影响蒸发的因素很多,主要有:(1)表面积,由于蒸发过程发生在液体表面,所以表面积越大,蒸发就越快,例如,晾开的湿衣服要比团在一起的湿衣服干得快;(2)温度,温度越高,液体分子热运动的平均动能越大,能够跑出液体表面的分子数就越多,因而蒸发也就越快,晒太阳或用火烤使物体干燥就是这个道理;(3)通风,液面上通风情况好,可以促使液体中跑出来的分子更快地向外扩散,减少它们重新返回液体的机会,因而蒸发就会加快,有风时湿衣服干得快就是这个原因。

7.2.2　饱和蒸汽压

当液体处在密闭容器里时,随着液体不断地蒸发,液面上方蒸汽分子的数密度将不断增大,单位时间里从单位面积表面返回液体的蒸汽分子将不断增多,经过一定时间后,单位时间里离开液面的液体分子数与返回液体的蒸汽分子数将相等,这时宏观上的蒸发现象停止了,蒸汽与液体处于平衡共存状态。与液体平衡共存的蒸汽称为饱和蒸汽,它的压强称为饱和蒸汽压。容易蒸发的液体饱和蒸汽压大,不易蒸发的液体饱和蒸汽压小。例如,乙醚在20 ℃时的饱和蒸汽压为 5.82×10^4 Pa,水在20 ℃时的饱和蒸汽压为 2.33×10^3 Pa,酒精在20 ℃时的饱和蒸汽压为 5.93×10^3 Pa。温度越高,具有足够速度能跑出液面的分子数就越多,因此,与液体保持动态平衡的饱和蒸汽的密度也就越大。这说明饱和蒸汽压随温度的升高而增大。由于在一定温度下,单位时间内返回液体的分子数只决定于蒸汽的密度,因此,当两相达到平衡时,蒸汽的密度具有恒定值,这就使得饱和蒸汽压与蒸汽所占的体积无关,也和这体积中有无其他气体没有关系。

上述的饱和蒸汽压的规律,也可用分子动理论来解释。越易蒸发的液体,分子间的引力作用越弱,分子逸出液面所要做的功也越小,在一定的温度下,将有更多的液体分子能逸出液面,而能与液体平衡的饱和蒸汽就有较大的分子数密度,饱和蒸汽压也就越大。对于同一种液体,温度越高具有较大动能的分子越多,能克服其他分子的引力作用而逸出液面的分子数也就越多,与液体保持动态平衡的饱和蒸汽的分子数密度就越大,因此温度越高,饱和蒸汽压就越大。

蒸汽是否饱和须由它的蒸汽密度来确定。在一定温度下,如果蒸汽密度小于饱和蒸汽密度,则蒸汽处于未饱和状态,称为未饱和蒸汽。这时液体将继续蒸发直到达到饱和为止;如果蒸汽密度大于饱和蒸汽密度,则在通常情况下,部分蒸汽将凝结成液体。但在有些情况下,蒸汽密度虽然已经超过了饱和蒸汽密度,凝结仍不易发生,这种蒸汽称为过饱和蒸汽。

以上讨论的都是平液面的情况。若液面是弯曲的,则饱和蒸汽压与平液面时不同。如图7-1所示,当液面是凹液面时,由于分子逸出液面时,较平液面多受液体分子(画斜线部分)的吸引,所以克服引力做的功较平液面的大,也就是说分子不容易逸出液面,因此凹液面上方的饱和蒸汽压较平液面的小。同理可知,凸液面上方的饱和蒸汽压较平液面的大。所以在相同温度下,三种不同形状的液面上方所对应的蒸汽压是不相同的。如果蒸汽在平液面的情况下已达到饱和,对凸液面来说还未达到饱和,而对于凹液面来说,已是过饱和了。这就是说,在同样的温度下,凸液面要求的饱和蒸汽压最大,凹液面的饱和蒸汽压最小,平液面的饱和蒸汽压介于两者之间。必须指出,由于分子引力有效作用距离很短(约 10^{-9} m),所以上述差别要在液面的曲率半径很小时(如小液滴和小汽泡)才会显示出来。

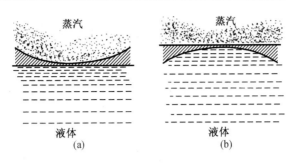

蒸汽　　　　　蒸汽

液体　　　　　　　液体
(a)　　　　　　　(b)

图 7 – 1　弯曲液面对分子逸出液面的影响

　　我们一般所讲的饱和蒸汽压都是对平液面而言的。若把一无杂质纯净的蒸汽密闭在带活塞的汽缸中等温压缩,我们将发现汽缸中的蒸汽压强超过该温度下平液面的饱和蒸汽压很多时蒸汽还不凝结成液体。这种现象称为过饱和,相应的蒸汽称为饱和蒸汽。为什么会出现过饱和现象呢? 原来,在蒸汽凝结的最初阶段,由于形成的液滴极小,相应凸液面的饱和蒸汽压较大,蒸汽压强就是超过平液面饱和蒸汽压几倍以上也未达到饱和,所以不会继续凝结,甚至已形成的小液滴,还会蒸发消失。通常,由于蒸汽中都含有许多杂质微粒,这些杂质微粒的表面都吸附了很多蒸汽分子,当蒸汽在上面凝结时,就形成了相当大的液滴,使凝结能继续进行下去。这就是通常条件下凝结容易发生的原因,在这一过程中杂质微粒起了凝结核的作用。在有凝结核时,蒸汽压只要略超过饱和蒸汽压,凝结便可进行。

　　核物理和基本粒子实验中所用的云室就是根据蒸汽的凝结理论和过饱和现象而设计的。带电粒子和离子是很好的凝结核,因静电吸引力容易使蒸汽分子聚集在它的周围而形成液滴。云室中盛有过饱和蒸汽,当高能带电粒子通过云室时,在运动途径中,由于碰撞会形成一系列的离子,这些离子就成为凝结核,使云室中的过饱和蒸汽凝结在它上面,形成雾状径迹,因而就能观察到粒子的轨迹。

7.2.3　沸腾

　　在一定压强下,加热液体达某一温度时,液体内部和器壁上涌现出大量的气泡,整个液体上下翻滚剧烈汽化,这种现象称为沸腾,相应的温度称为沸点。例如,在 1 标准大气压下水的沸点是 100 ℃。沸点与液面上的压强有关,压强越大,沸点越高。沸点与液体的种类有关,各种液体具有不同的沸点。化工上就是利用这一点分馏各种混合液体的。沸腾时由于汽化的剧烈进行,外界供给的热量全部用于液体的汽化上,所以沸腾的温度不再升高,直到液体全部变成气体为止。

　　首先,我们定性地说明液体沸腾的条件,一般液体的内部和器壁上,都有很多小的气泡。由于液体的不断蒸发,气泡内部的蒸汽总是处于饱和状态,其压强为饱和蒸汽压 p_0 随着温度的升高,p_0 不断增大,从而使气泡不断地胀大,但只要气泡内部饱和蒸汽压 p_0 小于外界的压强 p,气泡还能维持平衡,当气泡内部饱和蒸汽压 p_0 等于外界压强 p 时,气泡无论怎样胀大也不能维持平衡,此时气泡将骤然胀大,并在浮力的作用下迅速上升,到液面时破裂开来,放出里面的蒸汽,整个液体都在翻滚而温度保持不变,从而出现沸腾现象。由此可见,液体沸腾的条件就是饱和蒸汽压和外界压强相等。由于沸腾时液体内部大量涌现小气泡,而且小气泡迅速胀大,从而大大地增加了气液之间的分界面,使汽化过程在整个液体内部都在进行,这和蒸发情形下的汽化方式很不相同,蒸发时汽化仅在液体表面上才能发生。需要指出的是,蒸发和沸腾只是汽化的方式不同而已,相变的机制是相同的,都是在气液分界面处以蒸发的形式进行。

现在,我们来定量地分析小气泡的平衡条件。泡内的压强就是泡内气体的压强$\frac{m}{M}\frac{RT}{V}$和该温度下的饱和蒸汽压p_0这两部分之和,其中$\frac{m}{M}$是泡内气体的物质的量,泡外的压强就是气泡处的外加压强p。在平衡时,泡内外的压强差应等于由表面张力所引起的附加压强:

$$\Delta p = \frac{2\gamma}{r} = 2\gamma\left(\frac{4\pi}{3}\right)^{1/3}\frac{1}{V^{1/3}} = \frac{\beta}{V^{1/3}}$$

式中　γ——液体的表面张力;

$\qquad r$——气泡的半径;

$\qquad V$——气泡的体积;

$\qquad \beta = 2\gamma\left(\frac{4\pi}{3}\right)^{1/3}$。

所以平衡条件为

$$\left(p_0 + \frac{\nu RT}{V}\right) - p = \frac{\beta}{V^{1/3}}$$

即

$$p + \frac{\beta}{V^{1/3}} = p_0 + \frac{\nu RT}{V}$$

温度升高时,饱和蒸汽压增大,这时必须增大体积V才能保持平衡。体积增大时,$\frac{\nu RT}{V}$比$\frac{\beta}{V^{1/3}}$减少得快些,因此可以达到新的平衡。随着温度的升高,气泡胀大。当饱和蒸汽压p_0增大到外界压强p时,就不能再靠气泡的胀大维持平衡,这时附在器壁上和杂质微粒上的气泡便急剧地胀大,到气泡所受的浮力能挣脱器壁或杂质微粒上的吸力时便从液体中涌现出来。这时汽化不仅在液面上发生,在小气泡急剧胀大的过程中,液体也在小气泡内部急剧地汽化,因此随着大量气泡的冒出,液体就急剧汽化。可见,沸点就是饱和蒸汽压等于外界压强的温度。因为饱和蒸汽压必须增大到和外界压强相等时液体才能沸腾,所以沸点随外界压强的增大而升高。

在密闭容器中,由于液面上的压强至少等于饱和蒸汽压(因可能还有其他气体存在),所以液体内永远形不成气泡,因此,密闭容器中的液体不能沸腾。如果我们用在容器上方浇冷水等方法降低液面上气体的温度,使液面上的蒸汽压低于这时液体的饱和蒸汽压,则沸腾仍能发生。

沸腾时,液体内部和器壁上的小气泡起着汽化核的作用,它使液体在其周围汽化。久经煮沸的液体,因缺乏气泡,即缺少汽化核,可以加热到沸点以上还不沸腾,这种液体称为过热液体。过热液体中虽缺少小气泡,但由于涨落,有些地方的分子具有足够的能量可以彼此推开而形成极小的气泡。这种气泡的线度只数倍于液体分子间的距离,因此内部的饱和蒸汽压很微小。当过热液体继续加热而使温度大大高于沸点时,极小气泡中的饱和蒸汽压就能超过外界的压强,这时气泡胀大,同时饱和蒸汽压也迅速增大,使气泡膨胀得非常之快,甚至发生爆炸而将容器打破,这种现象称为暴沸。为了避免暴沸,锅炉中的水在加热前,要加进一些溶有空气的新水或放进一些附有空气的细玻璃管的碎片和无釉的陶瓷块等。

在云室中观察带电粒子轨迹的原理是带电粒子通过过饱和蒸汽时会产生凝结核。与之类似,带电粒子通过过热液体时,会在其轨迹附近产生汽化核,因而形成气泡,从而显示出带电粒子的轨迹。在基本粒子研究中用到的气泡室,就是根据这个原理制成的。在气泡室中的液体(丙烷、液体氢等)处于高度的过热状态,这时,如有带电粒子通过液体,就可用闪光照相摄取所形成的无数小气泡,从而显示出带电粒子的轨迹。

7.2.4　等温相变

使气体液化有各种不同的方法。为了便于掌握气液相变过程的规律,我们先以二氧化碳气体为例,讨论用等温压缩方法使气体液化的过程。

将一定量的二氧化碳气体等温压缩,压缩过程中压强和体积的关系曲线称为等温线,实验结果如图 7 - 2 中曲线 $ABCD$ 所示,图中 AB 段是液化前气体的等温压缩过程,压强随体积的减小而增大,继续压缩时就出现液体。在液化过程 BC 中,压强 p_0 保持不变,气液两相的总体积则由于气体数量的减小而减小。BC 过程中每一状态都是气液两相平衡共存的状态,因此压强 p_0 就是这一温度下的饱和蒸汽压。图中 C 点相当于气体全部液化时的状态,而 CD 段就是液体的等温压缩过程。

图 7 - 3 给出了实验测得的不同温度的等温线。温度越高,饱和蒸汽压越大,因而图中气液相变的水平线就越往上移。同时,随着温度的升高,液体的比体积(单位质量物质的体积)越接近气体的比体积,因而图中水平线也越短,B、C 两点越加靠拢。当温度到达某一值 T_k 时水平线消失,B、C 两点重合于 K 点,T_k 称为临界温度,相应的等温线称为临界等温线。温度高于临界温度 T_k 时,等温线上不出现水平部分,即等温压缩的过程中不会出现气液两相平衡共存的状态,这时无论压强多大,气体也不会液化。

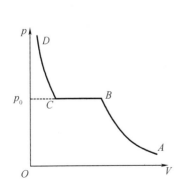

图 7 - 2　CO_2 气体的等温压缩曲线

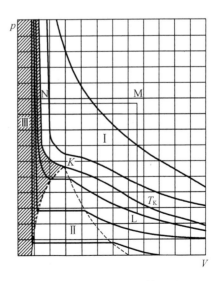

图 7 - 3　不同温度的等温线

所以,要用压缩的方法使气体液化,首先需使气体的温度降到临界温度以下。表7-2列出了几种气体的临界温度。

表7-2　几种气体的临界温度

物质	水蒸气	乙醚	氨气	二氧化碳	氧气	氮气	氢气	氦气
临界温度/℃	374.20	193.40	135.20	31.10	-118.80	-147.16	-239.95	-268.12

从表中可以看出,许多气体(如氨气、二氧化碳)的临界温度高于或接近于室温,在常温下压缩就可使之液化。但有些气体(如氧气、氮气、氢气、氦气等)的临界温度却很低,所以在19世纪上半叶时还没有办法使它们液化。当时人们曾称这些气体为"永久气体"或"真正气体"。在认识到物质具有临界温度这一事实以后,人们就努力提高低温技术,最终在19世纪的后半叶到20世纪初所有的气体都可以实现液化。在进一步提高低温技术后,人们又做到使所有的液体都凝成固体。最后一个被液化的气体是氦气,它在1908年被液化,并在1928年被进一步凝成固体。

在 $p-V$ 图上的每一点代表物质的一个状态。图7-3中的虚线把 $p-V$ 图分成三个区域,虚线下面的区域Ⅱ中每一点都是气液两相共存的状态,其中气相是饱和蒸汽;虚线左侧和临界等温线左下侧的区域Ⅲ中每一点都是单一的液态;虚线右侧和上方的区域Ⅰ中的每一点都是单一的气态。

在临界等温线上的拐点 K 叫做临界点。在 K 点液体及其饱和蒸汽间的一切差别都消失了,如表面张力等于零,汽化热等于零等,气液之间的分界面也不见了。在临界等温线上 K 点以左的各点都是气液不分的状态,这种现象可用图7-4所示的实验显示出来。在一个坚固的玻璃管内封入适量的乙醚,加热使其温度升高,当达到一定的温度即临界温度时,液面就消失了,需要指出的是,从实验中观察到的现象并不是液面逐渐下降,液态乙醚逐渐汽化,以致最后全部汽化,而是当液面还很高时,液面就逐渐模糊进而消失。这是由于在临界点,液体和饱和蒸汽的比体积相等,两者之间的一切差别都消灭,因而液面消失。

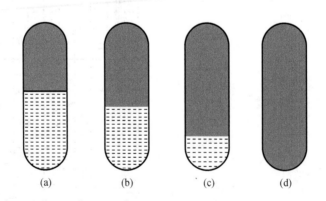

图7-4　达到临界温度时,液面消失

临界点的压强和体积分别称为临界压强和临界体积。在临界点时液体具有最大的比体积,因而一定质量液体的体积,最大不能超过临界体积。临界压强是饱和蒸汽压的最高限度。

气体液化的方法是多种多样的,等温压缩只是一种可能的方法,如图 7-3,我们还可以设想物质原来处于气态 L,通过等体加热到达状态 M,然后再在定压下冷却到液态 N,在这个转变过程中物质始终以单相存在。因此,只要绕过临界点 K,就可以不经过两相平衡共存的阶段,而由气相连续地转变为液相。

7.2.5 气液二相图

以 p-T 图表示气液两相存在的区域比 p-V 图更为方便。图 7-2 中的等温压缩过程在 p-T 图中表示出来即为一铅直线,如图 7-5 所示。图 7-2 中水平线 BC 所表示的状态,温度和压强都相同,因此,在图 7-5 中以同一点表示。不同的温度具有不同的饱和蒸汽压,因此 p-V 图中整个两相平衡共存的区域在 p-T 图中就对应着一条曲线 NK,称为汽化曲线。汽化曲线的左方表示液相存在的区域,汽化曲线的右方表示气相存在的区域,而汽化曲线上的点就是两相平衡共存的区域。所以,汽化曲线也可以说是液态和气态的分界线,这种表示气液两相存在区域的 p-T 图称为气液二相图。

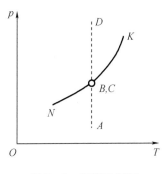

图 7-5　气液二相图

汽化曲线的终点就是临界点 K,K 点以上不存在气液两相平衡共存的状态,汽化曲线的始点是 N,在 N 点以下,气相只能与固相平衡共存。汽化曲线上的点压强,就是两相平衡共存时的压强,即饱和蒸汽压。因此,汽化曲线还可以表示饱和蒸汽压与温度的关系,因为沸腾时,外界的压强就等于饱和蒸汽压,对应的温度就是沸点,所以汽化曲线也能表示出沸点与外界压强的关系。

7.3 克拉珀龙方程

我们已经知道,液体的沸点随压强改变。例如,当外界压强小于 1 标准大气压时,水的沸点低于 100 ℃,压强大于 1 标准大气压时,水的沸点高于 100 ℃,这就是水的饱和蒸汽压 p 和温度 T 的关系。这种关系可由 p-T 图上汽化曲线来描述。由图 7-5 可见,汽化曲线给出的饱和蒸汽压随温度的变化并非是线性关系。根据卡诺定理,我们来确定相平衡曲线的斜率 $\dfrac{\mathrm{d}p}{\mathrm{d}T}$。

为此,设有一定量的物质做微小的可逆卡诺循环 $ABCDA$:$A{\to}B$,有质量 m 的液体从液相(用1表示)转变为气相(用2表示),这是等温等压过程;$B{\to}C$,这一定量(包括气和液)的物质做绝热膨胀,压强从 p 降到 $p-\Delta p$,温度从 T 降到 $T-\Delta T$,(图 7-6 的 $p-T$ 图上状态从 M 变到 N 点);$C{\to}D$,等温压缩,有部分气体转变成液体,压强不变;$D{\to}A$ 绝热压缩,回到原来状态,(在 $p-T$ 图上从 N 点变回到 M 点)。在一个微小的可逆卡诺循环中系统从温度为 T 的高温热源吸收的热量为

$$Q_1 = ml$$

式中,l 为单位质量的汽化热。设在温度 T 时液相比容为 v_1,气相比容为 v_2,那么从 $A{\to}B$ 系统体积增大了 $\Delta v = m(v_2 - v_1)$。由于是个微小的卡诺循环,所以可近似地把 $ABCD$ 看成平行四边形,则一循环中对外做的功为

$$A = \Delta v \cdot \mathrm{d}p = m(v_2 - v_1)\,\mathrm{d}p$$

这个循环效率为

$$\eta = \frac{A}{Q_1} = \frac{(v_2 - v_1) \cdot \mathrm{d}p}{l}$$

根据卡诺定理

$$\eta = 1 - \frac{T_2}{T_1} = 1 - \frac{T - \mathrm{d}T}{T} = \frac{\mathrm{d}T}{T}$$

所以有

$$\frac{(v_2 - v_1) \cdot \mathrm{d}p}{l} = \frac{\mathrm{d}T}{T}$$

即

$$\frac{\mathrm{d}p}{\mathrm{d}T} = \frac{l}{T(v_2 - v_1)}$$

这个方程称为克拉珀龙-克劳修斯方程,简称克拉珀龙方程。应用克拉珀龙方程,可以求沸点随外压强增大而升高的定量关系。应用克拉珀龙方程还可求出液体的饱和蒸汽压随温度变化的规律,即求出所谓的蒸汽压方程。

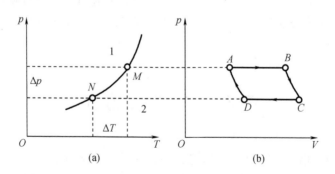

图 7-6　推导克拉珀龙方程

7.4 固液相变 熔解曲线

物质从固相转变为液相的过程称为熔解,相反的过程称为凝固(或结晶)。

7.4.1 晶体的熔解和结晶

在一定压强下加热晶体,当温度升高到某一确定值时晶体将发生熔解。在熔解过程中,晶体和熔液的温度保持不变,这一温度称为熔点。具有确定的熔点是晶体与非晶体的重要区别之一。晶体在熔解过程虽然保持温度不变,但仍要吸收热量,单位质量的晶体全部熔解成同温度的液体所要吸收的热称为熔解热。不同晶体在相同压强下具有不同的熔点和熔解热(表7-3)。

表7-3 一些物质的熔点与熔解热

物质	铝	钨	铁	钢	铜	镍	锡	铅
熔点/℃	659	3 357	1 528	1 300～1 400	1 083	1 452	232	328
熔解热/$(10^3 \text{ J} \cdot \text{kg}^{-1})$	387	—	207	—	174	285	61.1	26.4

从微观角度看,晶体熔解过程就是晶体粒子的空间排列从远程有序(空间点阵)转变成近程有序的过程。熔解热是破坏晶体粒子的结合,实现上述转变所需的能量,因此熔解热在一定程度上反映了晶体结合能的大小。摩尔熔解热大的物质,粒子间的结合较牢固,因此熔点一般也是高的。

由于固相和液相的微观结构不同,所以熔解时物质的体积要发生变化。多数物质熔解时体积膨胀,这是由于液相分子的排列比固相松散的缘故。少数物质(如冰、锑、灰铸铁等)熔解时体积缩小,这是由于熔解时大分子团解体,使结构变得更紧密。

晶体熔液的温度降低到一定程度时将发生结晶过程。从微观角度看,结晶过程是远程无序排列的原子形成空间点阵的过程。在此过程中,先是少数原子按一定规则聚集排列形成晶核,然后其他原子围绕晶核继续按一定规则排列在它的上面,使空间点阵得以发展长大。若熔液中存在的晶核很多,则这些晶核不断长大,最后互相挤压而形成多晶体。若能人为地控制条件,使晶核不能生成,而是围绕人工提供的一个单晶晶种生长结晶,最后得到的就是单晶体。半导体工业中常用的锗单晶和硅单晶就是用人工的方法制成的。

液体在一定压强下凝固成固体时的温度,称为凝固点。在相同的压强下,物质的凝固点与熔点相同。对于纯净的液体,由于自发晶核的生成需要较低温度,所以当温度冷却到凝固点时,液体并不开始结晶,只有当液体的温度比固、液两相平衡温度低时,结晶才开始。低于凝固点而仍不凝固的液体称为过冷液体,这和蒸汽的凝结现象有些相似。液体结晶,首先也需要形成晶核。在过冷液体中人为地加入杂质形成晶核,将使结晶过程迅速发生,并且其温度很快上升到正常的凝固点。

7.4.2　熔点和压强的关系——熔解曲线

由于熔解时物质的体积要发生变化,所以对体积变化有影响的压强也会影响熔解过程的进行。对于熔解时体积增大的物质,外界压强的存在阻碍熔解过程的进行,因此压强增大时,熔点将升高;对于熔解时体积缩小的物质,情况相反,压强增大,熔点降低。

物质的熔点随压强的变化关系可以用 p–T 图上的曲线来表示,该曲线称为熔解曲线。如图 7–7 所示,熔解曲线 NL 上的点是固液平衡共存的状态,NL 与汽化曲线 NK 之间的是液相存在的区域,NL 左边是固相存在的区域,NL 与 NK 的交点 N,称为三相点,它既在熔化曲线上,又在汽化曲线上,因此三相可以平衡共存。例如,对于水,$T = 273.16$ K,$p = 6.107 \times 10^2$ Pa 时,蒸汽、水、冰三相可以平衡共存。

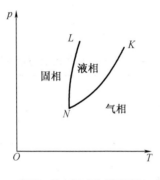

图 7–7　气、固、液相图

同样由热力学第二定律能证明,熔解曲线的斜率也由克拉珀龙方程决定,即

$$\frac{\mathrm{d}p}{\mathrm{d}T} = \frac{l}{T(v_2 - v_1)}$$

式中　l——单位质量的熔解热;

　　　v_2——液相的比容;

　　　v_1——固相的比容。

对于熔解时体积膨胀的物质,由于 $v_2 > v_1$,所以 $\frac{\mathrm{d}p}{\mathrm{d}T} > 0$,即斜率为正,表示熔点随压强的增大而升高。对于熔解时体积缩小的物质,由于 $v_2 < v_1$,所以 $\frac{\mathrm{d}p}{\mathrm{d}T} < 0$,即斜率为负,表示熔点随压强的增大而降低。由于 v_2 和 v_1 一般都很接近,所以熔解曲线很陡,熔点随压强的变化是很不显著的。

7.5 固气相变 三相图

物质从固相直接转变为气相的过程称为升华,相反的过程称为凝华。

7.5.1 固气相变

在常温常压下,碘化钾、干冰、硫、磷、樟脑等物质都有很显著的升华现象。放在衣箱里的樟脑丸,时间久了会逐渐变小甚至消失,但同时衣箱里却充满樟脑的蒸汽,这就是固相物质不经过液相而直接转变成气相的升华现象。冬天凉在室外结了冰的衣服会变干,也是由于冰升华的结果。寒冷季节地面上的霜就是夜间由水汽直接凝成的冰晶。

升华时组成晶体的粒子(分子)由原来的点阵结构直接变成无规则的气体分子结构,它需要吸收较大的能量。单位质量的固体变成同温度的气体,所要吸收的热量称为升华热。它等于熔化热与汽化热之和。由于固体升华时需要吸收大量的热量,因此常利用易升华的物质作为制冷剂。例如干冰(固态二氧化碳)就是一种广泛使用的制冷剂,它在制造、运输和使用等方面都很简便,并且没有副作用,因此在食品冷藏和科学研究中都有广泛的应用。

把固体放在密闭的容器里,最后固体与它的蒸汽达到平衡状态,这时的蒸汽是固体的饱和蒸汽。当固体上方的蒸汽压小于固体的饱和蒸汽压时,将发生固相向气相转化的升华过程,当蒸汽压大于固体的饱和蒸汽压时,将发生气相向固相转化的凝华过程。实验证明,固体的饱和蒸汽压随温度的升高而增大,两者的关系可用图 7 - 8 所示的升华曲线 NS 表示。曲线 NS 上的点表示固气共存的状态,这条曲线也称为固气相平衡曲线。曲线上方是固相存在的区域,曲线下方是气相存在的区域,所以图 7 - 8 又称为固气二相图。

凝华与升华虽说是两个相反的相变过程,但是升华可在任何温度下发生,而凝华需要在一定的温度和饱和蒸汽压下才能形成结晶。人们对于晶体的升华现象是比较注意的,但对于相反的凝华过程则往往很少注意。凝华现象最典型的例子是雪花。雪花是由水蒸气直接凝华而成。雪花的外形多呈六角形晶体,这是因为水蒸气在凝华时总是沿着四个不同方向的轴进行的,其中三个轴(称为辅轴)互成 60° 角,并在同一平面上构成六角形,另一轴则垂直于这个平面,称为主轴。主轴和辅轴的长短就决定了雪花的形状。若主轴短而辅轴长,将形成雪片或雪花;若主轴长而辅轴短,就形成雪晶。由于辅轴总是显露在外,在凝华过程中,水汽分子最容易附着在辅轴上,故结晶总是沿着辅轴的六个方向发展,保持六角形状,这也是晶面角守恒的表现。

升华曲线的斜率同样可由克拉珀龙方程求出。

7.5.2 三相图

把汽化曲线 NK、熔解曲线 NL 和升华曲线 NS 画在同一个 p - T 图上,可以证明它们一定相交于一点 N。这一点表示固、液、气三相平衡共存的状态,因此称为三相点,如图 7 - 9 所示,称为三相图。水在三相点时 $p = 599$ Pa,$T = 273.16$ K,由于水的三相点是固定不变的,在实验中容易重现,因此水的三相点温度被选作国际实用温标的基点。

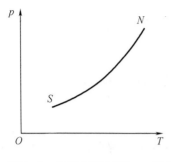

图 7 – 8　升华曲线和固气二相图

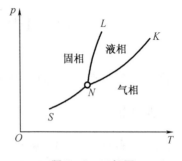

图 7 – 9　三相图

汽化曲线 NK、熔解曲线 NL 和升华曲线 NS 把 $p - T$ 平面分成三个部分,它们分别表示在平衡态时固、液、气三相存在的区域。曲线上的点(三相点除外)代表两相平衡共存的状态,曲线的斜率都可以由克拉珀龙方程求出。

物质的三相图可以帮助我们分析该物质在某一压强或温度下所处的状态,以及压强(或温度)变化时它将朝什么方向变化。以常用的冷却剂干冰为例,通常在室温下干冰是贮存在高压的钢筒内的,这时它处在气液两相平衡共存的状态。

例题 7 – 2　在三相点 N 处,水的汽化热为 $l_v = 2.54 \times 10^6$ J·kg^{-1},升华热为 $l_s = 2.88 \times 10^6$ J·kg^{-1},气相的比体积为 $v_g = 2.1 \times 10^2$ m^3·kg^{-1},液相的比体积 v_1、固相的比体积 v_s 与 v_g 相较都可以忽略不计,试求在三相点处,汽化曲线 NK 和升华曲线 NS 的斜率。

解　汽化曲线 NK 在 N 点的斜率为

$$\frac{\mathrm{d}p}{\mathrm{d}T} = \frac{l_v}{T(v_g - v_1)} = \frac{2.54 \times 10^6 \text{ J} \cdot \text{kg}^{-1}}{273 \text{ K} \times 2.1 \times 10^2 \text{ m}^3 \cdot \text{kg}^{-1}} = 44.3 \text{ Pa} \cdot \text{K}^{-1}$$

升华曲线 NS 在 N 点的斜率为

$$\frac{\mathrm{d}p}{\mathrm{d}T} = \frac{l_s}{T(v_g - v_s)} = \frac{2.88 \times 10^6 \text{ J} \cdot \text{kg}^{-1}}{273 \text{ K} \times 2.1 \times 10^2 \text{ m}^3 \cdot \text{kg}^{-1}} = 50.2 \text{ Pa} \cdot \text{K}^{-1}$$

因此,在三相点 N 处,汽化曲线 NK 的斜率和升华曲线 NS 的斜率是不同的,前者要略小些。

本 章 小 结

1. 相变的一般概念

系统中物理性质均匀的部分称为一个相,不同的相共存时,其间有明显的分界面。

不同相之间的相互转变称为相变。单位物质在相变时吸收或放出的热称为相变潜热,它等于相变过程系统焓的变化。

$$l = u_2 - u_1 + p(V_2 - V_1) = h_2 - h_1$$

相变潜热分为两个部分:两相内能之差 $(u_2 - u_1)$ 部分,称为内潜热;相变时克服外压强所做的功 $p(V_2 - V_1)$ 部分,称为外潜热。

相变时,具有体积发生变化和相变潜热这两个特点的为一级相变。

2.气液固三相的相互转变

(1)气液相变:汽化有两种方式,蒸发和沸腾。蒸发发生在液体的表面,在任何温度都能发生;影响蒸发快慢的因素是温度、表面积和通风情况,它们都可以用分子运动论进行解释。沸腾是发生在液体表面和内部的剧烈汽化过程,只有当液体温度升高到沸点时才能发生;沸腾的条件是饱和蒸汽压和外压强相等。

与液体平衡共存的蒸汽压称为饱和蒸汽压,它与蒸汽的体积以及是否有其他气体存在无关。饱和蒸汽压的大小决定于液体的种类和温度,同时也与液面的弯曲程度有关。在$p-T$平面上,饱和蒸汽压随温度变化的曲线称为汽化曲线,它是气液的分界线,曲线上的点表示气液平衡共存的状态。汽化曲线也能表示沸点随外压强的变化。

压强超过饱和蒸汽气压还不凝结成液体的蒸汽称为过饱和蒸汽,过饱和蒸汽的存在是由于蒸汽中缺乏凝结核;温度高过沸点还不沸腾的液体称为过热液体,过热液体的存在是由于液体缺乏汽化核。

(2)固液相变:晶体的溶解过程是晶体粒子的空间排列从长程有序转变成近程有序的过程。在一定压强下,熔解只在一定温度时发生,这个温度称为熔点。不同的物质有不同的熔点。同一物质的熔点还与压强有关。熔解时体积增大的物质,熔点随压强增大而升高;熔解时体积缩小的物质,熔点随压强的增大而降低。在$p-T$平面上,熔点随压强变化的曲线称为熔解曲线,它是固液分界线,曲线上的点表述固液平衡共存的状态。

与熔解相反的过程称为结晶,结晶过程是物质粒子围绕晶核规则排列使空间点阵得以发展长大的过程。低于熔点还不结晶的熔液称为过冷液体,过冷液体的存在是由于熔液中缺少晶核。

(3)固气相变:当固体上方的蒸汽压小于固体的饱和蒸汽压时,将发生固相向气相转变的升华过程。固体的饱和蒸汽压随温度的升高而增大,在$p-T$平面上两者的关系曲线称为升华曲线,它是固气分界线,曲线上的点表示固气平衡共存的状态。

(4)三相图与三相点:把汽化曲线、熔解曲线和升华曲线画在同一个$p-T$图上就可得到物质的三相图,三条曲线的交点称为三相点,它表示固、液、气三相平衡共存的状态。

(5)克拉珀龙方程:汽化、熔解、升华曲线的斜率都由克拉珀龙方程决定:

$$\frac{\mathrm{d}p}{\mathrm{d}T} = \frac{l}{T(v_2 - v_1)}$$

汽化、升华曲线的斜率都是正的,表明饱和蒸汽压随温度升高而增大;多数物质的熔解曲线斜率是正的,少数物质(如水)熔解曲线的斜率是负的。

思 考 题

7.1　如何理解相的概念？什么是相变？一级相变有什么特点？

7.2　物质发生一级相变时,为什么要吸收(或放出)相变潜热？相变潜热如何随温度变化？

7.3　在夏天时,为什么池塘、湖和海等处水的温度总是比周围空气的温度低？

7.4　何谓饱和蒸汽压？它与什么因素有关？它与蒸汽所占的体积,以及蒸汽中混有其他气体是否有关？为什么？

7.5　要使湿衣服变干,可以采取哪些措施？说明理由。

7.6　沸腾的条件是什么？沸点高低与哪些因素有关？蒸发与沸腾有何异同？

7.7　高压锅有什么作用？在高压锅的安全阀出气后,把高压锅放到水龙头下冲水,高压锅内将出现什么现象？

7.8　用云室和气泡室能观察到基本粒子的径迹,其根据的原理是什么？

7.9　汽化曲线反映了什么规律？其斜率与什么因素有关？什么叫气液二相图？

7.10　如何把卡诺定理应用于液体和其饱和气组成的系统,而推导出克拉珀龙方程？

7.11　用克拉珀龙方程说明固体熔点和压强的关系。某种物质熔解时体积增大,用哪些方法可以使它重新凝固？用什么方法可以使纯净的冰在 0 ℃ 以下熔解？

7.12　单晶体和多晶体各是怎样形成的？

7.13　在什么条件下固态物质才会发生明显的升华现象？试举出升华和凝华现象的实例。

7.14　说明获得低温的几种主要方法及其原理。

7.15　当水在三相点时,在下列情形下物态将如何变化？

(1)增大压强；

(2)降低压强；

(3)升高温度；

(4)降低温度。

7.16　在水的三相共存系统中,经过绝热压缩后,系统将发生什么变化？冰很多时情况如何,冰很少时情况又如何？如经过绝热膨胀,则系统又将发生什么变化？

习 题

7.1　在大气压强 $p_0 = 1.013 \times 10^5$ Pa 下,4.0×10^{-3} kg 酒精沸腾变为蒸汽。已知酒精蒸汽比容为 0.607 m³·kg⁻¹,酒精的汽化热为 $l = 8.63 \times 10^5$ J·kg⁻¹,酒精的比容 v_1 与酒精蒸汽比容 v_2 相比可忽略。求酒精内能的变化。

7.2　压强为 1.013×10^5 Pa 时水在 100 ℃沸腾,此时水的汽化热为 2.26×10^6 J·kg⁻¹,

比容为 1.671 $m^3 \cdot kg^{-1}$。求压强为 1.026×10^5 Pa 时水的沸点。

　　7.3　接近 100 ℃时,水的沸点每当压强增大 400 Pa 时升高 0.11 ℃,求水的汽化热。

　　7.4　容积为 0.2 m^3 的容器中,盛有温度为 200 ℃、质量为 2kg 的水(液气两相)。设已知该温度下饱和水蒸气的比容 v_2 为 127.4×10^{-3} $m^3 \cdot kg^{-1}$,液态水的比容 v_1 为 1.16×10^{-3} $m^3 \cdot kg^{-1}$。试求容器中水汽的质量和所占的体积。

　　7.5　一端封闭的均匀细管内盛有空气和小液滴,另一端被 10 cm 长的水银柱所封闭。当管子水平放置时,气柱长为 17.3 cm,竖直倒置时,气柱长为 20 cm。如果大气压强为 1.01×10^5 Pa。求管内的饱和蒸汽压。

　　7.6　质量为 $m = 0.027$ kg 的气体占体积为 1.0×10^{-2} m^3,温度为 300 K。已知在此温度下液体的密度为 $\rho_1 = 1.8 \times 10^3$ $kg \cdot m^{-3}$,饱和蒸汽的密度为 $\rho_g = 4.0$ $kg \cdot m^{-3}$。设用等温压缩的方法可将此气体全部压缩成液体。

　　(1)体积多大时开始液化?

　　(2)体积多大时液化终了?

　　(3)当体积为 1.0×10^{-2} m^3 时,液、气各占多大体积?

　　7.7　要使冰的熔点降低 1 ℃,需要加多大的压力?已知冰的熔解热为 $l = 3.34 \times 10^5$ $J \cdot kg^{-1}$,冰的比热容为 1.09×10^{-3} $m^3 \cdot kg^{-1}$,水的比热容为 1.00×10^{-3} $m^3 \cdot kg^{-1}$。

　　7.8　假定蒸汽可看作理想气体,由表 7 - 5 所列数据计算 - 20 ℃时冰的升华热。

表 7 - 5　7.8 题表

温度/℃	- 19.50	- 20.00	- 20.50
蒸汽压/Pa	107.72	102.66	97.86

　　7.9　假定蒸汽可看作理想气体,由表 7 - 6 所列数据计算 27 ℃时水的汽化热。

表 7 - 6　7.9 题表

温度/℃	27.1	27.0	26.9
蒸汽压/kPa	3.587	3.566	3.586

　　7.10　固态氨的蒸汽压方程和液体氨的蒸汽压方程分别为

$$\ln p = 23.3 - \frac{3\,754}{T}$$

和

$$\ln p = 19.49 - \frac{3\,063}{T}$$

式中,p 是以 mmHg 表示的蒸汽压,求:

　　(1)三相点的压强和温度;

　　(2)三相点处汽化热、熔解热和升华热。

附录 A 习题答案

第 1 章

1.1 (1)$t = -40\,^{\circ}\!F$;(2)$T = 575\,^{\circ}\!F$;(3)不可能相同

1.2 (1)$p_1 = 55\ \text{mmHg}$;(2)$T_2 = 371\ \text{K}$

1.3 0.999 96

1.4 400.5 K

1.5 272.9 K

1.6 $a = \dfrac{100\ ^{\circ}\!C}{X_j - X_i}$;$b = \dfrac{-100\ ^{\circ}\!C\, X_i}{X_j - X_i}$

1.7 (1)8.4 cm;(2)107 ℃

1.8 (1)-205 ℃;(2)1.049 atm

1.9 (1)$t = -100$ ℃,$\varepsilon_1 = -25\ \text{mV}$;$t = 200$ ℃,$\varepsilon_2 = 20\ \text{mV}$;$t = 400$ ℃,$\varepsilon_1 = 0$;$t = 500$ ℃,$\varepsilon_4 = -25\ \text{mV}$。(2)$a = 6.67$,$b = 0$。(3)$t_1 = -100$ ℃,$t_1' = -167$ ℃;$t_2 = 200$ ℃;$t_2' = 133$ ℃;$t_3 = 400$ ℃;$t_3' = 0$ ℃;$t_4 = 500$ ℃,$t_4' = -167$ ℃。(4)温标 t 和温标 t' 只有在汽化点和沸点具有相同值,t' 随 ε 线性变化,而 t 不随 ε 线性变化,所以用 ε 作测温属性的 t' 温标比 t 温标优越,计算方便。但日常所用的温标是摄氏温标,t 与 ε 虽非线性变化,却能直接反映熟知的温标,因此各有所长。

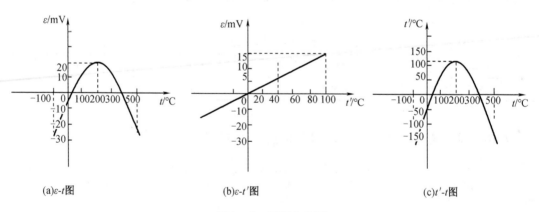

(a)ε-t图 (b)ε-t'图 (c)t'-t图

图 A-1 习题 1.9 图

1.10 $\Delta L_1 = 0.9\ \text{cm}$;$\Delta L_2 = 3.6\ \text{cm}$

1.11 (1)$t' = \ln\left(\text{e}^{273.16}\dfrac{T}{273.16\ \text{K}}\right)$;(2)冰点 $T = 273.16$ K,汽化点 $T = 373.16$ K,(3)0 ℃不能实测

1.12　5.4×10^3 N

1.13　15.5%

1.14　9.6 天

1.15　14.5 cm

1.16　$h' = \dfrac{-(p_0 + k - h) + \sqrt{(p_0 + k - h)^2 + 4hk}}{2}$

1.17　3.5 cm

1.18　13.0 g·L^{-1}

1.19　1.5 g

1.20　637 次

1.21　$(1) k = \dfrac{p_1^2}{RT_1}; (2) 500$ K

1.22　0.67 min

1.23　28.9 g·mol^{-1}; 1.29 g·L^{-1}

1.24　$p = 3.5$ atm, $p(N_2) = 2.5$ atm, $p(O_2) = 1.0$ atm

1.25　342 K

1.26　398 K

第2章

2.1　略

2.2　略

2.3　$(1) A = 0, \Delta U = Q = 623$ J; $(2) Q = 1\ 038$ J, $\Delta U = 623$ J, $A = -415$ J; $(3) Q = 0$, $\Delta U = 623$ J, $A = 623$ J

2.4　$(1) \Delta U = 0, A = 786$ J, $Q = -786$ J; $(2) Q = 0, \Delta U = 906$ J, $A = 906$ J; $(3) Q = -1\ 985$ J, $\Delta U = -1\ 418$ J, $A = 567$ J

2.5　略

2.6　3 688 J

2.7　$p = 9 \times 10^4$ Pa; $V = 12.3 \times 10^3$ m^3; $T = 256$ K

2.8　先绝热压缩再等温膨胀, $Q = 2.52 \times 10^4$ J; 先等温膨胀再绝热压缩 $Q = 6.3 \times 10^4$ J; 结果不同, 说明热量是过程量

2.9　(1) 变为内能, $T = 12$ ℃; (2) 变为功, $p_2 = 0.89$ atm, $V_2 = 0.05$ m^3; 变为功和内能, $T = 281.6$ K, $V = 0.046$ m^3

2.10　(1) 如图 A - 2; $(2) \Delta U = 0$; $(3) Q = 557$ J; $(4) A = 557$ J

2.11　$(1) C_V = \dfrac{3}{2} R, C_P = \dfrac{5}{2} R$; $(2) Q = 1.35 \times 10^4$ J

2.12　$(1) A \rightarrow B: A_1 = 200$ J, $\Delta U_1 = 750$ J, $Q_1 = 950$ J; $B \rightarrow C: A_2 = 0, \Delta U_2 = -600$ J, $Q_2 = -600$ J; $C \rightarrow A$:

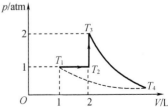

图 A - 2　p-V 图

$A_3 = -100 \text{ J}, \Delta U_3 = -150 \text{ J}, Q_3 = -250 \text{ J}; (2) A = 100 \text{ J}, Q = 100 \text{ J}$

2.13　$A = 405 \text{ J}; \Delta U = 0; Q = 405.2 \text{ J}$

2.14　(1)800 J;(2)100 J;(3)略

2.15　(1)320 K;(2)20%

2.16　(1)$A \to B$ 吸收热量:$Q_T = A = \nu R T_1 \ln \dfrac{V_2}{V_1}; B \to C$ 放出热量:$Q_V = \nu C_V(T_C - T_2)$;

$(2)\eta = 1 - \left| \dfrac{Q_V}{Q_T} \right| = 1 - \left[\dfrac{C_V}{R} \cdot \dfrac{1 - (V_1/V_2)^{\gamma - 1}}{\ln \dfrac{V_2}{V_1}} \right]$

2.17　$\omega = \dfrac{T_1}{T_2 - T_1}$

第3章

3.1　1.25×10^4 J

3.2　(1)473 K;(2)42.3%

3.3　吸入最小热量为 2.75×10^6 J;放出最小热量为 1.7×10^6 J

3.4　320 K

3.5　93.3 ℃

3.6　1.47 kJ

3.7　12.5 kJ

3.8　1.40 J · K^{-1}

3.9　41 J · K^{-1}

3.10　(1)398 K;(2)31%

3.11　(1)526 KJ;(2)25%;(3)0;(4)27%

3.12　(1)1 672 J;(2)2 J · K^{-1};(3)0;(4)836 J

3.13　$C_{p,\text{m}} \ln \dfrac{T_2}{T_1} - R \ln \dfrac{p_2}{p_1}$

3.14　(1)5.76 J · mol^{-1} · K^{-1};(2)5.76 J · mol^{-1} · K^{-1};(3)5.76 J · mol^{-1} · K^{-1}

第4章

4.1　$\dfrac{\displaystyle\int_{v_1}^{v_2} v f(v) \, \mathrm{d}v}{\displaystyle\int_{v_1}^{v_2} f(v) \, \mathrm{d}v}$

4.2　5:6

4.3　(1)2.45×10^{25} m^{-3};(2)1.30 g · L^{-1};(3)5.3×10^{-23} g;(4)4.28×10^{-7} cm;(5)6.21×10^{-21} J

4.4　1:2:4

4.5　(1)3.18 m · s^{-1};(2)3.37 m · s^{-1};(3)4.00 m · s^{-1}

4. 6 $v_{\mathrm{p}} = 395\ \mathrm{m} \cdot \mathrm{s}^{-1}, \overline{v} = 446\ \mathrm{m} \cdot \mathrm{s}^{-1}, \sqrt{\overline{v^2}} = 483\ \mathrm{m} \cdot \mathrm{s}^{-1}$

4. 7 $(1)\sqrt{\overline{v^2}} = 10\ \mathrm{m} \cdot \mathrm{s}^{-1};(2)\sqrt{\overline{v^2}} = 7.9\ \mathrm{m} \cdot \mathrm{s}^{-1};(3)\sqrt{\overline{v^2}} = 7.1\ \mathrm{m} \cdot \mathrm{s}^{-1}$

4. 8 $(1)485\ \mathrm{m} \cdot \mathrm{s}^{-1};(2)28.9\ \mathrm{g} \cdot \mathrm{mol}^{-1},$空气

4. 9 $T = 100\ \mathrm{K}$ 时，$v_{\mathrm{p}} = 2.28 \times 10^2\ \mathrm{m} \cdot \mathrm{s}^{-1}, T = 1\ 000\ \mathrm{K}$ 时，$v_{\mathrm{p}} = 7.21 \times 10^2\ \mathrm{m} \cdot \mathrm{s}^{-1},$

$T = 10\ 000\ \mathrm{K}$时，$v_{\mathrm{p}} = 2.28 \times 10^3\ \mathrm{m} \cdot \mathrm{s}^{-1}$

4. 10 $\sqrt{\dfrac{2m}{\pi kT}}$

4. 11 $\dfrac{3\pi}{8}$

4. 12 $(1)\ N\displaystyle\int_{v_0}^{\infty} f(v)\,\mathrm{d}v;(2)\int_{v_0}^{\infty} vf(v)\,\mathrm{d}v;(3)\int_{v_0}^{\infty} f(v)\,\mathrm{d}v$

4. 13   氢气,$1.58 \times 10^3\ \mathrm{m} \cdot \mathrm{s}^{-1}$

4. 14 $656\ ℃$

4. 15 $2.44 \times 10^{26}\ \mathrm{m}^{-3}$

4. 16 $196.4\ \mathrm{K},6.64 \times 10^{19}$个·$\mathrm{m}^{-3}$

4. 17 3.21×10^6 个·cm^{-3}

4. 18 1.88×10^{18}

4. 19 $6p_1$

4. 20 1.07

4. 21 $3.89 \times 10^{-22}\ \mathrm{J}$

4. 22 $1.28 \times 10^6\ \mathrm{K}$

4. 23 $(1)\overline{\varepsilon}_{\mathrm{t}} = 5.65 \times 10^{-21}\ \mathrm{J}, \overline{\varepsilon}_{\mathrm{r}} = 3.77 \times 10^{-21}\ \mathrm{J};(2)1.417 \times 10^3\ \mathrm{J}$

4. 24 $(1)\varepsilon_{\mathrm{t}} = 3\ 739.5\ \mathrm{J}, \varepsilon_{\mathrm{r}} = 3\ 493\ \mathrm{J};(2)1\ \mathrm{g}$ 氮气内能$934.8\ \mathrm{J},1\ \mathrm{g}$ 氢气内能$3\ 116.2\ \mathrm{J}$

4. 25 $301\ \mathrm{K}$

4. 26 $6.15 \times 10^{23}\ \mathrm{mol}^{-1}$

4. 27 $951\ \mathrm{m} \cdot \mathrm{s}^{-1}$

4. 28 $\overline{v} = 2.06 \times 10^3\ \mathrm{m} \cdot \mathrm{s}^{-1}, \sqrt{\overline{v^2}} = 2.23 \times 10^3\ \mathrm{m} \cdot \mathrm{s}^{-1}, v_{\mathrm{p}} = 1.82 \times 10^3\ \mathrm{m} \cdot \mathrm{s}^{-1}$

4. 29 $3/v_{\max}^3$

4. 30 (1)如图 A-3 所示；$(2)1/v_0;(3)v_0/2$

4. 31 $(1)a = \dfrac{2N}{3v_0};(2)\dfrac{N}{3};(3)v_0/2$

4. 32 $2.0 \times 10^3\ \mathrm{m}$

4. 33 $2.3 \times 10^3\ \mathrm{m}$

4. 34 $2.0 \times 10^3\ \mathrm{m}$

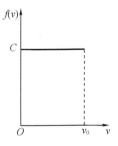

图 A-3 速率分布曲线

4. 35 $1\ \mathrm{mol}$ 氢气内能为 $6.23 \times 10^3\ \mathrm{J}, 1\ \mathrm{mol}$ 氮气内能为 $6.23 \times 10^3\ \mathrm{J};1\ \mathrm{g}$ 氢气内能 $3.12 \times 10^3\ \mathrm{J},1\ \mathrm{g}$ 氮气内能 $2.23 \times 10^3\ \mathrm{J}$

4. 36 (1)平动、转动和振动的自由度分别是 $3,3,3n-1;(2)18\ \mathrm{cal} \cdot \mathrm{mol}^{-1} \cdot \mathrm{K}^{-1}$

第 5 章

5.1　2.7×10^{-10} m

5.2　$(1)6.3 \times 10^{9}$ s^{-1}；$(2)6.3 \times 10^{3}$ s^{-1}

5.3　7.8 m，60 s^{-1}，3.21×10^{17} m^{-3}

5.4　$(1)5.2 \times 10^{-1}$ atm；$(2)3.8 \times 10^{6}$ 次

5.5　$(1)2.83$；$(2)0.112$；$(3)0.112$

5.6　$(1)1.4$；$(2)3.45 \times 10^{-7}$ m；$(3)1.1 \times 10^{-7}$ m

5.7　$2,\sqrt{2},\sqrt{2},2\sqrt{2}$

5.8　1.66×10^{-7} m，3.04×10^{-10} m

5.9　7.1×10^{-10} m

5.10　1.3×10^{-7} m

5.11　1.3×10^{-10} s

5.12　6.8×10^{-5} atm

5.13　略

第 6 章

6.1　396 K，389 K

6.2　$(1)V_0$；$(2)V_0 - \frac{4}{3}\pi d^3$；$(3)V_0 - (N_A - 1)\frac{4}{3}\pi d^3$；$(4)V_0 - 4N_A \cdot \frac{4}{3}\pi\left(\frac{d}{2}\right)^3$

6.3　2.19×10^{8} J

6.4　1.3×10^{5} Pa

6.5　1.27×10^{4} Pa

6.6　5.3×10^{-5} m

6.7　$\dfrac{4\gamma}{\rho g(d_1 - d_2)}$

6.8　1.027×10^{5} Pa

6.9　3.67×10^{-6} kg

6.10　25.5 N

6.11　$(1)71.3$ cm；$(2)9.6 \times 10^{4}$ Pa

6.12　15 N

第 7 章

7.1　3.2×10^{3} J

7.2　373.52 K

7.3　2.26×10^{6} J·kg^{-1}

7.4　1.56 kg，0.198 m^3

7.5　2.57×10^{2} Pa

7.6 (1)6.75×10^{-3} m^3;(2)1.5×10^{-5} m^3;(3)液相所占体积 1.28×10^{-5} m^3,气相所占体积 9.87×10^{-4} m^3

7.7 1.36×10^7 Pa

7.8 5.12×10^4 J·mol^{-1}

7.9 4.41×10^4 J·mol^{-1}

7.10 (1)44.63 mmHg,195.20 K;(2)汽化热 2.25×10^4 J·mol^{-1},熔解热 5.7×10^3 J·mol^{-1},升华热 3.12×10^4 J·mol^{-1}

附录 B 常用物理学常量表

表 B-1 常用物理学常量表

物理量名称	符号	数值	单位
真空中的光速	c	2.9979×10^{8}	$m \cdot s^{-1}$
元电荷	e	1.6022×10^{-19}	C
电子静止质量	m_e	9.1094×10^{-31}	kg
普朗克常量	h	6.6262×10^{-34}	$J \cdot s$
阿伏伽德罗常量	N_A	6.0220×10^{23}	mol^{-1}
标准状态下的摩尔体积	V_m	22.4140×10^{-3}	$m^{3} \cdot mol^{-1}$
普适气体常量	R	8.3144	$J \cdot mol^{-1} \cdot K^{-1}$
玻尔兹曼常量	k	1.3807×10^{-23}	$J \cdot K^{-1}$

附录 C 物理量的单位

表 C-1 国际单位制(SI)的基本单位

物理量	单位名称	符号
长度	米	m
质量	千克	kg
时间	秒	s
电流	安培	A
热力学温度	开尔文	K
物质的量	摩尔	mol
发光强度	坎德拉	cd

表 C-2 本书主要物理量的国际单位制名称及符号

物理量	单位名称	符号
面积	平方米	m^2
体积	立方米	m^3
摩尔体积	立方米每摩尔	$m^3 \cdot mol^{-1}$
比体积	立方米每千克	$m^3 \cdot kg^{-1}$
频率	赫兹	Hz
密度	千克每立方米	$kg \cdot m^{-3}$
摩尔质量	千克每摩尔	$kg \cdot mol^{-1}$
速度	米每秒	$m \cdot s^{-1}$
角速度	弧度每秒	$rad \cdot s^{-1}$
力	牛顿	N
压强	帕斯卡	Pa
表面张力	牛顿每米	$N \cdot m^{-1}$
冲量、动量	牛顿·秒	$N \cdot s$
功、能量、热量、焓	焦耳	J
摩尔内能、摩尔焓	焦耳每摩尔	$J \cdot mol^{-1}$
功率	瓦特	W
热容、熵	焦耳每开尔文	$J \cdot K^{-1}$
摩尔热容、摩尔熵	焦耳每摩尔开尔文	$J \cdot mol^{-1} \cdot K^{-1}$

表 C –2（续）

物理量	单位名称	符号
比热容	焦耳每千克开尔文	$J \cdot kg^{-1} \cdot K^{-1}$
黏滞系数	牛顿秒每平方米	$N \cdot s \cdot m^{-2}$
导热系数	瓦特每米开尔文	$W \cdot m^{-1} \cdot K^{-1}$
扩散系数	平方米每秒	$m^2 \cdot s^{-1}$
电荷量	库仑	C
电压、电动势	伏特	V
电阻	欧姆	Ω

附录 D 单位换算

1.热学常用单位换算

长度

$$1 \text{ 米}(m) = 10^2 \text{ 厘米}(cm) = 10^3 \text{ 毫米}(mm) = 10^6 \text{ 微米}(\mu m) = 10^{10} \text{ 埃}(\text{Å})$$

面积

$$1 \text{ 平方米}(m^2) = 10^4 \text{ 平方厘米}(cm^2)$$

体积

$$1 \text{ 立方米}(m^3) = 10^6 \text{ 立方厘米}(cm^3)$$

压强

$$1 \text{ 帕}(Pa) = 1 \text{ 牛} \cdot \text{米}^{-2}(N \cdot m^{-2})$$

2.旧制单位与国际单位制的换算

体积

$$1 \text{ 升}(L) = 10^{-3} \text{ 立方米}(m^3) = 10^3 \text{ 立方厘米}(cm^3)$$

力

$$1 \text{ 千克力}(kgf) = 9.80665 \text{ 牛}(N)$$

压强

$$1 \text{ 帕}(Pa) = 10 \text{ 达因} \cdot \text{厘米}^{-2}(dyn \cdot cm^{-2}) = 9.86923 \times 10^{-6} \text{标准大气压}(atm)$$

$$1 \text{ 标准大气压}(atm) = 76 \text{ 厘米汞柱}(cmHg) = 1.01325 \times 10^5 \text{ 帕}(Pa)$$

$$1 \text{ 巴}(bar) = 10^5 \text{ 帕}(Pa)$$

热量

$$1 \text{ 卡}(cal) = 4.1868 \text{ 焦耳}(J)$$

普适气体常量

$$R = \frac{p_0 v_0}{T_0}$$

$$= \frac{1 \text{ atm} \cdot 22.4 \text{ L} \cdot \text{mol}^{-1}}{273.15 \text{ K}}$$

$$= 8.2057 \times 10^{-2} \text{ atm} \cdot \text{L} \cdot \text{mol}^{-1} \cdot \text{K}^{-1}$$

$$= 1.9872 \text{ cal} \cdot \text{mol}^{-1} \cdot \text{K}^{-1}$$

$$= 8.3149 \text{ J} \cdot \text{mol}^{-1} \cdot \text{K}^{-1}$$

参 考 文 献

[1] 黄淑清,聂宜如,申先甲. 热学教程[M]. 3 版. 北京:高等教育出版社,2011.
[2] 顾建中. 热学教程[M]. 修订本. 北京:人民教育出版社,1981.
[3] 俞维诚. 热学[M]. 上海:华东师范大学出版社,1991.
[4] 詹佑邦. 热学[M]. 修订版. 上海:华东师范大学出版社,1997.
[5] 李椿,章立源,钱尚武. 热学[M]. 北京:人民教育出版社,1978.
[6] 李洪芳. 热学[M]. 2 版. 北京:高等教育出版社,2001.
[7] 范宏昌. 热学[M]. 北京:科学出版社,2003.
[8] 李平. 热学[M]. 北京:北京师范大学出版社,1987.
[9] 肖国屏. 热学[M]. 北京:高等教育出版社,1989.
[10] 王竹溪. 热力学简程[M]. 北京:人民教育出版社,1964.